中外建筑环境艺术设计简史

李苏杭　倪鹏飞　姜　芳　著

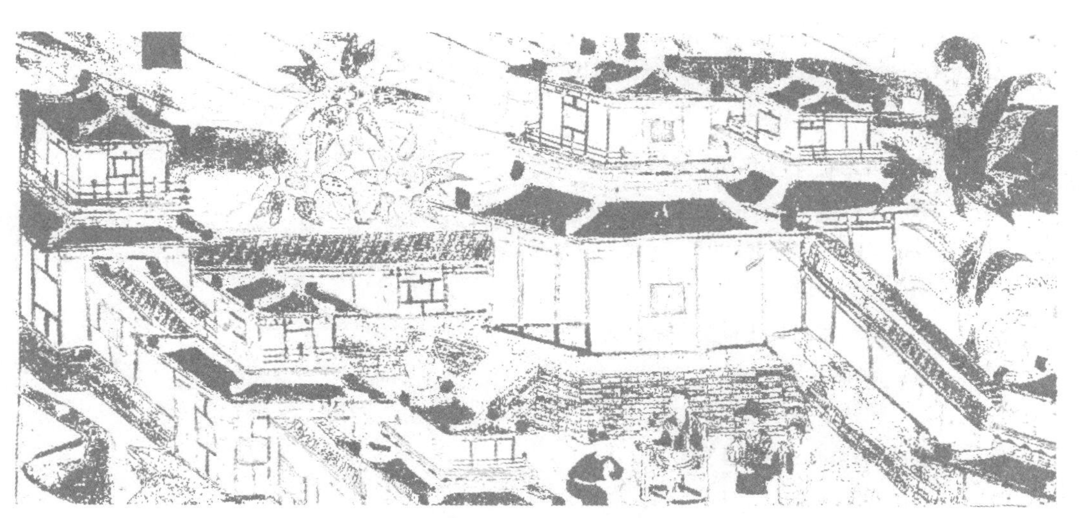

山东大学出版社
SHANDONG UNIVERSITY PRESS
·济南·

图书在版编目（CIP）数据

中外建筑环境艺术设计简史 / 李苏杭，倪鹏飞，姜芳著. -- 济南 : 山东大学出版社，2024. 8. --（高等学校艺术与设计系列丛书）. -- ISBN 978-7-5607-8082-5

Ⅰ. TU-856；TU-091

中国国家版本馆 CIP 数据核字第 20249FK816 号

责任编辑：毛依依
封面设计：蓝海文化

中外建筑环境艺术设计简史
ZHONGWAI JIANZHU HUANJING YISHU SHEJI JIANSHI

出版发行：山东大学出版社
社　　址：山东省济南市山大南路 20 号
邮　　编：250100
发行热线：（0531）88363008
经　　销：新华书店
印　　刷：山东蓝海文化科技有限公司
规　　格：787mm×1092mm　1/16
　　　　　13.5 印张　295 千字
版　　次：2024 年 8 月第 1 版
印　　次：2024 年 8 月第 1 次印刷
定　　价：48.00 元

目　录

下编

绪　论

本章导读　人类文明的起源、演进与人类选择环境、改造环境、适应环境息息相关，是在不断改良生存环境的过程中推进的。时至今日，人类仍在努力创造宜居环境，人类对理想环境的追求是永无止境的。本章结合《韩非子》《礼记》《考工记》《史记》等中国古典文献，并参照柏拉图《理想国》和鲍桑葵《美学史》等西方文献，启发学人认识往古先民在改造人居环境方面所取得的成就，体会他们的勤劳与智慧，分享、思考先哲对“造物”的认识，探讨在环境艺术设计领域杰出人才的作用和如何造就人才的问题。

环境是生命存在的基础，环境孵育生命、培养生命，促进生命的优化和进化。大千世界芸芸众生，发荣滋长，无不依托环境。不仅人类，所有生物对环境都有很强的依赖性。物竞天择，适者生存，指的就是环境条件对生物的制约。飞禽走兽都有选择环境的本能，它们择地而栖，不时迁徙。渊深而鱼生之，山深而兽往之。牛羊逐水草，鸿鹄择水滨。古人云：“今夫山，一卷石之多，及其广大，草木生之，禽兽居之，宝藏兴焉。今夫水，一勺之多，及其不测，鼋鼍、蛟龙、鱼鳖生焉，货财殖焉。”[1]说的就是高山大川这样的环境具有生物多样性。人不同于其他动物之处在于人不仅对环境更敏感，更擅长选择环境、趋利避害，而且人有能力改造环境。人类在改造环境方面表现出超常的能力、顽强的意志和卓越的智慧。人类也具有改造环境的天赋，不惮劳烦。古往今来，人类在对生存环境的改造方面，取得了极其光辉的成就。人类文明史就是与自然抗争、较量的历史，而其中重要的一部分就是创造宜居环境的历史。《礼记・礼运》篇记载：

> 昔者先王未有宫室，冬则居营窟，夏则居橧巢。未有火化，食草木之实、鸟兽之肉，饮其血，茹其毛；未有麻丝，衣其羽皮。后圣有作，然后修火之利，范金合土，以为台榭、宫室、牖户，以炮以燔，以亨以炙，以为醴酪；治其麻丝，以为布帛，以养生送死，以事鬼神上帝。[2]

---

[1]　韩路主编：《四书五经》卷一《中庸》（第2版），沈阳：沈阳出版社，1997年，第69页。

[2]　韩路主编：《四书五经》卷三《礼记》（第2版），第250页。

在人类进化、文明演进过程中，起步阶段必然十分艰辛。在人类不会用火之时，生存条件当无异于野生动物。不会种庄稼，没有衣物，没有器具，也没有住房。是人类中的圣人教会了人们用火，人们才吃上了熟食，后来人们又学会了做衣服、建造房屋。《易·系辞下》写道："上古穴居而野处，后世圣人易之以宫室，上栋下宇，以待风雨。"《墨子》写道："子墨子曰：古之民，未知为宫室时，就陵阜而居，穴而处，下润湿伤民。故圣王作为宫室之法曰：宫高足以辟润湿，旁足以圉风寒，上足以待霜雪雨露；宫墙之高，足以别男女之礼。"[1] 人类范金合土建造房屋，是对环境的第一次大改造，是巨大飞跃。但这一飞跃，在古人看来是在"圣人"的引领下才得以实现的。宫室的作用不仅是避风雨，而且能够别男女。人类学会用火和建造房屋后，生活大为改善，文明程度有了显著提高。

教会人类使用火的，传说是燧人氏。

教会人类建造房屋的，传说是有巢氏。

《韩非子·五蠹》写道：

> 上古之世，人民少而禽兽众，人民不胜禽兽虫蛇；有圣人作，构木为巢，以避群害，而民悦之，使王天下，号之曰有巢氏。民食果蓏蜯蛤，腥臊恶臭而伤害腹胃，民多疾病；有圣人作，钻燧取火，以化腥臊，而民说之，使王天下，号之曰燧人氏。中古之世，天下大水，而鲧、禹决渎。近古之世，桀、纣暴乱，而汤、武征伐。[2]

教人建造房屋的圣人，《白虎通义》说"黄帝作宫"；《淮南子》曰"舜作室，筑墙茨屋，令人皆知去岩穴，各有室家，此其始也"；《世本》云"禹作宫"；等等。[3] 无论是有巢氏，还是黄帝、舜、禹等人，总之，都是圣王带领百姓改造人居环境，创造幸福生活。

在火的使用上，中国古人认为是圣人降世，教民众钻燧取火，自此，人类才学会用火。

古希腊神话讲述的则是奥林匹斯山上的普罗米修斯神从宙斯那里盗取天火给人类。

中西方传说的共同点：火，不是人类自然取得的，是非凡人创造的，是圣人或神人将火传给了人类。

《考工记译注·总叙》写道：

> 知者创物，巧者述之，守之世，谓之工。百工之事，皆圣人之作也。烁金以为刃，凝土以为器，作车以行陆，作舟以行水，此皆圣人之所作也。[4]

由此看来，古人认为各种器具最初也是由圣人发明创造的。埃斯库罗斯在《被缚的普罗米修斯》中记载人类曾"像昆虫一般生活在暗无天日的地下洞穴之中，不知道制砖

---

[1] 转引自（宋）李诫著，梁思成注释：《梁思成注释〈营造法式〉》，天津：天津人民出版社，2023年，第30页。

[2] （清）王先慎撰：《韩非子集解》，北京：中华书局，1998年，第442页。

[3] 参见（宋）李诫著，梁思成注释：《梁思成注释〈营造法式〉》，第30、17、30页。

[4] 闻人军译注：《考工记译注》，上海：上海古籍出版社，2008年，第1页。

和木匠手艺”[1]。古罗马建筑师维特鲁威在《建筑十书》中记载，人类学会用火之后，才逐渐学会搭建和砌筑房舍。（图 1）普林尼在《自然史》中记载，欧里亚努斯（Euryanus）和西佩尔比乌斯（Hyperbius）兄弟第一个把砖窑和房屋引入雅典，此前雅典人则是以洞穴为屋；该书又提到，托克希乌斯（Toxius）以燕子筑的巢穴为样板，发明了泥屋。[2]

古希腊哲学家苏格拉底和柏拉图认为，人类之所以能发明创造，是因为人类头脑中有被创造物的先在的“理式”。而这个“理式”是神赋予的。苏格拉底说：“每一类众多的事物都有一个单一的‘理念’或者‘类型’。”[3]柏拉图认为，“一切可见的或物质的东西都是某种看不见的或非物质的东西的符号或者说对等物”[4]。他说：“一件美的物质的东西是靠分享神所流出来的理性而产生出来的。”[5]柏拉图以“床”这种器物为例，阐发他的理式观念：“一种是存在于自然界中，我想不妨说是神制造的。另一种是木匠的作品，画家的作品是第三种。因此，床不是就有了三种，而且有三种艺术家监造它们：神、制造床的木匠和画家——不管是出于自己的选择也好，还是出于必要也好，神创造了一张自然界的床，而且只创造了一张。”[6]柏拉图认为模仿者离真理还有很大距离，而当人们看到模仿品时，“从来也没有想到这些作品只不过是同真理隔着三层的模仿品吧”[7]。可见，西方人认为设若没有神赋予的先在的“理式”，再高明的工匠也不会制作器物，是神力使人类具有创造事物的智慧和机巧。我国古人则将之归功于“圣人”。

图 1《建筑十书》中绘制的“建筑的发明”插图

自从人类摆脱蒙昧、学会发明创造以来，一直致力于对环境的改造。大禹治水和愚公移山都反映了人类和自然抗争，改造生存环境的坚定不移的意志和顽强的斗争

[1] [古罗马]维特鲁威：《建筑十书》，陈平译，北京：北京大学出版社，2017 年，第 275 页。

[2] 参见[古罗马]普林尼：《自然史》，李铁匠译，上海：上海三联书店，2018 年，第 116 页。

[3] [古希腊]柏拉图：《理想国》，董智慧编译，北京：民主与建设出版社，2018 年，第 218 页。

[4] [英]B. 鲍桑葵：《美学史》，张今译，北京：中国人民大学出版社，2010 年，第 121 页。

[5] [英]B. 鲍桑葵：《美学史》，第 106 页。

[6] [英]B. 鲍桑葵：《美学史》，第 23 页。

[7] [英]B. 鲍桑葵：《美学史》，第 25 页。

精神。

大禹治水相传发生在尧舜之时。帝尧之时，汤汤洪水滔天，浩浩怀山襄陵。禹父鲧治水，九岁而功用不成。尧帝殛鲧于羽山。禹接受先父的惨痛教训，劳身焦思，居外十三年，过家门不敢入；他陆行乘车，水行乘舟，泥行乘橇，山行乘檋；披九山，通九泽，决九河，定九州。然后，众民乃定，万国为治。在舜帝的众臣之中，唯禹功为大，帝舜荐禹于天，为嗣。[1]

愚公移山的故事见于《列子·汤问》。愚公的事迹感动了天帝，帝命夸娥氏二子，背走了太行、王屋两座山。类似的故事亦见于《马可波罗游记》，书中记述一位独眼补鞋匠通过自己的虔诚祈祷移走了大山。这位鞋匠品格卓异，操行坚贞。有位美丽的少女请他修鞋，在他面前伸出脚时无意间露出了洁白如玉的腿。鞋匠看见以后，顿时萌发非分之想。但他立刻记起了福音书上的一段话：“当你的眼睛犯了罪，应当将它剜下丢掉；因为，一个人一只眼睛登上天国，总比双眼齐全进入地狱，受火的熬炼要好得多。”于是，他马上用制鞋的工具，将自己的右眼剜出。[2] 这位鞋匠凭自己的非凡信力，移走了大山，为众人免去了一场灾难。

这两个故事反映的是人类改变自身境况的巨大信力、愿力。

当今时代科学技术的飞速发展，机械化水平的不断提升，人类对自然界的改造和利用和古人相比，已有天壤之别。水利设施和交通状况已经发生沧海桑田之巨变。天堑变通途，沙漠变绿洲，人类创造了一个又一个奇迹。中国的青藏铁路，川藏公路、铁路等工程，就是今人创造的奇迹。就连塔克拉玛干沙漠都已贯通数条柏油路，而沙漠中心，曾经的生命禁区，建成了“塔中镇”，游客络绎不绝。

与整个社会和时代飞跃发展同步的是人居环境不断改善。生态环境问题特别受到重视，绿水青山就是金山银山。不仅人居环境改善了，野生动物的生存环境也改善了。经过有效治理、科学治理、依法治理，我们正在创建一个人类与自然和谐相处的美好明天。

拓展思考：圣人造物观；苏格拉底和柏拉图的“神创论”；在人类的建筑环境和风景园林成就中，“圣人”所发挥的作用。

推荐阅读书目：《周礼·冬官·考工记》。

[1] 参见（汉）司马迁：《史记·五帝本纪》（第2版），北京：中华书局，1982年，第82页。

[2] 参见[意]马可·波罗：《马可波罗游记》，陈开俊等译，福州：福建科学技术出版社，1981年，第13页。

本章参考文献

[1] 韩路主编：《四书五经》（第 2 版），沈阳：沈阳出版社，1997 年。

[2]（宋）李诫著，梁思成注释：《梁思成注释〈营造法式〉》，天津：天津人民出版社，2023 年。

[3]（清）王先慎撰：《韩非子集解》，北京：中华书局，1998 年。

[4] 闻人军译注：《考工记译注》，上海：上海古籍出版社，2008 年。

[5][古罗马] 维特鲁威：《建筑十书》，陈平译，北京：北京大学出版社，2017 年。

[6][古罗马] 普林尼：《自然史》，李铁匠译，上海三联书店，2018 年。

[7][古希腊] 柏拉图：《理想国》，董智慧编译，北京：民主与建设出版社，2018 年。

[8][英]B. 鲍桑葵：《美学史》，张今译，北京：中国人民大学出版社，2010 年。

[9][（汉）司马迁：《史记》（第 2 版），北京：中华书局，1982 年。

[10][意] 马可 · 波罗：《马可波罗游记》，陈开俊等译，福州：福建科学技术出版社，1981 年。

上编

第一章
原始社会人居环境

本章导读 本章参考旧石器时代北京山顶洞人，新石器时代河姆渡文化、仰韶文化、半坡文化、大汶口文化和龙山文化等考古发掘成果，结合中国民间传说、西方故事及经书中描绘的人间乐园，并参照今天在一些高原山区仍在使用的窑洞住宅，探讨中国原始社会人居环境的大致情形。需要特别强调的是，原始人类的居住环境虽然设施简陋，但宜居程度可能超出今人的想象。

最初的人类应该没有改造环境的意识和能力，但他们一定有选择环境、趋利避害的本能。良禽择木而栖。凤凰非梧桐不止，非楝实不食，非醴泉不饮。越是珍稀的动植物对环境应是越敏感。人类是万物之灵长，对环境和气候变化、风雷晴晦、四季轮转等，会更为敏感。

据最新测定，旧石器时代晚期的北京山顶洞人生活的年代距今约 3 万年。他们的居所山顶洞分为洞口、上室、下室和下窨四部分。洞口向北，高约 4 米，下部宽约 5 米。这种结构，表明他们可能对居所进行了规划和设计。在天然形成的基础上，山顶洞人因势就形进行了适当的改造。上室的地面中间发现一堆灰烬，该室还发现婴儿头骨碎片、骨针、装饰品和少量石器。该室底部的石钟乳层面和洞壁的一部分被烧炙。下室发现三具完整的人头骨和一些躯干骨，人骨周围散布有赤铁矿粉和一些随葬品（图 1–1）。下窨在下室深处，是一条南北长约 3 米，东西宽约 1 米的裂隙，里面发现了许多完整的动物骨架。这表明山顶洞人应该在上室居住，而下室可能用作墓葬。在山顶洞堆积物中发现 50 余种脊椎动物化石，也有鱼骨。这表明他们以狩猎和捕鱼为生。而发现的骨针等物，说明他们可能缝制兽皮作为冬季蔽体之衣。

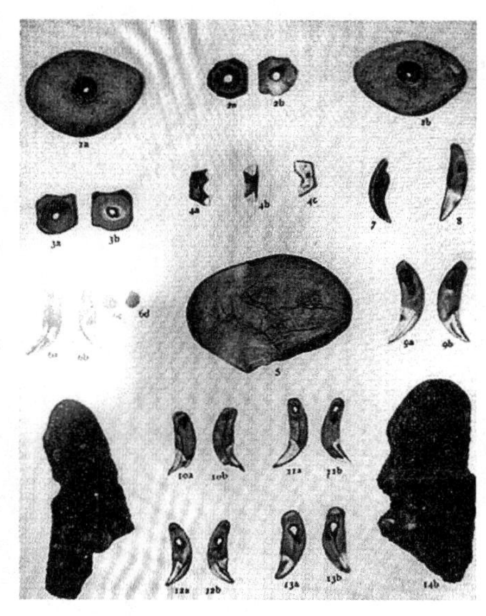
图 1–1 山顶洞人的装饰品与赤铁矿（图片来源于李超荣：《爱打扮的北京山顶洞人》，《化石》2019 年第 4 期。）

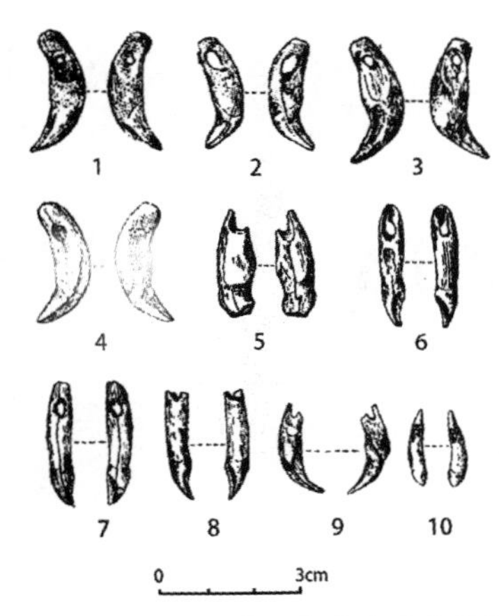

图 1-2 山顶洞人遗址发现的穿孔牙饰（图片来源于贾兰坡：《山顶洞人》，龙门联合书局 1951 年版。）

山顶洞人的装饰品计有穿孔兽牙 125 枚（图 1-2），穿孔海蚶壳 3 枚，钻孔鲩鱼上眼骨 1 件（钻孔精细，孔极细小），中型鱼尾骨 6 件，大型鱼脊椎骨 3 件（经过人工整理，未钻孔），刻有沟槽的鸟骨管 5 件（最长者 38 毫米）。最精巧的是钻孔石珠，共 7 件，为白色石灰岩制品，最大者直径为 6.5 毫米。其中，有一件钻孔小砾石最为漂亮，石料为微绿色的火成岩，长 39.6 毫米。还有一串石珠经过人工磨光，相当精致。这些器物的穿孔部位大都泛红，看起来是被赤铁矿粉染过。发现的磨制骨针（图 1-3），长 82 毫米，十分光滑。[1]

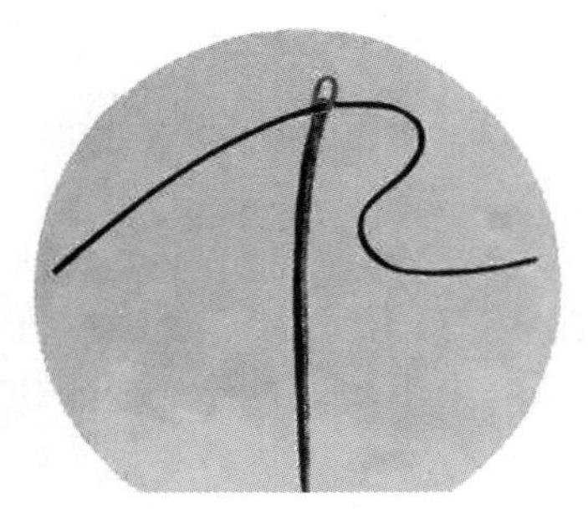
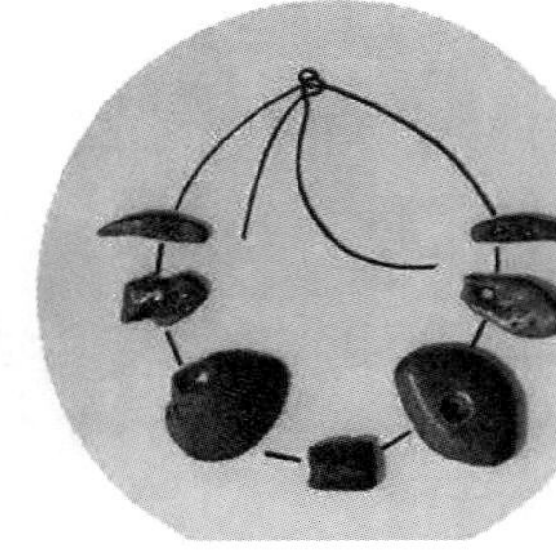
图 1-3 山顶洞人的骨针和项饰

这些装饰品表明远古先民的有美的意识和生活情趣。既然对自身进行装扮，也必然有改良居所和周边环境的要求和行为。

《西游记》描写了美猴王居住的花果山水帘洞，其为一个隐藏于瀑布下的石窟，里面有石床、石凳等。这虽然是小说中虚构的世界，但也能说明人类对洞穴居住的想象。在古人类居住环境中，肯定能找到类似的环境，天造地设，无须人工而能诗意栖居。原始人群相信会有更多机会，选择世外桃源、人间仙境般的居所。

基督教《圣经・创世记》描写了人类始祖亚当和夏娃居住在伊甸园中。这个园林是上帝在东方为他们所创造的一个乐园。《圣经》写道：“耶和华上帝在东方的伊甸设了个园，把所造的人安置在那里。耶和华上帝让地上长出各种树木，既能令人悦目，果实又可充饥。园中还有‘生命树’和‘知善恶树’……有河从伊甸流出，滋润着伊甸园，并从那里分为四条河流。第一条是比逊河，它环抱着整个哈腓拉，那里有上好的金子，还有珍珠和红玛瑙。”[2] 这所人间乐园里可以找到金子、珍珠、红玛瑙，生长着各种果树和奇花异草，河水淙淙流淌，分成四道环绕伊甸园，滋润着花木。亚当和夏娃在园中无忧无虑，尽享幸福快乐生活。要不是违背上帝意愿品尝了禁果，他们就不会失去这个美好家园，不会遭受颠沛流离、饥渴劳顿之苦，也

[1] 参见华梅、要彬：《中西服装史》，北京：中国纺织出版社，2014 年，第 7 页。

[2] 转引自 [日] 针之谷钟吉：《西方造园变迁史——从伊甸园到天然公园》，邹洪灿译，北京：中国建筑工业出版社，1991 年，第 2 页。

不会生老病死。

古希腊神话记述人类经历了黄金时代、白银时代、青铜时代和黑铁时代等。第一代人生活的时代属于人类的黄金时期。他们无忧无虑，不会衰老，没有疾病，也不需要劳动，大地为他们提供了丰富的果实。第二代人就稍差一些了。而到了黑铁时代，人类完全堕落了，深受烦恼痛苦和沉重劳作的折磨。古希腊诗人赫西俄德在其诗篇《工作与时日》中对此有描述。赫西俄德曾慨叹自己生逢不幸的黑铁时代。奥维德在《变形记》中论述“毕达哥拉斯的学说”时曾写道：“但是在古代，我们所谓的黄金时代，人们过的是幸福生活，树上结着果子，地上长着菜蔬，污血从不沾唇。”[1] 据奥维德记述，毕达哥拉斯主张素食，他认为正是由于开始杀生和食肉，人类才犯下罪孽，逐渐失去了黄金时代。

几乎所有的创世神话都认为人类有一个美好的童年时期。

古希腊哲学家苏格拉底认为人自身也分黄金、白银、铜铁等几类。金银品质的人是优秀的。他认为，金父会生银子，银父也会生金子，而一旦铜铁当道，执掌权柄，就会国破家亡了。[2]

中国民间传说昆仑山上有瑶池，是西王母的居所。瑶池环境非常美好，展现出来的是“琼华之阙，光碧之堂”，“绿台承霄”，“连琳彩帐”，“白环之树”，“空青万条”。

佛教《阿弥陀经》描绘了西天的极乐世界：“极乐国土，有七宝池，八功德水充满其中，池底纯以金沙布地，四边阶道金、银、琉璃、玻璃合成。”而佛做悉达多太子时的出生地，是在迦毗罗卫城东南 800 里的天臂城园苑——岚毗尼园。此园夏日无暑气，冬日无寒风，园中风景秀丽，多有泉流池水，绿草如茵，花树、果树世无有比，又有种种杂树遍满园苑。[3] 其中有一棵树名无忧树，枝叶垂布，树花香妙，翠紫相晖如孔雀项。悉达多太子即出生在此无忧树下。

伊斯兰教《古兰经》中也描绘了信徒们修造的“天园”旖旎风光。

这些传说中的园囿只不过是美好想象而已，但大自然确实创造了与上述传说类似的美好环境。

在一些热带岛屿，人们并不需要力耕而食。

太平洋中的一些岛屿，“天气晴和，水土平淑，产椰子、芋薯、果实，足供采食。土人织草为衣以蔽形，性驯而慧”[4]。

在印度东南海中的大岛锡兰，“山川灵秀，花木繁绮，禽声欢乐，风景足怡。林内多象，土人用之如牛马”[5]。

---

[1] ［古罗马］奥维德：《变形记》，杨周翰译，上海：上海人民出版社，2016 年，第 408 页。

[2] 参见［古希腊］柏拉图：《理想国》，2018 年，第 112 页。

[3] 参见和悦居士编著：《释迦牟尼佛应化事迹》，2014 年，第 8 页。

[4] （清）徐继畬：《瀛寰志略》，上海：上海书店出版社，2001 年，第 61 页。

[5] （清）徐继畬：《瀛寰志略》，第 70 页。

有些人居环境自身就非常美好，山清水秀，四季如春，物产丰富。但更多美好家园需要靠人力打造。

图 1-4 河姆渡文化猪纹黑陶钵（浙江省博物馆藏）

新石器时代的河姆渡文化距今六七千年，出土有一件猪纹黑陶钵（图 1–4），该器以阴刻的野猪形象作为装饰。野猪身上添加了些雨滴、草叶类的形象，将这头猪打扮得花枝招展。由浙江省余姚市出土的这件黑陶纹饰可以推知当时人对自身的装扮和对居住环境美化的精心程度。在他们用竹木搭建或用土石砌筑的住房周围，可能会遍植花木，房前溪水潺湲，幽篁映水。

而河姆渡遗址发掘的长约 23 米、进深约 8 米的木构架建筑，许多构件上都带有榫卯。这是我国已知最早采用榫卯技术的房屋。既已掌握榫卯技术，就有可能建造几层高的楼房。

史前人类在北方黄土高原上建设的窑洞式住宅，也在山西、甘肃、宁夏等地多有发现。山西石楼县岔沟村十余座史前窑洞遗址，其室内地面及墙裙都用白灰抹成光洁的表面。山西襄汾陶寺村还发现了至今仍在沿用的天井院窑洞遗址。这种窑洞是先挖出一个四方的天井，再从井底的四面掏挖窑洞。天井供透光和晾晒衣被等。

仰韶文化时期的原始村落多选择河流两岸的台地为基址。这种村落已有初步的区划布局。陕西临潼姜寨发现的仰韶村落遗址，居住区的住房共分五组，每组都以一栋大房子为核心，其他较小的房屋，环绕大房子而建。陕西西安半坡村遗址分为三区：南面是居住区，有 46 座房屋，北端是墓葬区，东面是制陶窑场。室内地面、墙面往往有细泥抹面或烧烤表面，使之陶化，以避潮湿，也有铺设木材、芦苇等作为地面防水层的。室内备有烧火的坑穴，屋顶设有排烟口。[1]

龙山文化遗址发掘的住房出现了双室相连的套间式半穴居，平面呈“吕”字形。内室与外室均有烧火面，是煮食与烤火的地方。外室设有窖藏。而仰韶遗址窖藏是设在室外的。

史前的祭坛和神庙也在各地陆续发现。浙江杭州市余杭区的瑶山和汇观山，有两座祭坛，都是用土筑成的长方坛。内蒙古的大青山和辽宁喀左县的东山嘴，有三座祭坛是用石块垒成的方坛和圆坛。中国最古老的神庙发现于辽宁西部的建平县境内。这是一座建于山丘顶部、有多重空间组合的神庙。庙内设有成组的女神像。特别引人注目的是，神庙内的墙面装饰了彩画和线脚。

新石器时代晚期，城市逐步形成，一些遗址的聚落周围环以壕沟。龙山文化时期，在聚落外围构筑土城墙已较普遍。壕沟和城墙相结合，提高了防御能力。湖北天门市

[1] 参见潘谷西主编：《中国建筑史》（第 5 版），北京：中国建筑工业出版社，2004 年，第 17 页。

石家河古城，就是这种有城墙的聚落，其面积已达 1.2 平方公里。[1]

从河姆渡文化、仰韶文化、半坡文化、大汶口文化和龙山文化等文化遗址出土的大量装饰精美的彩陶来看，史前人类不仅非常爱美，而且具有灵心慧性，创造了高雅的艺术。可以想见，他们会注重改良人居环境，会努力打造宜居环境。而从各地原始聚落遗址来看，建筑的布局、功能和装修等，确实令人感受到先民在改善和美化环境方面所作出的努力。除了民用建筑，祭坛和神庙表明了人类对上天和自然的敬畏。这类特殊建筑，在造型和装饰上往往更为考究。随着聚落逐渐城市化，就更需要规划布局，还要增加防御工程，由此城市的各项设施也就逐步完善起来。

由于生产工具和技术落后，史前很少有大型工程和公园，但人们在居所附近可能会规划小的花园。这些花园可能偏重于植物栽培和禽鸟饲养。人们也可能会搭建一些小型建筑。山、水、植物和建筑是构成园林的四个基本要素。筑山、理水、栽培植物和营造建筑相应地成为造园的四项主要工作。一座规模较大的花园，就应该注重地面的起伏变化，形成高低层次，这样能形成掩映俯仰的情趣。但在生产落后、工具简陋的原始状态下，先民营造花园时，很可能借助自然形成的山丘。他们会首选依山傍水的环境，然后在此基础上打造陶情悦性的景点，并且可能要动用几代人去营建、完善。由于那时地广人稀，林果丰盛，先民多以采食为主，然后辅以渔猎，过着自由自在的生活。闲暇之余，他们会歌舞娱乐、建设家园。

马家窑文化遗址出土有两件舞蹈纹彩陶盆，其中一个盆内绘有三组舞蹈人像，每组五人（图 1–5）。另一个绘两组，每组分别为十一人和十三人（图 1–6）。舞蹈的少女手牵手，翩跹起舞，活泼欢快。原始人日出而作，日落而息，“断竹，续竹，飞土，逐宍”，这种生活必然靠歌舞游戏以及美化家园来填充。东晋诗人陶渊明向往无怀氏、葛天氏之民的生活。华夏文明始祖黄帝和尧、舜、禹主政的社会，一直为后世钦慕赞美，百姓渴望生活在尧舜之世。那些古老的歌谣，“土反其宅，水归其壑，昆虫毋作，草木归其泽”，“卿云烂兮，纠缦缦兮。日月光华，旦复旦兮”，“南风之薰兮，可

图 1–5 马家窑文化舞蹈纹彩陶盆（中国国家博物馆藏）

图 1–6 马家窑文化舞蹈纹彩陶盆（青海省博物馆藏）

[1] 参见潘谷西主编：《中国建筑史》（第 5 版），第 18 页。

以解吾民之愠兮。南风之时兮，可以阜吾民之财兮”等，反映了先民的情怀，映现了一个古朴真淳的社会。

人类有一个美好的童年时代。在这个童年时代，山清水秀，天蓝云白，果实丰饶，居所雅洁，无限美好。

拓展思考：现发现的主要文明遗址有哪些？出土了哪些主要文物？它们有何特色？人类在改造环境的过程中对环境造成了哪些负面影响？

推荐阅读书目：（汉）司马迁《史记·五帝本纪》。

本章参考文献

[1] 华梅、要彬：《中西服装史》，北京：中国纺织出版社，2014 年。

[2][日] 针之谷钟吉：《西方造园变迁史——从伊甸园到天然公园》，邹洪灿译，北京：中国建筑工业出版社，1991 年。

[3][古罗马] 奥维德：《变形记》，杨周翰译，上海：上海人民出版社，2016 年。

[4][古希腊] 柏拉图：《理想国》，董智慧编译，北京：民主与建设出版社，2018 年。

[5] 和悦居士编著：《释迦牟尼佛应化事迹》，2014 年。

[6]（清）徐继畬：《瀛寰志略》，上海：上海书店出版社，2001 年。

[7] 潘谷西主编：《中国建筑史》（第 5 版），北京：中国建筑工业出版社，2004 年。

第二章
先秦时期的城建与园苑

本章导读　先秦时期是华夏有史记载的早期阶段。由虞舜到东周史料越来越丰赡，今人对夏商社会的认知仍相当模糊，但对周朝尤其是东周则有较多的认知。东周分为春秋和战国两个阶段。秦灭六国标志着先秦时期的结束。从虞舜时起人类就早已摆脱蒙昧，随后的历史不乏明君贤相圣人在世，禹、皋陶、契、后稷、商汤、伊尹、傅说、文王、周公、管仲、晏婴、孔子、孟子等，就是这一时期的光辉人物，也有卓越的技术人才鲁班等。所以文明大演，创造了辉煌的文明成就。在建筑设计领域，出现了专门负责营建的“司空”官职，出现了《考工记》这样记载“匠人营国”、阐述规划营建的专业理论书籍，出现了“其大三里，高千尺”的鹿台，出现了“美哉轮焉！美哉奂焉”的晋宫室等。可见这一时期人类的规划设计能力、建造技术水平、建材的开发利用能力，以及殿阁楼台园囿的建设水平等都已达到很高的程度。其殿宇之恢宏，装饰之奢丽，园囿之广大，花木之丰饶，可能超出今人的想象。阅读本章，期待读者对先秦时期环境艺术设计的成就作出客观评价，深入认知古人创建人居环境的智慧和对此作出的贡献。

第一节　司空之职

夏商周，学者多称三代，再加上夏之前的虞舜时期，构成了华夏五千年文明史最早的一个阶段。商周时期，不仅考古发掘的文物丰富，史料留存也较多。所以对商周社会文明和商周以后的文明演进，在今世人心目中有较为清晰的呈现，而对于夏及之前的社会的认知，则较为模糊。

尧、舜、禹荐贤举能，禅让帝位，他们三位是深受后世褒扬的圣明之君。《史记·夏本纪》记载，禹以天下授益，及禹崩，三年之丧毕，益让帝禹之子启。而禹之子启贤，天下人归之。[1]可见，禹也禅让了帝位。在这些帝王中，舜帝成长环境非常恶劣，“舜

[1]　参见（汉）司马迁：《史记·夏本纪》（第2版），第83页。

父瞽叟盲，而舜母死，瞽叟更娶妻而生象，象傲。瞽叟爱后妻子，常欲杀舜”；“舜父瞽叟顽，母嚚，弟象傲，皆欲杀舜”[1]。在这种情况下，舜二十岁的时候，以“孝”闻名于天下，并且具有非凡的才干，“舜耕历山，历山之人皆让畔；渔雷泽，雷泽上人皆让居；陶河滨，河滨器皆不苦窳。一年而所居成聚，二年成邑，三年成都”[2]。舜在某个地方住上一年，这个地方就成为聚落，住上两年就成为邑镇，定居三年就成为都市。这真是奇迹，似乎是传奇故事。但舜这样的超常之人、古圣先贤，他的创业能力当能实现。由聚落而邑镇而都市，人不断聚拢来，随之而来的就是建设，规划房舍、庭院，也必然要有菜园，然后可能有果园和花园。日常器用要烧制，这样还要有个相当于工业园的“作坊区”。舜擅长烧制陶器，“河滨器皆不苦窳”，这说明他烧制的陶器都很完好。通过这些史料，我们依稀可见当时的生产、建设情况。

舜帝执掌政权后，对官员进行职务划分。尧帝时举用的禹、皋陶、契、后稷、伯夷、夔、龙、倕、益、彭祖等，没有分职。舜则变革了尧帝时的管理办法，他任命禹为司空，契为司徒，皋陶负责刑罚，后稷掌管农业，伯夷负责礼仪，夔典乐，倕主工师，龙主宾客等。这些人中，禹功绩最大。禹治水的同时，披山开道，划定九州。[3]

禹负责的就是改造环境，将恶劣的自然环境改造为适宜人居的环境。而“司空”自此之后成为掌管水利、营建方面的重要官职。

第二节 《考工记》“匠人”职务

《周礼·冬官·考工记》通常被认为成书于战国时期，全书论及“攻木之工”“攻金之工”等三十个工种。其中“攻木之工”包括轮、舆、弓、庐、匠、车、梓七个工种。匠人就属于“攻木之工”行列。

匠人负责营建城邑，相当于今天的建筑工程师。他们首先要进行勘测。“匠人建国，水地以县，置槷以县，视以景。为规，识日出之景与日入之景。昼参诸日中之景，夜考之极星，以正朝夕。”[4]他们使用“槷”和“规”等标杆和圆规之类的工具进行观测，参照日影和北极星等确定方位。这可能着重出于对建筑光线、光照效果的考虑。可见，营建之前的土地勘测、光影观察等准备工作，很慎重，很精细。

然后建设中，对于城邑的布局规模，《考工记·匠人》又有明确的限定：“匠人营国，方九里，旁三门。国中九经九纬，经涂九轨。左祖右社，面朝后市。”“夏后氏世室，堂修二七，广四修一。”“殷人重屋，堂修七寻，堂崇三尺。”“周人明堂，度九尺之筵，东西九筵，南北七筵，堂崇一筵。”“宫隅之制七雉，城隅之制九雉。经涂九轨，

[1] （汉）司马迁：《史记·五帝本纪》（第2版），第32页。

[2] （汉）司马迁：《史记·五帝本纪》（第2版），第33～34页。

[3] 参见（汉）司马迁：《史记·五帝本纪》（第2版），第43页。

[4] 闻人军译注：《考工记译注》，第110页。

环涂七轨，野涂五轨。”“宫隅之制，以为诸侯之城制。环涂以为诸侯经涂。”[1]

这些记述涉及城市的规模、布局、道路，以及建筑的体量等都有明确规定，形成制度，通常不能逾越，特别是诸侯领地的城建有严格限制，一旦超出标准即为僭越，会被视为犯上作乱。国都和诸侯的都城建制不同，国都经纬道路即南北和东西的道路要各设九条。南北大道要能并排行驶九辆车，绕城道路要能并排七辆车，城外道路并排五辆车。诸侯都城内的道路宽度则相应缩减，南北大道只能并排行驶七辆车，比起国都来要减少两辆车。城墙的高度也有限定，国都的城墙高九雉，诸侯城墙高七雉。建筑物中，庙堂最为重要，三代的庙堂规模不同。夏后氏的“世室”，郑玄解释为“世室者，宗庙也”，其体量为“堂修二七，广四修一”。周人的明堂，从其长、宽、高的比例来看，高度仅是其东西长的九分之一，南北宽的七分之一，可见明堂并不是很高敞。而殷人“重屋”的高仅是周明堂高的三分之一。周人明堂高度是一筵，一筵是九尺，而殷人重屋高度仅是三尺。郑玄解释“重屋者，王宫正堂若大寝也”。重屋尚且仅是明堂的三分之一高，怎么能称得上“正堂”“大寝”呢？殷人重屋“堂修七寻”，“寻”是长度单位，指成人伸展开两臂的长度，“展臂曰寻，倍寻曰常”，“七寻”也就是十一二米。城市的总体规划布局是“左祖右社，面朝后市”，左边是祭祀祖先的宗庙，右边是祭祀社稷的神庙，前面是朝堂，后面是集市。这样的布局很可能经过勘察论证，对市民生活而言肯定是便捷的。

《考工记·匠人》的最后部分，对住房、粮仓、地窖、城墙和下水道等，给出了这样具体的尺寸：“葺屋三分，瓦屋四分，囷、窌、仓、城，逆墙六分。堂涂十有二分。窦，其崇三尺。墙厚三尺，崇三之。”[2]先秦时期对建筑规模有明确的尺寸限制，这一点是确定无疑的。这种严格的建筑规制，令人隐约感到先秦时期宗法、等级制度的严苛，但它的积极意义不应被忽视。

第三节　《礼记》中的建筑规制

儒家典籍《礼记》中对古代建筑的规制也有若干表述：“君子将营宫室，宗庙为先，厩库为次，居室为后；凡家造，祭器为先，牺赋为次，养器为后……为宫室，不斩于丘木。”[3]“有以高为贵者：天子之堂九尺，诸侯七尺，大夫五尺，士三尺；天子诸侯台门。此以高为贵也。”[4]“大庙，天子明堂；库门，天子皋门；雉门，天子应门。振木铎于朝，天子之政也。山节藻棁，复庙重檐，刮楹，达乡，反坫，出尊，崇坫，

[1] 闻人军译注：《考工记译注》，第112、118页。

[2] 闻人军译注：《考工记译注》，第124页。

[3] 韩路主编：《四书五经》卷三《礼记》（第2版），第38页。

[4] 韩路主编：《四书五经》卷三《礼记》（第2版），第269页。

康圭，疏屏，天子之庙饰也。”[1]

《营造法式・总释上》引《礼记》中的规定：“楹，天子丹，诸侯黝，大夫苍，士黈。”[2] 楹是殿宇中用于承重的柱子。天子殿宇的柱子漆红色，诸侯漆黑色，大夫漆青色，士人则漆黄色。按：现行《礼记》中无上述引言，实见于《春秋穀梁传》卷三“庄公二十三年”。

这些规定体现了对天地、尊者、长者和祖先的尊重。古人出于对天地的敬畏，对祖宗的尊重，在进行建筑工程时要求先建祭祀的宗庙，然后建厩库，最后建居室。厩库是仓储设施，是生活的保障。重视厩库，体现的是对天地自然赐予给养的敬畏之心，体现了“民以食为天”的先决性、基础性，所以它高于居室。

对天子、诸侯、大夫、士的厅堂高度的规定体现了等级制，但这种约束却是维护社会秩序所需要的。诸侯的宗庙相当于天子的明堂，库门相当于天子的皋门，雉门相当于天子的应门。天子的庙堂在设计上要有山节藻棁、复庙重檐，要装配刮楹、达向、反坫、康圭和疏屏等。这样的装饰设计会使天子的庙堂建筑雕梁画栋，庄严、瑰丽，给人以崇高感和神圣感。

《礼记・檀弓下》记载：“晋献文子成室，晋大夫发焉。张老曰：‘美哉轮焉！美哉奂焉！歌于斯，哭于斯，聚国族于斯。’”[3]“美轮美奂”用于形容建筑的高大辉煌。晋献文子新落成的宫室，不仅高大而且装饰精美，所以引发了晋国大夫的由衷赞美。“聚国族于斯”，说明空间的宽敞。它虽装饰美观，但肯定达不到天子庙堂“山节藻棁，复庙重檐”的壮观瑰丽程度。

第四节　夏商周三代的都城建设

夏商周三代的都城都屡有迁徙。

夏朝，禹居阳城（又都安邑、平阳，一说晋阳），太康居斟鄩，相居帝邱（又居斟灌），宁居原，迁于老邱，胤甲居西河，桀居斟鄩。[4]

商的先祖是契，他与舜帝同时代，辅佐舜帝，担任司徒，负责教化百姓，功勋卓著。由契传至商汤，他们的居住地迁移了八次。汤居住在亳。帝位传至中丁，迁于隞，河亶甲居相，祖乙迁于邢。到帝盘庚时，都城已经迁到河北，盘庚渡河南下，复居成汤之故居，“乃五迁，无定处”。盘庚治亳，商朝复兴。这就是历史殷商迁都“前八后五”之说。据张光直考证，商朝的历史时期为公元前 1750 年至前 1100 年。[5] 这 600 余年间，

[1] 韩路主编：《四书五经》卷三《礼记》（第 2 版），第 368 页。
[2] （宋）李诫著，梁思成注释：《梁思成注释〈营造法式〉》，第 59 页。
[3] 韩路主编：《四书五经》卷三《礼记》（第 2 版），第 121 页。
[4] 参见张光直：《中国青铜时代》，北京：生活・读书・新知三联书店，2013 年，第 34 页。
[5] 参见张光直：《中国青铜时代》，第 92 页。

商都不固定，经历了五次迁都。但“亳”的地位非比寻常。据考证，河南偃师为西亳，汤和后世的盘庚都以此地为都城。[1] 盘庚迁都后直至商朝最后，没再迁都。

周的先祖是弃，即后稷，教人稼穑，帝尧举用他为农师，帝舜继续委任他播时百谷，“弃主稷，百谷时茂”[2]。大禹治水时，黎民饥寒，“后稷予众庶难得之食。食少，调有余相给，以均诸侯”[3]。舜帝封弃于邰，号曰后稷，别姓姬氏。邰，在陕西扶风县，一说在雍州武功县西南二十二里。后稷子不窋在晚年失官而奔戎狄之间，传至公刘，周道始兴。公刘子庆节，国于豳，传至古公亶父，因戎狄侵犯，而去豳，度漆、沮，逾梁山，止于岐下。岐下，南有周原，始改国为周。此周兴之地。在此地，周人在古公亶父的率领下营筑城郭室屋，作五官有司，奠定了基业。《诗经・小雅・绵》生动描绘了周人在周原建设家园的情景。起初周人在豳地穴居，没有规范的住宅，“古公亶父，陶复陶穴，未有家室”；然后被迫迁居，“古公亶父，来朝走马，率西水浒，至于岐下”。岐下的周原一带环境很好，占卜也得到吉兆，于是就在此地开始兴建家园。《诗经》中描绘：“周原膴膴，堇荼如饴。爰始爰谋，爰契我龟，曰止曰时，筑室于兹。”周原土壤肥沃，菜蔬甘美，是个理想的宜居之地。古罗马建筑师维特鲁威在其《建筑十书》中专辟一章论述“选择健康的营建地点”的问题。他写道：“土地可为人们带来健康的种种特性，是可以通过饲料和食物看出来的。”[4] 他在书中提到，在克里特岛乡村有条河流，羊群在两岸吃草，但一边的羊群脾脏肿大，而另一边的则很正常。因此，他认为从食物和水就可以确定一个地方的自然环境是健康的还是有害的。[5] 住宅的“宅”字，《释名》解释为“择也；择吉处而营之也”[6]。而中国“相宅”历史悠久，并形成了专门的学问“堪舆学”。从周人后来的发展壮大来看，周原一带的确是有利人体健康的福地。《诗经》中描写了具体的兴建过程，“乃召司空，乃召司徒，俾立室家；其绳则直，缩版以载，作庙翼翼”。司空掌管营建，司徒负责教化。百姓在他们的带领下生活步入正轨。周人建设家园的场面热火朝天，“筑之登登，削屡冯冯，百堵皆兴，鼛鼓弗胜”。而周王古公亶父宫室的营建，《诗经》中这样描写：“迺立皋门，皋门有伉；迺立应门，应门将将；乃立冢土，戎丑攸行。”自此，周人在岐下周原安居下来。就是在此时此地，太伯奔吴。太伯是古公亶父的长子。太伯受到孔子盛赞，“其可谓至德也已矣，三以天下让，民无得而称焉”。太伯和其二弟仲雍为了使他们的三弟季历顺利继承王位，远走他乡，被传为美谈。当时吴是荆蛮之地，太伯奔吴，后来形成吴国，吴越称霸，繁盛一时。吴国的城市建设和文明播演，促进了长江中下游一带的发展，影响深远。周文王西伯昌是季历之子，古公亶父之孙，他

[1] 参见（汉）司马迁：《史记・殷本纪》（第2版），第93页，注释[二]。

[2] （汉）司马迁：《史记・五帝本纪》（第2版），第43页。

[3] （汉）司马迁：《史记・夏本纪》（第2版），第49页。

[4] [古罗马]维特鲁威：《建筑十书》，第78页。

[5] 参见[古罗马]维特鲁威：《建筑十书》，第78页。

[6] （宋）李诫著，梁思成注释：《梁思成注释〈营造法式〉》，第30页。

自岐下东迁至丰，在此建都。丰，在长安南数十里。武王灭商之后，封功臣谋士，师尚父受首封，封于营丘，称为“齐国”，封弟周公旦于曲阜，称为“鲁国”，封召公奭于燕，即燕国等。这种分封，促进了各地的经济发展和城市建设。武王建设镐京，“文王作丰，武王治镐”，形成丰、镐二京。武王之后的成王定都在丰，开始建设东部的新都，“成王在丰，使召公复营洛邑”[1]。洛阳一带的发展，自此肇始。

三代以前的都城也常有变换，“尧都平阳，舜都冀土，是知帝王居止，世代不同”（《隋书》卷七十八《列传第四十三》）。每次迁都必然涉及都城的营建，迁都之后，原先的城市会继续存在，但发展的速度会受到影响。每迁一地，都会形成新的城市。这样就避免了一个都城的过分庞大及其他地方的发展受限。迁都创造了新城，带动了当地的经济发展。

城市的形成与发展，促进社会分工和各种手工业的兴盛，对人类文明的推进意义重大。1950年发表于利物浦大学《城市规划评论》杂志的《城市革命》一文影响深远。该文章提出了城市形成的十项标准。这十项标准在人口构成方面包括不从事农牧渔业的专门化的工匠、运输工人、商人、官吏、僧侣，以及从事美术活动的人员；在建筑方面，具有大型公共建筑等。[2]

三代的迁都使中原大地形成若干重要城市，这些城市的规模和建筑布局，从考古发掘中可以窥知概貌。

商代遗址现已发掘多处，其中至少有三处已发现夯土城墙，即郑州、偃师与黄陂盘龙城三座商代城址。这些城址除了有夯土城墙以外，还具有宫殿式的大型夯土基址，有手工作坊和祭祀遗迹等。比这些基址更早的是二里头遗址。其上层曾发现了东西长108米、南北宽100米的一座正南北向的夯土台基，依其大小和由柱洞所见的堂、庑、庭、门的排列，可说它是一座宫殿式建筑。这个基址附近还发现若干大小不等的其他夯土台基，用石板和卵石铺成的路及陶质的排水管。可见这是一群规模宏大的建筑。在遗址和墓葬中出土的遗物中有不少青铜器、玉器、镶嵌绿松石的铜片等高级艺术品。手工业作坊遗址包括铸铜、制骨、制陶遗迹等。[3]

比二里头遗址更早的是龙山文化晚期遗址，淮阳平粮台遗址就是其中之一。平粮台城门口有“门卫房”，有铜渣和陶质排水管道。这些发现是与考古学上的夏文化与夏代的讨论相连接的。

对周朝都城遗址的发掘，有周原考古队对周朝肇兴之地岐下的发掘。遗址北以岐山为界，东至扶风县的樊村，西至岐山县的岐阳堡，南至扶风县李村，东西宽约3公里，南北长约5公里，总面积15平方公里。这个遗址有宫室、宗庙的建筑分布区，有平民居住区，有制骨、冶铜、制陶作坊，有墓葬区等。[4]

[1] （汉）司马迁：《史记·周本纪》（第2版），第133页。

[2] 参见张光直：《中国青铜时代》，第29页。

[3] 参见张光直：《中国青铜时代》，第40页。

[4] 参见张光直：《中国青铜时代》，第52页。

岐山凤雏村早周遗址是一座相当严整的四合院式建筑，由二进院落组成。中轴线上依次为影壁、大门、前堂、后室，前堂与后室之间用廊子联结。两侧有厢房，将庭院围成封闭的空间。院落四周有檐廊环绕。屋顶采用瓦。房屋下设排水陶管和卵石砌筑的暗沟，以排除院内积水。这是我国已知最早、最严整的四合院实例。[1]

湖北蕲春西周木架建筑遗址发现大量木柱、木板及方木，并有木楼梯残迹。木架构房屋在气温偏高的南方当非常普遍，而且可能是多层建筑，底层作为客厅或储藏室，二层、三层作为卧室，甚至有可能搭建几十米高的塔楼。《考工记》中将“攻木之工”分为七种，可见先秦时期木工技艺发展的成熟程度。除了建筑领域之外，车辆、云梯、弓箭、辘轳、家具等，在当时都普遍应用木材，需要木工技术，一批能工巧匠必然会应运而生，而鲁班就是他们中的佼佼者，被后世尊为木工的“鼻祖”。由此可见，用木材搭建高层建筑当不成问题。

土、石、木、陶在建筑中广泛应用的同时，瓦也出现了。制瓦技术是从陶器制作中发展而来的。在陕西岐山凤雏村西周早期遗址发现的瓦主要用于屋脊和屋檐等处。而从陕西扶风召陈遗址的发掘情况来看，到了西周中晚期，有的屋顶就全部铺瓦。瓦的质量也有所提高，并且出现了半瓦当。在这两处遗址中还发现了铺地方砖。从山西侯马晋故都、河南洛阳东周故城、陕西凤翔秦雍城、湖北江陵楚郢都等地的春秋时期遗址中，发现了大量板瓦、筒瓦以及一部分半瓦当和全瓦当。在凤翔秦雍城遗址，还出土了 36 厘米 ×14 厘米 ×6 厘米的砖以及质地坚硬、表面有花纹的空心砖。[2]

砖、瓦的制造和利用，是建筑史上的一次飞跃，对于人居环境的改善发挥了巨大作用，其使命一直延续到今天。今天的乡村民居，砖瓦仍是主体；只是在城市建筑中，砖瓦已被钢筋混凝土取代。

第五节　春秋战国时期城市发展建设

东周分为春秋和战国两个时期。这一时期周王室衰微，列国争强，春秋五霸和战国七雄相继逐鹿中原，此消彼长，干戈不息。位于长江中下游的吴越两国，也在春秋时期相继称霸。

春秋之中，弑君三十六，亡国五十二，诸侯奔走不得保其社稷者，不可胜数。战国更是一个弱肉强食的兼并时代，最终六国灭亡，天下归秦。战争造成大量人员伤亡，破坏了家园，影响了经济发展。但列国间的竞争，同时又促进对人才的重视，激发国君励精图治，发展农业、商业，重视城乡建设，改善百姓生活等。这又是有利的一面。齐桓公以管仲为相，实现了富国强兵，九合诸侯，一匡天下。晋文公在外流亡十九年，

[1] 参见潘谷西主编：《中国建筑史》（第 5 版），第 22 页。

[2] 参加潘谷西主编：《中国建筑史》（第 5 版），第 24 页。

历经坎坷，追随他的狐偃劝谏“亡人无以为宝，仁亲以为宝”[1]，后反国执政，举贤用能，晋国强盛。越王勾践卧薪尝胆，国家复兴。燕昭王为了国家富强，卑身厚币以招贤者。梁惠王在“东败于齐，长子死焉，西丧地于秦七百里，南辱于楚”（《孟子·梁惠王上》）的困境下，极力想振兴国家，洗雪耻辱。滕文公是滕国国君，滕国是夹在齐楚之间的一个小国，为了生存，“竭力以事大国”（《孟子·梁惠王下》）。滕文公在艰难处境下，特别想摆脱困境，尽力为善。这种竞争激发了活力和斗志。

所以在战争的间隙，手工业发展，城市繁荣，出现了若干“明星”之城：齐国的临淄、赵国的邯郸、秦国的咸阳、楚国的鄢郢和魏国的大梁等。此外，洛阳、睢阳、江陵、彭城、寿春、番禺、宛、燕等都是规模较大的城市。邯郸是漳、河之间的都会城市，燕是勃、碣之间的都会城市，临淄是海、岱之间的都会城市等。以临淄为例，战国齐宣王时，临淄有7万户，以每户十口论，不下70万人。而且临淄百姓富足，生活悠闲，“其民无不吹竽鼓瑟，弹琴击筑”，乃至“斗鸡走狗”，大街上，“车毂击，人肩摩，连衽成帷，举袂成幕，挥汗成雨”。临淄城“家殷人足”，居民“志高气扬”。[2]与此同时，学术空前繁荣，出现了诸子百家争鸣的局面。春秋时期孔子兴办私学，战国齐国开办稷下学宫等，促进了文化的传播和人才的培养。战国王公贵族还有养士之风。处士横议，人才竞秀，结驷连骑，显扬诸侯。

考古发掘齐故都临淄城南北长约5公里，东西宽约4公里。大城内分布着冶铁、制骨等作坊及纵横的街道。大城西南角有小城，其中夯土台高达14米，周围也有作坊多处。

在咸阳市东郊考古发掘的一座高台建筑遗址，是战国时秦咸阳宫殿之一。这座60米×45米的长方夯土台，高6米，台上建筑物由殿堂、过厅、居室、浴室、回廊、仓库和地窖等组成，高低错落，形成一组复杂壮观的建筑群；居室和浴室都设有取暖用的壁炉；地下铺设管道，用于排水；整个建筑设施相当完备。[3]而秦国的另一处都城雍城，遗址在今陕西凤翔县南郊，考古发现，雍城平面呈不规则方形，每边约长3200米，宫殿与宗庙位于城中偏西。其中一座宗庙遗址是由门、堂组成的四合院。秦公的陵墓分布在雍城南郊东西约5公里、南北约2.5公里之间的一片区域内，陵园不用围墙而用隍壕作防护。[4]

春秋战国时期，列国之间的竞争态势促进了练兵备战、城防建设和生产发展，黄河和长江流域的城市星罗棋布。由于锻造兵器、制造甲胄和兵车，所以各地的冶铸、制造皮革、木工以及陶工等手工业兴旺发达。繁荣的手工业促进了城市的规划设计和建设。

---

[1] 韩路主编：《四书五经》卷一《大学》（第2版），第28页。

[2] 参见（汉）司马迁：《史记·苏秦列传》（第2版），第2257页。

[3] 参见潘谷西主编：《中国建筑史》（第5版），第26页。

[4] 参见潘谷西主编：《中国建筑史》（第5版），第24～25页。

第六节　先秦时期的风景园林

中国古典园林的雏形产生于囿与台的结合，时间在公元前 11 世纪，也就是殷末周初。囿起源于狩猎。《诗经》毛苌注云：“囿，所以域养禽兽也。”台原本是登高以观天象之用，后用于登高远眺，观赏风景。

商纣王好大喜功，大兴土木，“厚赋税以实鹿台之钱，而盈钜桥之粟。益收狗马奇物，充仞宫室。益广沙丘苑台，多取野兽蜚鸟置其中。慢于鬼神。大冣乐戏于沙丘”。鹿台在朝歌城中，《新序》云：“鹿台，其大三里，高千尺。”[1] 纣王就是在鹿台自焚而亡。

沙丘是纣王兴建离宫别馆之地，《竹书纪年》记载：“自盘庚徙殷至纣之灭二百五十三年，更不徙都，纣时稍大其邑，南距朝歌，北据邯郸及沙丘，皆为离宫别馆。”[2]

除了宫室之外，纣王建了高入云霄的鹿台，扩建了沙丘苑台。沙丘显然是皇家园林，里面有很多飞禽走兽，纣王纵乐其中。这所皇家园林除了花木禽鸟之外，想必不会缺少山丘、池塘和建筑。高层建筑有鹿台，宽广园囿有沙丘。从当时的建筑环境设计规划和建设施工来看，从业人员一定已经具备相当高的水平，人才队伍也应有相当大的规模。

《礼记·檀弓上》记载了“瑕丘”之美：“公叔文子升于瑕丘，蘧伯玉从。文子曰：‘乐哉，斯丘也！死则我欲葬焉。’蘧伯玉曰：‘吾子乐之，则瑗请前。’”[3] 公叔文子和蘧伯玉都是卫国大夫。他们外出时，发现瑕丘是个很美的山丘，都表达了要归葬于此的愿望。从他们的谈话中可以判断，瑕丘是自然风景，而纣王营建的沙丘大概是在自然风光的基础上进行人工规划建造而成的。

囿和台是中国古典园林的两个源头，前者关系到游猎、圈养动物，后者关系到观天象、通神明。

周文王建有灵台，在长安西北四十里处。《诗经·大雅》描绘了这座“灵台”：“经始灵台，经之营之，庶民攻之，不日成之。经始勿亟，庶民子来，王在灵囿，麀鹿攸伏。麀鹿濯濯，白鸟翯翯，王在灵沼，於牣鱼跃……於论鼓钟，於乐辟雍，鼍鼓逢逢，蒙瞍奏公。”

百姓踊跃参与灵台的建设，灵台很快就建成了。它“高二丈，周围百二十步”（李泰《括地志》），比起纣王的鹿台要小得多。与灵台配套的有灵囿，里面放养麋鹿，有灵沼，里面养着鱼鳖，环境十分优雅。百姓欣赏这样的美好环境，原因是文王与百

---

[1]　（汉）司马迁：《史记·殷本纪》（第 2 版），第 105 页。

[2]　（汉）司马迁：《史记·殷本纪》（第 2 版），第 106 页，注释 [五]。

[3]　韩路主编：《四书五经》卷三《礼记》（第 2 版），第 76 页。

姓同乐，他的园囿与百姓共享。《孟子·梁惠王下》记载："文王之囿方七十里，刍荛者往焉，雉兔者往焉，与民同之。"[1]这就是说百姓能到这个灵囿中砍柴、割草和狩猎。文王非常贤明，他的灵囿对公众开放。文王宫廷演奏音乐的辟雍，是一座形如山丘的土台，其周围环绕着犹如圆璧的水池。

《白虎通》记载："辟者，象璧圜以法天。雍者，雍之以水，象教化流行。"[2]辟雍兼具坛、庙的某些功能，是以后皇家最高学府，太学中的辟雍、泮池的前身。

周朝传三十七世，共八百七十三年[3]，社会财富不断积累，文明日益昌盛。

到了春秋战国时期，高台榭、美宫室成为各诸侯国追求的风尚。齐国的柏寝台、楚国的章华台和吴国的姑苏台等，就是这一时期出现的。

柏寝台由人工夯筑而成，因以柏木为寝室于台上而得名。台上殿宇壮观，松柏苍翠。《韩非子·外储》描写了齐国的柏寝台："齐景公与晏子游于少海，登柏寝之台而还望其国，曰：'美哉，泱泱乎，堂堂乎，后世将孰有此？'晏子对曰：'其田成氏乎？'"柏寝之台，在渤海附近，其美景受到齐景公倾情赞美。齐国的名台还有琅琊台，《淮南子》注中记载"齐宣王乐琅琊之台，三月不返"。柏寝台和琅琊台，都是可以观赏海景的高台。

楚国的章华台为楚灵王所建，《水经注》记载："台高十丈，基广十五丈。"《章华台赋》曰："穷土木之技，单珍府之实，举国营之，数年乃成。"据考古发掘，章华台台基长 300 米，宽 100 米，其上四台相连。最大的一号台，长 45 米，宽 30 米，高 30 米，分为三层。[4]章华台高崇壮观，富丽堂皇。

吴国的姑苏台为吴王阖闾始建，后经夫差续建而成。它位于太湖之滨，建筑在山上，因山成台，联台为宫，怪石嶙峋，峰峦奇秀，至今尚保留古台址十余处。除此之外，附近还有玩花池、琴台、响屧廊、砚池、采香径等古迹。[5]

章华台和姑苏台都是春秋战国时期的王家园林，也都是利用大自然山水环境的优势，因地制宜，开发建设而成。这些建筑规模宏大，自然风光与人造景观相配合，美不胜收，其离宫别馆，装饰豪华，极尽奢丽。

还有一些台榭是为某种特定功能而建的。如燕国的黄金台，在易水东南十八里，燕昭王置千金于台上，以延揽天下人才。

这一时期，既有高千尺的鹿台，也有高二丈的灵台，还有依山而建的姑苏台和延揽人才的黄金台等，各种不同台榭的设计与建造，培养和锻炼了建筑园林设计和建造人才，积累了经验，推动了人类建筑文明的发展。

---

[1] 韩路主编：《四书五经》卷一《孟子》（第 2 版），第 384 页。

[2] 周维权：《中国古典园林史》（第 2 版），北京：清华大学出版社，1999 年，第 35 页。

[3] 参见（明）张岱著，李小龙整理：《夜航船》，北京：中华书局，2012 年，第 56 页。

[4] 参见周维权：《中国古典园林史》（第 2 版），第 38 页。

[5] 参见周维权：《中国古典园林史》（第 2 版），第 40 页。

拓展思考：先秦时期对于城市规划和营建作出了怎样的规制？这些规制有何意义？这一时期环境艺术设计有何突出成就？

推荐阅读书目：张光直《中国青铜时代》。

本章参考文献

[1]（汉）司马迁：《史记》（第2版），北京：中华书局，1982年。

[2] 闻人军译注：《考工记译注》，上海：上海古籍出版社，2008年。

[3] 韩路主编：《四书五经》（第2版），沈阳：沈阳出版社，1997年。

[4] 张光直：《中国青铜时代》，北京：生活 · 读书 · 新知三联书店，2013年。

[5][古罗马]维特鲁威：《建筑十书》，陈平译，北京：北京大学出版社，2017年。

[6]（宋）李诫著，梁思成注释：《梁思成注释〈营造法式〉》，天津：天津人民出版社，2023年。

[7] 潘谷西主编：《中国建筑史》（第5版），北京：中国建筑工业出版社，2004年。

[8] 周维权：《中国古典园林史》（第2版），北京：清华大学出版社，1999年。

[9]（明）张岱著，李小龙整理：《夜航船》，北京：中华书局，2012年。

第三章
秦汉魏晋南北朝时期的宫苑、陵寝与民居

本章导读 从现存史料和实物来看，秦汉魏晋南北朝时期是中国建筑园林大发展时期。秦代的阿房宫、秦始皇陵，汉代的长乐宫、未央宫、上林苑等都是极为浩大的皇家工程，也出现了石崇“金谷园”等有名的私家园林。南京作为吴、东晋和南朝六朝的都城，城市规划建设相当完备。这一时期由于佛教的传入，佛教建筑无论在北方的洛阳还是南方的建康等地都很兴盛,形成了特色建筑。洛阳永宁寺高千尺、在百里之外就能看到的佛塔，更是创造了高层建筑的标杆。这一时期砖石建材得到广泛应用，山东济南长清区还有保存至今的东汉济南长清孝堂山石祠。在建筑环境艺术理论方面，汉代司马相如的《子虚赋》和《上林赋》都极言天子诸侯园囿之盛，集中国园林描写之大成；北朝杨衒之的《洛阳伽蓝记》在详尽描述洛阳三四十座主要寺庙的同时，还提及洛阳城城市规划和建设、主要建筑的布局、宫殿、园林等，具有极高的史料价值。阅读本章，读者要深入领会这一时期中国建筑环境艺术设计的发展成就，并结合具体实例分析建筑园苑的形制和特色。

第一节 秦朝宫苑、陵寝设计与建设

秦朝统一后靡费大量人力、物力进行工程建设。起初，秦始皇在渭南建造了信宫，不久，将信宫改作极庙，以象天极。接着自极庙道通骊山，建造甘泉前殿，然后修筑甬道，将咸阳宫、甘泉前殿和极庙连在一起。甬道两旁筑墙，专供帝王通行。甬道属于宫城内的道路，而这一时期修筑的驰道则是连通全国东西南北的主干道。《汉书·贾山传》记载：“秦为驰道于天下，东穷燕齐，南极吴楚，江湖之上，滨海之观毕至。道广五十步，三丈而树，厚筑其外，隐以金椎，树以青松。”[1]信宫

[1] （汉）司马迁：《史记·秦始皇本纪》（第2版），第242页，注释[六]。

作为极庙，用于祭祀天帝，所修筑的驰道则用于连通天下主要都市等，这些都是很有价值和积极意义的工程。驰道修筑标准较高，且每隔三丈需栽植一棵青松。后来秦又修建了通过九原抵达云阳的道路。在修建过程中，“堑山堙谷，直通之”[1]。这条道路可以由咸阳直通云阳。在建筑过程中，遇山开山，遇谷填谷，取直了道路。在当时的条件下，能在全国修筑这样宽而直的大道，实是宏基伟业，必然给各地的交通运输带来很大便捷，促进了经济和文化的繁荣。但秦朝两代帝王，仅建设了少数如驰道这样的惠民工程，此外便是大兴土木，建设宫室、苑囿和陵寝等。在都城咸阳附近，秦始皇在渭水南北范围广阔的地区建造了许多离宫别馆，“弥山跨谷，辇道相属，木衣绨绣，土被朱紫，宫人不移，乐不改悬，穷年忘归，犹不能遍”[2]。殿宇多到一整年都游玩不过来，且装饰繁丽奢华。

秦始皇感到咸阳城人多，先王宫廷小，就在渭南上林苑中新建朝宫。首先开工建设的是前殿阿房宫。这个前殿，《史记·秦始皇本纪》记载：“东西五百步，南北五十丈，上可以坐万人，下可以建五丈旗。”[3]《三辅旧事》记载：“阿房宫东西三里，南北五百步，庭中可受万人。又铸铜人十二于宫前。阿房宫以慈石为门，阿房宫之北阙门也。”[4]这两处文献记录的阿房宫规模相差较大，“东西三里”应更可信。《史记·秦始皇本纪》记载：“周驰为阁道，自殿下直抵南山。表南山之颠以为阙。为复道，自阿房渡渭，属之咸阳，以象天极阁道绝汉抵营室也。”[5]当时修筑了阁道和复道两种道路，以与咸阳城和周围的名胜之地相连接。阁道当是攀山过河的小栈道，而复道则是宽广大道。这些工程征发了受过隐宫徒刑的人 70 多万。这些人还承担了骊山的陵寝工程。他们开采了骊山的石头，并运来了蜀、荆两地的木材。这一时期，关中共建设了 300 座宫殿，关外建设了 400 余座，“关中计宫三百，关外四百余”[6]。骊山是秦始皇陵寝所在，在他即位之初就开始了穿治骊山的建墓工程。统一天下后，他征用了 70 余万人，“穿三泉，下铜而致椁”，继续这一工程。这浩大工程的尤为超常之处是“以水银为百川江河大海，机相灌输，上具天文，下具地理。以人鱼膏为烛，度不灭者久之”。而且设置机关以防止有人盗墓，“令匠作机弩矢，有所穿近者辄射之”。盗墓人一旦接近墓穴，就会被射杀。更为残酷的是，为防负责设计施工的能工巧匠泄露机密，他们没有一个能活着出来，“大事毕，已臧，闭中羡，下外羡门，尽闭工匠臧者，无复出者”。羡，指墓中神道。然后，在陵寝外部“树草木以象山”，随着草木的生长，陵墓就被隐蔽起来，不为外人所知了。[7]

---

[1] （汉）司马迁：《史记·秦始皇本纪》（第 2 版），第 256 页。

[2] 潘谷西主编：《中国建筑史》（第 5 版），第 27 页。

[3] （汉）司马迁：《史记·秦始皇本纪》（第 2 版），第 256 页。

[4] （汉）司马迁：《史记·秦始皇本纪》（第 2 版），第 256 页，注释 [四]。

[5] （汉）司马迁：《史记·秦始皇本纪》（第 2 版），第 256 页。

[6] （汉）司马迁：《史记·秦始皇本纪》（第 2 版），第 256 页。

[7] 参见（汉）司马迁：《史记·秦始皇本纪》（第 2 版），第 265 页。

阿房宫殿和骊山陵寝这两大工程，70余万人投入建设，其工程之浩大，结构之复杂，装饰之奢丽，可谓达到中国古代建筑工程的极致。在中外建筑史上，这样杰出的工程都是极为罕见的。当然，对工程技术人员的迫害也达到了惨绝人寰的地步。

唐代杜牧的《阿房宫赋》极其生动形象地描绘了阿房宫的建筑、装饰和宫廷生活。他的生花妙笔使一座消失的建筑变得无比灿烂辉煌，这篇文章的存世，使阿房宫比任何古代建筑都更鲜活。

现在仅从考古发掘的“冰山一角”——秦始皇陵兵马俑就可以验证史书记载中的机关重重的秦始皇骊山大陵的壮阔、宏大和残酷。风烟消尽，如今我们从兵马俑身上感受到的是卓越的智慧和超凡的艺术。古人作出了巨大牺牲，今人得享成果——文物价值无与伦比、震古烁今。

第二节　汉朝城市、民居与园林的建制特色

汉朝建立之后汲取秦亡的教训，采取“休养生息”政策，迎来了数百年的和平发展时期，人民安居乐业，汉初出现了“文景之治”。汉朝社会稳定、经济繁荣，建筑和园林的建设有了很大的发展和进步。

一、汉朝宫室屋宇

汉朝初建之时，咸阳的都城有一部分已被项羽焚毁，于是就在咸阳东南、渭水的南岸营建新都长安。先在秦离宫兴乐宫旧址上兴建长乐宫，后又在其东侧建了未央宫。此两宫均位于龙首原上。汉惠帝又修建了桂宫、北宫和明光宫。这五座宫殿约占长安总面积的三分之二。城内开辟大街8条，居住的里、九府、三庙、九市160个，人口约50万。

汉朝建筑的突出表现就是木架建筑逐渐为砖石建筑取代，砖石材料和拱券结构得到普遍运用。根据现存的汉代画像石、画像砖和陶屋来看，木架建筑中抬梁式和穿斗式这两种主要架构都存在。在河南荥阳出土的陶屋和成都出土的画像砖中，木架结构为柱上架梁，梁上立短柱，柱上再架梁的抬梁式架构。长沙和广州出土的东汉陶屋则是柱头呈檩，并有穿枋联结柱子的穿斗式架构。在甘肃武威和江苏句容出土的东汉陶屋可见到五层结构的楼房，而三四层楼的用作明器的陶屋，在各地汉墓中都有发现。山东博物馆现藏1984—1985年出土于临淄乙烯厂区的汉代陶楼（图3-1）中，有两座二层陶楼，楼顶都是起脊屋顶，结构稳固、精致。除了陶楼之外，还出土了陶仓、

图3-1 上部和左侧为汉代陶楼（1984—1985年临淄乙烯厂区出土，山东博物馆藏）

陶厩（图 3–2）、陶厕和陶猪圈等。这些袖珍建筑均为出檐的斜坡屋顶，属于悬山顶。有一个陶厕（图 3–3），结构布局非常巧妙，外墙包围约三分之二，留出约三分之一的开敞空间。墙内安设三个小屋，布局错落有致，其开敞度各有不同，而房顶的设计尤为巧妙，错落有致。有一个汉代的绿釉陶厕（图 3–4），只有一间小屋，结构不复杂，但屋顶大出檐，像个戴着宽边帽的人一样，且有一周栅栏式的围墙，小巧玲珑。而 1955 年济南章丘普集墓出土的一个陶厕（图 3–5），又是另外的形制：一个小房子，开了个小门洞，门洞前有个高台阶，上面罩了个大屋顶，其左侧砌了一个垃圾池。这个大屋顶，像一个人戴了个大帽子，将脸遮住了半个，有些隐蔽和阴森。还有一个汉代陶仓（图 3–6），像座孤立的二层楼房。楼底不接地，而是由两侧的墙支撑。墙体不开门窗，只在第二层的一侧开了个方形小口。而出檐的悬山顶上，在左右两侧各升起两个烟囱样的小阁楼，小阁楼前后开窗，其上面安设屋顶。对于这样小的阁楼而言，屋顶又是很大的了。它们可能是用于通风换气的。另有一个汉代绿釉陶灶（图 3–7），灶上可以安设三个炊具，灶后面有个圆筒烟囱，中间折弯，向外倾斜，设计十分巧妙。

所有这些陶质的建筑、器物，都十分袖珍，显然是作为明器制造的。明器是用于陪葬的象征性器物，“孔子谓：为明器者知丧道矣，备物而不可用也”，“其曰

图 3–2 汉代陶厩（山东博物馆藏）

图 3–3 汉代陶厕（1984—1985 年临淄乙烯厂区出土，山东博物馆藏）

图 3–4 汉代绿釉陶厕（山东禹城双槐冢墓葬出土，山东博物馆藏）

图 3–5 汉代陶厕（1955 年济南章丘普集墓葬出土，山东博物馆藏）

图 3–6 汉代陶仓（1984—1985 年临淄乙烯厂区出土，山东博物馆藏）

图 3–7 汉代绿釉陶灶（山东博物馆藏）

明器，神明之也；涂车刍灵自古有之，明器之道也”。[1]但它们却是汉代建筑艺术的活化石。从这些陶楼、陶仓、陶灶和陶厕中，可以看到汉代的民居已经相当精致，居民生活考究。

作为木架建筑显著特点之一的斗拱，在汉代已经普遍使用。斗拱承托屋檐，使屋檐尽力外扩，以保护墙体。屋顶的形式也出现了悬山顶、庑殿顶、歇山顶和囤顶等。此时制砖技术和拱券结构也有了巨大进步。河南一带的西汉墓中出土了大量的空心砖以及一些楔形和榫卯结构的砖。这些砖用于砌筑下水道和墓室的拱门。当时的拱顶有纵联砌法和并列砌法两种。穹隆顶的矢高比较大，壳壁陡立，四角起棱，向上收结成盝顶状。

砖石结构的建筑在汉代已很普遍。由汉墓出土的画像石和画像砖可以管窥砖石建材的盛行和建筑装饰的盛况。山东博物馆现藏汉孔府灵光殿卵石纹砖和几何纹砖（图3-8）可以作为各种雕饰的花砖在建筑中广泛应用的见证。而建于东汉末年至三国间的山东沂南石墓，则由梁、柱和板构成，石面有精美的雕刻。山东嘉祥武氏祠现保存石刻40余块，其画像为阳文轮廓，画像人物包括神话、历史和现实人物，有很高的史学和艺术价值。武氏祠堂如今已经不复存在，但其画像石被专门保存了起来。而山东济南长清的东汉孝堂山石祠（图3-9）至今保存完好。该建筑为单檐悬山顶两开间石屋，约一人高，设两个门洞，门洞仅高1.3米，宽约1.6米，内有画像36组。外部西山墙刻有《陇东王感孝颂》隶书铭文，为北齐人所刻，占满整个墙面。书体敦厚、饱满，神采飞扬。通过这个袖珍石屋的构造和装饰，能借以认识汉代民居的情况。

图3-8 汉孔府灵光殿卵石纹和几何纹砖（山东博物馆藏）

图3-9 东汉孝堂山石祠西山墙隶书铭文

[1] 韩路主编：《四书五经》卷三《礼记》（第2版），第97页。

二、汉朝园苑

1. 上林苑

上林苑是汉武帝建元三年（前 138 年）在秦上林苑基础上扩建而成。汉朝上林苑长 130 ~ 160 公里，共设苑门十二座。其外围是终南山北坡和九嵕山南坡，关中八条大河贯穿于苑内辽阔的平原、丘陵之上，自然景观极其恢宏、壮丽。此外还有天然湖泊十处，另有一些人工开凿的湖泊，昆明池就是其中之一。《三辅黄图》曰："汉昆明池，武帝元狩元年（前 122 年）穿，在长安西南，周回四十里。"据史料记载，池中有豫章台、两个石人及石刻鲸鱼等。石人分别是牵牛和织女的形象，他们各在一端。石鲸鱼长三丈，雷雨时能发出吼鸣，而且鳍、尾都能摆动，足见设计之高明奇妙。对于石刻鲸鱼，《西京杂记》如此描述："昆明池刻玉石为鲸鱼，每至雷雨，鱼常鸣吼，鬐尾皆动。汉世祭之以祈雨，往往有验。"旱天时祭拜这条鲸鱼向其祈雨竟能灵验。据称，池中有可载万人的龙舟。池中舟船可以戏水，可以赛艇，也用于训练水军。此外，还有影娥池、琳池和太液池等。其中太液池中仿建了传说中的海外三座仙岛——"方丈""瀛洲""蓬莱"，可见太液池宛若人间仙境。

汉代扬雄《羽猎赋》描写了武帝的上林苑：

> 武帝广开上林，南至宜春、鼎胡、御宿、昆吾，傍南山而西，至长杨、五柞，北绕黄山，濒渭而东，周袤数百里。穿昆明池象滇河，营建章、凤阙、神明、馺娑，渐台，太液象海水周流方丈、瀛洲、蓬莱。游观侈靡，穷妙极丽。[1]

扬雄的此篇赋作最终目的在于讽谏，卒章显志，规谏汉成帝"立君臣之节，崇贤圣之业，未遑苑囿之丽、游猎之靡也"。

上林苑地域辽阔、地形复杂、植被森茂，人工栽植的树木也极为茂盛。《西京杂记》卷一提到武帝初修上林苑时，远方各地进贡的"名果异树"就有 3000 余种之多。上林苑无异于一座特大型的植物园。上林苑内豢养百兽，放逐在各处。随着各国朝贡，西域和东南亚的各种珍禽异兽不断充实上林苑。大宛马、印度犀牛和西亚的鸟类等都豢养其中。班固《西都赋》中记述："逾昆仑，越巨海，殊方异类，至于三万里。"这是说有些珍稀动物来自三万里远的异域他乡。

上林苑中共有建章宫等宫殿建筑群 12 处，还筑有高台和楼观多处，如神明台，"高五十丈，上有九室，恒置九天道士百人"。建章宫北的凉风台，"积木为楼，高五十丈"。观和台的功用相近，都用于登高望远。《三辅黄图》记载了上林苑内白鹿观、观象观、鱼鸟观等 21 处观。

上林苑是一所集山丘林湖、珍禽异兽、奇花异草、宫观亭台于一体，自然风景和人造景观相配互补的广袤皇家园林。

---

[1] 董晓慧：《扬雄评传》，沈阳：辽海出版社，2018 年，第 119 页。

2. 梁园

梁国为梁孝王所建，是诸侯王园苑。梁国的都邑在大梁（今开封），后迁到东北面的睢阳（今商丘）。梁园位于睢阳城东郊。梁国封地膏腴，财力雄厚，梁孝王喜结交，又爱华丽栋宇，遂在其封地广辟苑囿以供悠游。《西京杂记》对此有记述："梁孝王好营宫室苑囿之乐，作曜华之宫，筑兔园。园中有百灵山，山有肤寸石、落猿岩、栖龙岫。又有雁池，池间有鹤洲凫渚。其诸宫观相连，延亘数十里，奇果异树，瑰禽怪兽毕备。王日与宫人宾客弋钓其中。"梁园绵延几十里，山水相依，规模宏大。山上有"肤寸石"这样的奇石。园无石不雅。明人文震亨说，石令人古，水令人远。园可无山，不可无石。因而梁园既有山，山上又有奇石。落猿岩、栖龙岫也都由石构成，且岩穴深邃，峭壁崚嶒，落猿栖龙，所以很值得探幽揽胜。梁园内还有雁池、鹤洲、凫渚，足见水域宽广，禽鸟聚集，悠游自在。宫观依山傍水，接栋连甍，绵延数十里。园中遍植果木嘉树，且放养了珍禽异兽。由此可见，梁园景致丰富，生机蓬勃，引人入胜。它是人力打造的诗意之乡、瑶池仙境。

唐朝大诗人李白曾游梁园，并留下了光辉诗篇。他的《梁园吟》长达 34 句，诗中写道："梁王宫阙今安在？枚马先归不相待。舞影歌声散绿池，空余汴水东流海。"他的另一首《书情题蔡舍人雄》也是在梁园时所作，全诗 48 句，其中"一朝去京国，十载客梁园"，说明他寄居此地有十年之久。李白在京城长安被赐金放还后东行至河南商丘，畅游梁园，时间约在天宝二年（743 年）至天宝十二载（753 年）之间。他在《对雪献从兄虞城宰》中所写的"昨夜梁园里，弟寒兄不知。庭前看玉树，肠断忆连枝"，笔及白雪皑皑的隆冬梁园。此外，杜甫曾专为李白赋诗，其中写道："醉舞梁园夜，行歌泗水春。"韦应物也在送李白东游的诗中写道："立马望东道，白云满梁园。"李白的友人魏万在其《金陵酬李翰林谪仙子》诗中写道："去秋忽乘兴，命驾来东土。谪仙游梁园，爱子在邹鲁。"这些诗句同样见证了李白在梁园的行旅。至李白所生存的唐朝天宝年间，梁园已近千载，阅尽沧桑，依然存世，且如此吸引这位大诗人，可见此园景色之幽胜。

梁孝王是汉景帝同母弟，汉景帝曾对他说："千秋万岁后传于王。"（司马迁《史记·梁孝王世家》）此虽是国君戏言，但足见梁孝王在皇室中的尊贵地位和受景帝爱宠的程度。所以，梁孝王富甲天下，"府库金钱且百巨万，珠玉宝器多于京师"（司马迁《史记·梁孝王世家》），故而能广开苑囿、大兴土木。他营建的梁园极一时之盛，堪与皇家上林苑相媲美。

3. 袁广汉园林

袁广汉是西汉茂陵人，富甲一方，藏镪巨万，家有僮仆八九百人。他于北邙山下修建了私家园林。《西京杂记》记述这片园林时说："东西四里，南北五里，激流水注其内。构石为山，高十余丈，连延数里。养白鹦鹉、紫鸳鸯、牦牛、青兕，奇兽怪禽，委积其间。积沙为洲屿，激水为波潮，其中致江鸥海鹤、孕雏产鷇，延漫林池。奇树异草，靡不具植。屋皆徘徊连属，重阁修廊，行之，移晷不能遍也。广汉后有罪诛，没入为官园，鸟兽草木，皆移植上林苑中。”北邙山在河南洛阳城北，东西横亘数百里，属于黄土丘陵地带，黄土土层深厚，北坡陡峭，南坡较缓，岭坡连绵，沟壑纵横，传说老子曾在此炼丹，环境幽胜。依托北邙山建造园林，自然环境的优势就很突出，然后又人工筑山、理水，高低起伏，营造了多层次的景观。水域在这个园林中是很突出的，有急湍的流水，有平静的湖面，内设沙洲岛屿，招来各种水禽栖息其中。园中林木森茂，且有奇树异草，还在其中放养着奇兽怪禽。除此之外，亭台楼榭等建筑也很多，“徘徊连属，重阁修廊”。依托北邙山而建成的如此宏阔气派的私家园林，在西汉时期的民间绝对是卓越非凡的工程。

4. 梁冀园林

梁冀是东汉开国元勋梁统的后人，顺帝时官拜大将军，为官四朝，食邑万三千户，位高三公。他入朝不趋，剑履上殿，谒赞不名，礼仪比萧何。梁冀虽有刘邦重臣萧何一样的地位，但骄横跋扈，终致破家亡身。他大建私家园林，纵情享乐。《后汉书·梁统列传》这样记述梁统的玄孙梁冀：“大起第舍……殚极土木，互相夸竞。堂寝皆有阴阳奥室，连房洞户。柱壁雕镂，加以铜漆；窗牖皆有绮疏青琐，图以云气仙灵……远致汗血名马。又广开园圃（囿），采土筑山，十里九坂，以像（象）二崤，深林绝涧，有若自然，奇禽驯兽，飞走其间。”此园之外，梁冀还修建了菟苑，“又起菟园（苑）于河南城西，经亘数十里，发属县卒徒，缮修楼观，数年乃成”。但他的园林禁止百姓入园，专供个人游猎，“禁同王家”。[1] 到北魏时期，洛阳城西尚遗有梁冀所建造的皇女台、土山和鱼池等。当时皇女台仍有五丈多高。北魏景明时期（500—503年），高僧道恒在这个高台上建造了灵仙寺。《洛阳伽蓝记》卷四对此作过记述：“出西阳门外四里御道南，有洛阳大市，周回八里。市南有皇女台，汉大将军梁冀所造，犹高五丈余。景明中比丘道恒立灵仙寺于其上。台西有河阳县，台东有侍中侯刚宅。市西北有土山鱼池，亦冀之所造。即汉书所谓‘采土筑山，十里九阪，以象二崤’者。”皇女台在城西南部，土山和鱼池在城西北部，这就是说，当时整个洛阳城西均为梁冀园林所在。杨衒之所言的“洛阳大市”，一定是园林废毁之后才兴起的。

梁冀的私家园林也是依托自然环境而建，并注重筑山、理水，拓展空间层次，营造出深幽的风景。

---

[1] 转引自周维权：《中国古典园林史》（第2版），第70页。

第三节 魏晋南北朝城池、园苑设计特色

魏晋南北朝时期，南北长期处于对峙状态，这种对峙使北方和南方的都市获得了较为均衡的发展，一些新兴城市迅速崛起，并带动了周边地区的发展繁荣。三国魏蜀吴鼎立，其各自的都城就逐渐成为大都市。

佛教在东汉明帝年间传入中国，到两晋南北朝时期，受到石勒、石虎、苻坚和梁武帝等帝王的大力崇扬，并涌现出了佛图澄、道安、法显、昙鸾等高僧，鸠摩罗什和菩提达摩也是在这一时期来华，所以这一时期佛教非常兴盛。各地都建立了大量的佛寺、佛塔，并开始开凿石窟。寺庙建筑成为这一时期的特色。

一、北方城苑建设

1. 邺城园苑

曹操在东汉末年营建封邑邺都。邺都，在今河南安阳一带。曹操号令开凿运河，形成了以邺城为中心的水运网络。据《水经注·漳水》记载，邺城“东西七里，南北五里”，“城之西北有三台”。曹操将漳河水引入城中，分出支流以灌溉田园，水渠两边修筑道路。城中的三台分别是铜雀台、金虎台和冰井台。铜雀台高十丈，上建殿宇百余间。其北面是冰井台，高八丈，上建殿宇一百四十间，有冰室，室有数井，井深十五丈，用于存储冰块，另外也存储粮食、食盐、煤炭等。

邺城后来成为后赵、冉魏、前燕、东魏、北齐五朝的都城，历时 79 年。后赵石勒之后的统治者石虎，在邺城修建了华林苑。当时建筑这个皇家园林“发近郡男女十六万，车十万乘，运土筑华林苑及长墙于邺北，广长数十里”（《晋书·石季龙载记》）。另据《邺中记》记载，华林苑内开凿大池“天泉池”，引漳水作为水源。天泉池旁修筑千金堤，堤上浇铸了两条铜龙，相向吐水，注入天泉池中。

357 年，前燕政权把国都由蓟迁邺，随后修建了御苑龙腾苑：“广袤十余里，役徒二万人。起景云山于苑内，基广五百步，峰高十七丈。又起逍遥宫、甘露殿，连房数百，观阁相交。凿天河渠，引水入宫。又为其昭仪苻氏凿曲光海、清凉池。季夏盛暑，士卒不得休息，暍死者太半。”（《晋书·慕容熙载记》）

538 年，东魏扩建邺城，向南扩展。南邺城约为旧城的两倍大。东西城墙各四门，南北城墙三门。宫城居中靠北，位于城市的中轴线上，呈前宫后苑的格局。

571 年，北齐后主高纬于南邺城之西兴建仙都苑。这座皇家园林较以往的邺城诸苑更为宽广和奢丽。据《历代宅京记》记载，仙都苑周围数十里，苑墙设三门、四观。苑中封土堆筑五座山，象征五岳。五岳之间，引来漳河水分流，形成四海，四海水通向大池，又叫作大海。整个水程长达二十五里。大海之中有连璧洲、杜若洲、靡芜岛、三休山，并在水中央建设万岁楼。万岁楼门窗垂五色流苏帐帷，梁上悬玉佩，

柱上挂方镜，下悬香囊，地铺锦褥地毯。中岳南北各筑小山，山坡建设楼馆等。[1]

仙都苑不仅规模宏大，而且总体布局象征五岳、四海、四渎。筑山、理水，工程浩大，一园之中欲尽纳名山大川于其中，气魄宏伟，古往今来很少有园林能与之匹敌。园内景观丰富，除了宏丽的楼阁亭台外，还有模仿民间的村肆，有宛若水上漂浮的厅堂等。这些规划设计独出心裁，颇有开创性。

2. 洛阳金谷园

魏晋南北朝时期，洛阳城继东汉之后又作为曹魏、西晋和北魏的都城，居于北方政治、经济和文化中心。城市建设不断发展，涌现出一批新的园林。金谷园就是这一时期的著名园苑。金谷园是西晋大富豪石崇的庄园，位于洛阳西北郊金谷涧。石崇财产丰积，室宇宏丽，其妻妾皆曳纨绣、珥金翠。他的《思归引》序文中有关于金谷园的描写："余少有大志，夸迈流俗，弱冠登朝，历位二十五年。五十以事去官，晚节更乐放逸，笃好林薮，遂肥遁于河阳别业，其制宅也，却阻长堤，前临清渠，柏木几于万株，江水周于舍下。有观阁池沼，多养鱼鸟。家素习技，颇有秦赵之声。出则以游目弋钓为事，入则有琴书之娱。又好服食咽气，志在不朽，傲然有凌云之操。"

金谷园以水取胜，长堤清渠、观阁池沼是其突出景观。绕水栽植松柏，数量几乎有一万株，形成林薮，波光潋滟，堤树茂密，景色清幽，成为鱼鸟的乐园。

石崇富贵骄矜，生活奢靡，画卵雕薪。他因山形水势，筑园建馆，并购置南洋群岛的珍珠、玛瑙、琥珀、犀角、象牙等贵重物品装饰殿阁楼台，使其金碧辉煌，宛如宫殿。

明代诗人张美谷曾赋诗赞美金谷园："金谷当年景，山青碧水长。楼台悬万状，珠翠列千行。"金谷园胜景一直为人所传颂。而"金谷春晴"也被誉为洛阳八大景之一。

3. 北魏洛阳城规划布局

北魏孝文帝于太和十七年（493 年）迁都洛阳，诏令司空穆亮负责营建新都，在旧城基础上，于东西南北四面各开城门。其中东设三门，自北而南分别为建春门、东阳门、青阳门。西设四门，自南而北分别为西明门、西阳门、阊阖门、承明门。北开二门，居东为广莫门，居西为大夏门。南开四门，自东而西分别为开阳门、平昌门、宣阳门、津阳门。每门铺设三条道路，合计大道 39 条，纵贯东西南北，四通八达。

新建的洛阳城东西二十里，南北十五里，居民十万九千余户。庙社宫室府曹以外，方三百步为一里，如永康里、延年里、义井里、永和里等，共设二百二十里。每"里"开四门，门置里正二人，吏四人，门士八人。除了宫室、官邸、民居建筑之外，孝

[1] 参见周维权：《中国古典园林史》（第 2 版），第 91 页。

文帝统治时期，洛阳城有佛寺一千三百六十七所。北魏朝野笃信佛法由此可见。

宫室建筑集中在城北，在北二门广莫门和大夏门之间，宫观相连，雕墙峻宇，比屋连甍。城西阊阖门一带是官府衙署分布区，建有左卫府、司徒府、国子学、太庙、护军府等，这些机构居东。居西的是右卫府、太尉府、御史台、昭玄曹、将作曹、九级府、太社等。此处设有永康里、衣冠里和凌阴里。凌阴里是藏冰的地方。此处的寺庙有永宁寺、宗正寺、瑶光寺。永宁寺在太尉府西，御史台南，寺西是永康里。宗正寺在国子学南，太庙之北。瑶光寺北为承明门和金墉城。承明门是城西四门中最北的一座城门。金墉城是孝文帝迁都洛阳的初居地。

阊阖门南西阳门附近有乘黄署、武库署、建中寺、太仆寺、长秋寺、延年里等。西阳门外约三里远的地方就是中国最早的佛寺白马寺所在地，白马寺为汉明帝所建。白马寺北建有宝光寺。宝光寺西隔墙就是法云寺。

城东主要是风景园林区。在这一区域内也设有一些官署，但寺庙更为集中。东阳门附近有太仓署、导官署、治粟里、宜寿里、晖文里、昭仪尼寺、愿会寺、胡统寺、庄严寺、秦太上君寺、正始寺等。其中秦太上君寺位于晖文里。晖文里曾住过蜀主刘禅和吴王孙皓。他们的宅院在北魏分别成为延寔宅和修和宅。这一带还曾是晋侍中石崇家池，池南有绿珠楼。

东阳门南青阳门附近有修梵寺、嵩明寺、平等寺、景宁寺，永和里等。修梵寺里的金刚塑造得逼真传神，以致鸠鸽不入，鸟雀不栖。永和里曾是汉太师董卓宅第。

东阳门北建春门附近有勾盾署、典农署、籍田署、司农寺、明悬尼寺、龙华寺、建阳里等。此地有周回三里的翟泉，泉西有华林园，园中有天渊池，号称“大海”。池中建有九华台，筑有蓬莱山。九华台上造清凉殿、钓台殿、虹霓阁。蓬莱山上有仙人馆。天渊池西有藏冰室，池西南有景山殿。园中还有羲和岭，岭上有温风室，有姮娥峰，峰上有露寒馆，以及玄武池、清暑殿、临涧亭、临危台、百果园、流觞池、扶桑海等。飞阁相通，凌山跨谷。水域都与翟泉相连，各种水禽，浮游其中。建阳里在建春门外，里内建有璎珞寺等十寺。

城南是学府区。开阳门附近有国子学堂、劝学里。堂前有用三种文字刻成的石经二十五碑，正反面刻《春秋》《尚书》二部，乃东汉蔡邕所书。三种文字为篆、科斗和隶书。堂前还有隶书《周易》等石碑四十八枚，《赞学》一碑，魏文帝《典论》六碑等。劝学里内有文觉寺、三宝寺、宁远寺等。劝学里东有延贤里，里内有正觉寺。

城南宣阳门外有洛水，洛水南北两岸有华表，举高二十丈，华表上作凤凰似欲冲天势。此地区御道东有四夷馆，为外宾居住区，分别为金陵馆、燕然馆、扶桑馆、崦嵫馆。御道西设有四夷里，也是专为外族人设立的，分别为归正里、归德里、慕化里、慕义里。南朝官员来投奔北魏的先住在金陵馆，三年以后，赐宅归正里；北方来附的则安排在燕然馆，三年后，赐宅归德里；东夷来附的住扶桑馆，然后赐宅慕化里；西夷来附的住崦嵫馆，以后赐宅慕义里。

作为北魏都城的洛阳城，经过数十年营建，广殿连属，招提栉比，宝塔骈罗，木衣绨绣，土被朱紫，极一时之盛。但仅仅到了东魏孝静帝武定年间（543—550 年）洛阳城就沧桑巨变，衰败不堪。武定五年（547 年），杨衒之重经洛阳，目睹“城郭崩毁，宫室倾覆，寺观灰烬，庙塔丘墟，墙被蒿艾，巷罗荆棘，野兽穴于荒阶，山鸟巢于庭树”（杨衒之《洛阳伽蓝记》），深发麦秀之感、黍离之悲。

4. 洛阳西游园

北魏时期营建的洛阳西游园，坐落于城西阊阖门附近。园中建有凌云台，台上有八角井，井北建有凉风观。登临此观可远望洛川。凌云台附近有碧海曲池，台东有高十丈的宣慈观。观东有灵芝钓台。此钓台为木材构建，高约二十丈，它耸立于碧海曲池中。池中雕刻了一条巨大的鲸鱼，它背负着钓台。鲸鱼姿态既像是从海中踊跃而起，又像是从空中飞翔而下，风生云起，活灵活现。钓台丹楹刻桷，装饰精丽，又在四壁图画列仙，令人更生方外之念。钓台南有宣光殿，北有嘉福殿，西有九龙殿。九龙殿前有九龙吐水，碧海曲池的水即是由此而来。这些殿宇都建有飞阁与灵芝钓台相连接。在酷暑炎夏，北魏皇帝常来灵芝台避暑。

5. 洛阳景阳山园林

景阳山园林位于洛阳城东，在东阳门外御道南的昭德里，为北魏司农张伦所建。张伦崇尚奢丽，宅第俊伟，高门华屋，车马服玩都很华贵，“逾于邦君”，其“园林山池之美，诸王莫及”。景阳山虽是人工堆筑，但与自然山丘几乎无别，“重岩复岭，嵚崟相属。深溪洞壑，逦迤连接”。山路崎岖，疑为阻塞不通，而峰回路转，却是柳暗花明。溪涧盘纡，山石峥嵘，林木森茂，葛萝丛生，遮天蔽日，犹如天造地设一般。当时有位名叫姜质的才子，乃岩穴高士，志性疏诞，麻衣葛巾。他游历景阳山，爱之不能自已，才情勃发，遂挥毫而成一篇美文《庭山赋》。他在文中写道：“尔乃决石通泉，拔岭岩前，斜与危云等并，旁与曲栋相连。下天津之高雾，纳沧海之远烟，纤列之状如一古，崩剥之势似千年。若乃绝岭悬坡，蹭蹬蹉跎，泉水纡徐如浪峭，山石高下复危多。五寻百拔，十步千过，则知巫山弗及，未审蓬莱如何。其中烟花露草，或倾或倒，霜干风枝，半耸半垂，玉叶金茎，散满阶坪。”他赞美这个园林之美，胜过巫山，堪比蓬莱。人工造园能达到如此地步，北魏时期洛阳之繁华昌隆由此可见。

《洛阳伽蓝记》中曾这样描述洛阳城在北魏统治下的一段承平时期的繁华：

> 于是帝族王侯、外戚公主，擅山海之富，居川林之饶。争修园宅，互相夸竞。崇门丰室，洞户连房，飞馆生风，重楼起雾。高台芳榭，家家而筑；花林曲池，园园而有。莫不桃李夏绿，竹柏冬青。

这是 1500 多年前北魏治下的洛阳城，由此可以推知当时中国建筑和景观园林发展的程度。

二、南方城池园苑

三国吴、东晋和南朝的宋、齐、梁、陈四个朝代都建都建康，即今南京，所以习惯上称南京为六朝古都。三国吴时期，城内的宫殿太初宫为孙策所建。267 年，孙皓在太初宫的东边又营建了显明宫。孙皓的这个新工程“大开园囿，起土山楼观，穷极伎巧，功役之费以亿万计”。显明宫附设园囿，为了增加景致而堆土为山。不仅如此，孙皓又诏令在太初宫之西建设西苑，又称西池，供其和达官显贵悠游遣兴。孙皓也实施了一些甚得民心的善政，主要是修整了河道和供水设施，先后开凿了东渠、潮沟、运渎、秦淮河等，改善了城市的供水，并使航运便捷，城市逐渐繁荣起来。出城之南至秦淮河上的朱雀航，官府衙署鳞次栉比，居民宅楼绵延直至长江岸。到了东晋时期，晋元帝建设了北湖。后来宋文帝筑建了北堤，又开挖真武湖于乐游苑之北，湖中建造了四所亭台。都城规模不断增扩。

建康的皇家园林，自南朝宋以后，几代皇帝均有新建，到梁武帝时臻于极盛，后经侯景之乱而破坏殆尽，陈代立国后又重新修建。

1. 乐游苑

乐游苑是这一时期的名园。它位于建康城东北的覆舟山南。东晋的时候称其为药园。南朝宋元嘉时期在园内建造楼观，更名乐游苑。南朝宋孝武帝大明年间，在园内又建造了正阳殿和林光殿。林光殿内有流杯渠，专供修禊饮宴。梁朝侯景之乱后，观宇焚毁略尽。南朝陈天嘉六年（565 年），再次修葺，南朝陈亡后，该园荒废。[1] 乐游苑是南朝时期皇家重要的离宫园苑。该园林结合覆舟山地势进行建构。林光殿等坐落在山南开阔地带，山上建亭台可俯瞰玄武湖和钟山等。

南朝宋史学家范晔在《乐游应诏诗》中讴歌乐游苑美景：“流云起行盖，晨风引銮音。原薄信平蔚，台涧备曾深。兰池清夏气，修帐含秋阴。遵渚攀蒙密，随山上岖嵚。”山上的“台涧”“兰池”，令人想到清冽的山泉。“清夏气”“含秋阴”说明夏秋两季的环境、气候之清幽美好。夏季凉爽，秋季仍然植被茂盛，树林荫翳。“蒙密”足见山上绿植之繁茂。“岖嵚”则描写了山的陡峭峻险。乐游苑是依托自然山水营建的皇家园林。

2. 谢家庄园

谢家庄园是东晋谢玄在会稽郡营建的别墅，其孙谢灵运又继续推进建设，形成“南北两居”的庄园格局。谢灵运在其《山居赋》中描写了这一地貌：“其居也，左湖右江，往渚还汀，面山背阜，东阻西倾，抱含吸吐，款跨纡萦，绵联邪亘，侧直齐平。”此庄园依山傍水，地势高低起伏，层次丰富，主要借助了自然环境的优势。

---

[1] 参见周维权：《中国古典园林史》（第 2 版），第 98 页。

3. 王羲之山阴兰亭

东晋大书法家王羲之在其名作《兰亭集序》中描绘了江南暮春时节浙江山阴（今属绍兴）的美妙环境，“此地有崇山峻岭，茂林修竹，又有清流激湍，映带左右，引以为流觞曲水，列坐其次”。此地山水相依，且绿植森茂，佳木青竹郁郁葱葱，溪水清澈，由高处流下，遇阻则激起浪花。当地人巧妙地让溪水随人意蜿蜒环流，以供浮杯饮酒。一个“引”字，充分说明了人工对溪流的牵引。山阴是江南风景胜地，形容山水画中的风景之美，有“如入山阴道中，应接不暇”[1]之语。王羲之曾和支道林、许元度、谢安石同游山阴，传为佳话。南唐画家顾闳中和北宋画家李公麟都据此创作了名画《山阴图》。山阴美景，得名画相助，更令人神往不已。王羲之所居的兰亭一带，在自然风光的基础上，经过人工的巧妙规划设计，风景更为殊胜。暮春时节在这样清音佳韵的美好兰亭，王羲之心情大畅。这正是行书《兰亭集序》诞生的必要环境氛围。

4. 湘东苑

湘东苑是南朝梁元帝萧绎在江陵为湘东王时所建。《太平御览》卷一九六引《渚宫旧事》对湘东苑作了如下描述：“湘东王于子城中造湘东苑。穿池构山，长数百丈，植莲蒲，缘岸杂以奇木。其上有通波阁，跨木为之。南有芙蓉堂，东有禊饮堂，堂后有隐士亭，亭北有正武堂，堂前有射堋马埒。其西有乡射堂，堂置行堋，可得移动。东南有连理堂，堂楱生连理。太清初生此，连理当时以为湘东践阼之瑞。北有映月亭，修竹堂，临水斋。斋前有高山，山有石洞，潜行宛委二百余步。山上有阳云楼，楼极高峻，远近皆见。北有临风亭、明月楼。”[2]这个园苑建在城中，长数百丈，规模很大，山水主要靠人工筑凿而成。开挖池塘的土石堆筑成山，然后于池塘中种植莲蒲，夹岸栽植奇花异木，跨水建造了楼阁。除了通波阁外，还有芙蓉堂、禊饮堂、隐士亭、正武堂、乡射堂、映月亭、修竹堂、临水斋、阳云楼、临风亭和明月楼等。其中正武堂前有可供驰马射箭的广场，乡射堂前也安设了可以移动的箭靶。建筑分阁、堂、亭、斋、楼等，品类多，各发挥相应的功能。临水斋前的高山当非人工砌筑，因为山上的云阳楼“极高峻，远近皆见”，山中还有窈深的石洞。这样一座高山和人工丘陵、池塘构建的园苑，因势就形，安设亭台楼阁和花卉林木，所以景色殊胜，堪称中国古代园林中最优秀的人造景观之一。此处有个特别的建筑连理堂，因堂前生连理而得名。“嘉禾连理”被古人称为吉兆。按照维特鲁威的观点，植物嘉美的水土就是人类宜居之地。

梁元帝是梁武帝第七子，初生便眇一目，“聪慧俊朗，博涉技艺，天生善书画”[3]。

---

[1] （明）张丑撰，徐德明校点：《清河书画舫》，上海：上海古籍出版社，2011 年，第 603 页。

[2] （唐）余知古撰：《渚宫旧事・补遗》，清嘉庆间兰陵孙氏刻平津馆丛书本。

[3] （唐）张彦远：《历代名画记》，杭州：浙江人民美术出版社，2011 年，第 118 页。

他绘有《蕃客入朝图》《职贡图》《游春苑》《鹈鹕陂泽图》等。其中《蕃客入朝图》梁武帝“极称善”。南朝陈书画理论家姚最在其所著《续画品》中赞美梁元帝：“湘东天挺生知，学穷性表，心师造化，象人特尽神妙。心敏手运，不加点理，听讼之暇，众艺之余，时遇挥毫，造化惊绝。足使荀、卫阁笔，袁、陆韬翰。”[1]这样一位才艺超绝、学问渊博、聪慧俊朗的国君之子，他的审美境界非比寻常，又有财力实现他对园艺的追求。所以湘东苑也就成为历史上最优秀的园林之一。

第四节 佛教建筑特色

中国的佛寺始于东汉明帝时期的白马寺，到晋永嘉年间已建成40余座。北魏皇室笃信佛教，迁都洛阳后佛寺大量增加，出现“昭提栉比，宝塔骈罗，争写天上之姿，竞摹山中之影。金刹与灵台比高，广殿共阿房等壮”（杨衒之《洛阳伽蓝记》）的盛况。当时城内及城郊一带梵刹林立，多达1300余所。南朝的建康也是佛教圣地，东晋时有佛寺30余所，而到了梁武帝时期已增至700余所。唐代诗人杜牧吟咏的“南朝四百八十寺，多少楼台烟雨中”，反映了建康佛法昌隆的局面。

一、北方佛寺

1. 永宁寺

永宁寺在洛阳城西阊阖门附近，熙平元年（516年）由北魏灵太后胡氏建立。胡氏是北魏孝文帝第二子魏宣武帝元恪的皇后。寺中有座木构佛塔，极其宏丽。中国古代建筑恐怕没有比永宁寺塔更高峻更瑰丽的了。《洛阳伽蓝记》首写的就是永宁寺，写永宁寺首写的是寺中的这座佛塔：“中有九层浮图一所，架木为之，举高九十丈。上有金刹，复高十丈；合去地一千尺。去京师百里，已遥见之……刹上有金宝瓶，容二十五斛。宝瓶下有承露金盘一十一重，周匝皆垂金铎。复有铁镍四道，引刹向浮图四角，镍上亦有金铎，铎大小如一石瓮子。浮图有九级，角角皆悬金铎，合上下有一百三十铎。浮图有四面，面有三户六窗，户皆朱漆。扉上各有五行金铃，合有五千四百枚，复有金环铺首，殚土木之功，穷造形之巧。佛事精妙，不可思议；绣柱金铺，骇人心目。至于高风永夜，宝铎和鸣，铿锵之声，闻及十余里。”永宁寺的九层佛塔高达千尺，在百里之外就能看到，如此高度可谓达到木架建筑高度的顶峰，并且装饰金碧辉煌，光彩璀璨，所谓“殚土木之功，穷造形之巧。”佛塔为四面方形，每面设三门六窗，门窗全为红色。门上安设金铃，共有5000多枚。门上铺首也是金质。塔顶安设十一重的承露金盘，盘上设有容积为二十五斛的金宝瓶作

[1]（唐）张彦远：《历代名画记》，第118页。

为塔刹。宝瓶上有四道铁镍连接着四处塔角。塔角、盘周和铁镍上都挂着金铎。这些金铎和金铃随风摇荡，金色晃耀，声音美妙；在大风之夜，铎铃之声，十里之外都能听到。

孝昌二年（526 年）有一场掀屋拔树的大风，将塔顶金宝瓶吹落，宝瓶陷入地下一丈多深，就又铸造了一个新瓶，安设于塔顶。

佛塔北有一所佛殿，殿内有丈八大佛金像一尊，中等大的佛金像十尊，绣珠佛像三尊，金织成像五尊，玉佛像二尊。这些佛像塑造精妙，法相庄严，冠于当世。当时外国所献经、像，都收藏在此寺。寺中建有僧房楼观一千余间，雕梁粉壁，青璅绮疏，非常华美；又有栝柏椿松，扶疏檐溜；藂竹香草，布护阶墀。院墙如宫墙，上施短椽，以瓦覆盖。南门楼三重，通三道，离地二十丈，图画仙灵云气，赫奕丽华。拱门旁有四力士和四狮子雕像，皆用金银珠玉装饰，庄严焕炳。东西门为两重楼；北门不设楼，且只通一道。四门之外都种满青槐，且有绿水环绕，炎夏清风送凉，庇护行旅。

菩提达摩当时游至洛阳，远远就见到金盘炫日，光照云表，又听到铎铃之声，甚感奇异。他来到永宁寺后，赞叹："年一百五十岁，历涉诸国，靡不周遍，而此寺精丽，阎浮所无也。极佛境界，亦未有此！"（杨衒之《洛阳伽蓝记》）

2. 秦太上君寺

秦太上君寺在城东，东阳门外二里御道北，属于晖文里，也是由灵太后胡氏所建。灵太后当时母仪天下，威望很高，给她父亲上尊号为"秦太上公"，尊母亲为"秦太上君"。这座寺庙就因此而得名。

据《洛阳伽蓝记》记载：该寺中有五层浮图一所。这座佛塔虽只有五层，却与永宁寺佛塔的高度接近，装饰上也是不相上下，"修刹入云，高门向街，佛事庄饰，等于永宁"。寺庙中的其他建筑和景观设施，连楹接栋，装饰瑰丽，"诵室禅堂，周流重叠。花林芳草，遍满阶墀"。摄政的皇太后以这座佛寺为母亲祈福，表达自己的孝心。

3. 景明寺

景明寺在城南宣阳门外一里御道东，为北魏宣武皇帝（499—515 年在位）在景明年间建立，因而名景明寺。该寺"东西南北方五百步，前望嵩山少室，却负帝城，青林垂影，绿水为文。形胜之地，爽垲独美。……青台紫阁，浮道相通。虽外有四时，而内无寒暑。房檐之外，皆是山池。松竹兰芷，垂列阶墀，含风团露，流香吐馥。至正光年中，太后始造七层浮图一所，去地百仞。……妆饰华丽，侔于永宁。金盘宝铎，焕烂霞表。寺有三池，萑蒲菱藕，水物生焉"。通过《洛阳伽蓝记》中的这段生动描述，可知景明寺又是一座堪与永宁寺媲美的佛寺。这座佛寺中的七层佛塔也有百仞之高，且有同样华美的装饰。

景明寺除了建筑高耸入云、装饰绚烂之外，庭院环境也非常美好。地势爽垲，房舍依山傍水，松竹葱翠，兰芷芳菲，四季如春。

北魏统治后期，528年发生了河阴之变，北魏王公大臣覆灭殆尽，王侯第宅多捐为佛寺。《洛阳伽蓝记》记述当时的佛教建筑："寿丘里闾，列刹相望，祇洹郁起，宝塔高凌。"而河间寺尤为壮丽："四月初八日，京师士女多至河间寺。观其廊庑绮丽，无不叹息，以为蓬莱仙室亦不是过。"此寺附设的园林也极不寻常："入其后园，见沟渎蹇产，石磴嶕峣，朱荷出池，绿萍浮水，飞梁跨阁，高树出云，咸皆唧唧，虽梁王兔苑，想之不如也。"

古人创造的建筑和园林竟然堪与"蓬莱仙室"媲美，可见人类的建造技艺已达到极为高超的地步，出神入化，巧夺天工。

二、南方寺宇

1. 庐山东林寺

东晋高僧慧远曾拜高僧道安为师，在太行恒山修习佛法。后来他辞别法师前往广东罗浮山弘法，路经江西庐山，"见庐峰清净，足以息心"，就想卜居于此。但他们一行人看中的地方离水源太远，不方便取水，于是慧远就以杖扣地，说道："若此中可得栖止，当使朽壤抽泉。"[1]他刚说完，清泉就涌出了，渐渐形成溪流。众人无比欣喜，于是就卓锡于此，执锸负畚，营建庙宇，作终身之计。后逢大旱，泉中有龙升空布洒甘霖，因而他们营建的寺庙就名曰"龙泉寺"。后来随着僧徒的增多，当地刺史桓伊资助慧远在东边扩建了东林寺。《梁高僧传》描绘了东林寺的环境："远创造精舍，洞尽山美，却负香炉之峰，旁带瀑布之壑。仍石垒基，即松栽构，清泉环阶，白云满室。复于寺内别置禅林，森树烟凝，石径苔合，凡在瞻履，皆神清而气肃焉。"[2]寺院背倚庐山香炉峰，旁有瀑布，泉水绕阶潺湲叮咚，白云缭绕庙宇，佳木丰茂，苔色映石。自然风光经人力改造更加迷人幽胜。

南朝宋时的山水画家宗炳乃岩穴高士，他曾在慧远寺宇旁结庐久居，留恋山间美景。他在《山水画序》中写道："余眷恋庐、衡，契阔荆、巫，不知老之将至。"[3]慧远寺宇环境之美，竟如此吸引一位山水画家。

这一时期爱恋山水、不就高位的著名人物，当属陶弘景。他被称为梁武帝的"山中宰相"。陶弘景隐居句容茅山。他曾赋诗回答皇帝诏问，"山中何所有，岭上多白云。只可自怡悦，不堪持赠君"。笃信佛教的梁武帝为他在茅山建造朱阳馆和太清玄坛等。人造院宇依附于山水胜境，更有清流高士居此，茅山人文环境可谓极一时之盛。

另一位不慕荣利的高士更广为人知，他就是东晋著名隐逸诗人陶渊明。陶渊明

---

[1] 赖永海释译：《梁高僧传》，北京：东方出版社，2020年，第190页。

[2] 赖永海释译：《梁高僧传》，第190页。

[3] 俞剑华：《中国绘画史》，南京：东南大学出版社，2009年，第25页。

曾到东林寺拜访慧远，他与慧远及另一位来访者道士陆修静晤谈甚契。离别时，慧远相送不觉越过溪涧，于是虎作号鸣。慧远平时送客不过溪，一旦过溪，虎辄发声警告。三人听到虎啸，心领神会，大笑而别。这就是传颂至今的“虎溪三笑”的故事。

2. 建康同泰寺

南朝的寺宇主要集中于都城建康，其中同泰寺就是南朝著名佛寺。《建康实录》有关该寺的记载为：“浮图九层，大殿六所，小殿及堂十余所，宫各像日月之形。禅窟禅房，山林之内。东西般若，台各三层。筑山构陇，亘在西北，柏殿在其中。东西有璇玑殿，殿外积石种树为山，有盖天仪，激水随滴流转。”[1]根据描述，同泰寺也是有山有水。但山是人工构筑而成，在西北方“筑山构陇”。此外，东西璇玑殿外，也有人工建筑的小山。该寺建筑“宫各像日月之形”，造型新奇。而璇玑殿，则是用于观测天象、研究天文的。《史记·五帝本纪》记载：“舜乃在璇玑玉衡，以齐七政。”[2]郑玄解释，璇玑玉衡是浑天仪，“运转者为玑，持正者为衡”；蔡邕则说，“玉衡长八尺，孔径一寸，下端望之，以视星宿，并悬玑以象天，而以衡望之，转玑窥衡，以知星宿”。[3]据此可知，“衡”相当于后世的望远镜。而璇玑殿外设置的能随水流转的盖天仪，进一步证明这两座殿宇的特殊功能。

综合看来，魏晋南北朝时期的园林景观特别重视山水。若要借助自然山水，园囿必然要很宽广，只有皇家园林和王侯显宦的庄园才可能如此。一般富贵之家的庭院和大多数寺院都要靠人工打造山水景观。堆土为山，垒石成崖，引水绕之，植树种竹，景观层次就提升了。这一时期砖石和木构建筑已经出现多层和高层，乃至数百米高的摩天高楼。这说明层叠而上的架构技术已经为当时的设计施工团队所掌握和熟练运用。高层佛塔既稳固又美观。可见，在设计、施工和装饰方面都积累了成熟的经验。高 300 余米的永宁寺塔，后毁于火，飓风没有对其造成破坏。当年那场掀屋拔树的飓风把塔顶上的宝瓶都吹落了，而宝塔岿然屹立。

中国的城市发展历经三代到秦汉至魏晋南北朝时期，已经非常稳固和繁华。城市的建筑、道路、排水等，都有系统的规划布局。北魏拓跋宏迁都洛阳，诏令司空穆亮负责洛阳城的营建。洛阳城东三门、南四门、西四门、北二门等，先进行整体的设计规划。城内建筑除了宫殿、太庙、太社、国子学、御史台、佛寺、衣冠里和官员府邸（太尉府、司徒府、左卫府等）之外，在太社南还建有专门用于藏冰的凌阴里。将冬天的冰块贮藏起来，供夏季消暑。可见城市的生活层次之高。北方的洛阳，南方的建康，以及兖州、徐州、荆州等星罗棋布的城市，其生命力一直延续，并在今天焕发出新的生机。

---

[1] 转引自周维权：《中国古典园林史》（第 2 版），第 113 页。

[2] （汉）司马迁：《史记·五帝本纪》（第 2 版），第 24 页。

[3] （汉）司马迁：《史记·五帝本纪》（第 2 版），第 24 页，注释 [一]。

拓展思考： 秦汉魏晋南北朝时期环境艺术设计有何突出成就？分析该时期佛教建筑的特色和成就。

推荐阅读书目：（汉）司马迁《史记·司马相如列传》、（北魏）杨衒之《洛阳伽蓝记》。

本章参考文献

[1][（汉）司马迁：《史记》（第 2 版），北京：中华书局，1982 年。

[2] 潘谷西主编：《中国建筑史》（第 5 版），北京：中国建筑工业出版社，2004 年。

[3] 董晓慧：《扬雄评传》，沈阳：辽海出版社，2018 年。

[4] 周维权：《中国古典园林史》（第 2 版），北京：清华大学出版社，1999 年。

[5]（明）张丑撰，徐德明校点：《清河书画舫》，上海：上海古籍出版社，2011 年。

[6]（唐）余知古撰：《渚宫旧事》，清嘉庆间兰陵孙氏刻平津馆丛书本。

[7]（唐）张彦远：《历代名画记》，杭州：浙江人民美术出版社，2011 年。

[8] 赖永海释译：《梁高僧传》，北京：东方出版社，2020 年。

[9] 俞剑华：《中国绘画史》，南京：东南大学出版社，2009 年。

第四章
唐宋时期城苑建设与特色建筑

本章导读 唐宋是华夏文明昌盛时期。大唐尤为昌隆，出现“万国来朝”“九天阊阖开宫殿，万国衣冠拜冕旒”的盛况。唐宋各有数百年的和平岁月，城乡繁荣，物阜民丰，街市兴隆，车水马龙。唐阎立本《职贡图》《步辇图》《秦府十八学士图》，宋张择端《清明上河图》等绘画，反映了这一时期器物、服饰的精美，环境的幽雅和建筑的宏丽，展现了盛世昌隆的景象。唐宋城市、园苑的建设，奠定了今天城市和园林发展的基础。大雁塔、大佛光寺、应县木塔和敦煌石窟等是保存至今的建筑，唐昭陵和乾陵也是至今保存较为完好的陵园。这些遗存为今人考察唐宋时期建筑环境艺术提供了有力佐证。唐王维的“辋川别业”，白居易、苏轼规划的杭州西湖，令人感受到文人的园林情怀。在文献方面，北宋李诫的《营造法式》堪称古代最详备系统的建筑学专著。本章将深入介绍这一时期环境艺术的辉煌成就，并结合现存建筑讲解唐宋时期建筑形制、架构和相关技术问题等。

这一时期传统的木构建筑，无论在技术还是艺术方面均已臻于鼎盛，复杂精巧的梁架、斗拱结构以及繁复富丽的装修装饰均有遗存建筑提供实证，不像此前的建筑，只有在文献中才能体验和感受。砖石建筑也得到很大发展，保存至今的唐代大雁塔和辽代的一些密檐佛塔，堪称砖石建筑的典范，它们都是仿木架构。而砖塔的一大优势是外墙适合装饰浮雕造像。辽代的密檐塔，塔身外壁通常就有很多精美的浮雕。这一时期建筑物造型丰富，形态多样。这从保留至今的一些殿堂、佛塔，以及石窟壁画和传世名画所描绘的建筑中可以得到印证。

第一节 唐代城市、宫殿、园苑的建设发展成就

一、长安新城规划建设

长安是比洛阳历史更悠久，作为都城朝代更多、时期更长的古都。继秦汉之后，隋唐都定都长安。唐代建国后在隋代城建的基础上对都城长安加以扩建，使之逐渐

发展成为当时世界上最为宏大繁荣的城市。这个城市建筑的特点是：第一，规模宏大，规划严整；第二，建筑群愈趋集中、系统；第三，木架建筑技术进一步提升，雕饰更为精美；第四，设计与施工水平提高；第五，砖石建筑进一步发展，砖石楼阁、佛塔层级提升；第六，规划设计重视与环境相协调、与阴阳五行观念相配合。

隋朝时就已规划建设长安新城。隋文帝下诏在长安故城东南面的龙首原一带营建新都，任命左仆射高颎总领此事，具体规划建设则由宇文恺主持。新城名为大兴城。东西宽 9.72 公里，南北长 8.65 公里。全城共有南北街 14 条，东西街 11 条，设东西二市和 108 个作坊，规划严整，白居易《登观音台望城》一诗称其“百千家似围棋局，十二街如种菜畦。遥认微微入朝火，一条星宿五门西”。皇城正门前的天街宽 147 米，而大城与皇城之间的街道宽达 441 米。[1]它既是最宽的大街，也是皇城附近的一个广场。大兴城于建城之初即开始进行城市供水和漕运河道的综合工程，共开凿四条水道，引水入城。隋代的大兴城并未全部建成，宫苑和坊里都只是初具规模。唐代在此基础上增进建设。唐代的京城长安人口 100 多万，物阜民丰，万国来朝，不仅是全国政治、经济和文化中心，而且是周边各国向往的大城市。日本、新罗等都城均吸取、模仿了长安城的规划设计。

二、大明宫

大明宫在隋代旧宫的基础上改建而成，位于长安城东南的龙首原上，面积约 32 万平方米，约是明清北京紫禁城占地面积的 4.5 倍。其“北据高原，南望爽垲”，地势总体北高南低，南向开阔，但宫殿所处位置为区域内最高，俯瞰周边，光照充分。宫城前为宫廷，后为林苑，宫墙共设宫门 11 座。南门为正门丹凤门，丹凤门往北中轴线上依次建设含元殿、宣政殿、紫宸殿和蓬莱殿。其中含元殿为正殿，它雄踞龙首原最高处。这条南北中轴线向南一直延伸，正对慈恩寺的大雁塔。林苑区地势下降，渐与地平。苑区中央为大水池“太液池”，池中耸立蓬莱山，山上建亭，且遍植花木，尤以桃花为盛。林苑中有殿宇楼台、讲堂学舍、佛寺道观和游廊等，是个多功能园区。

三、华清宫

华清宫在今西安城东的临潼区南部，南倚骊山。初建时名汤泉宫，因为此处有温泉。天宝六载（747 年）扩建，改名华清宫。它与骊山北坡的林苑区相结合，形成了北宫南苑的格局。宫城南半部分布着八处温泉。温泉池中以玉石雕成莲花状的喷水口，泉水喷洒如珠玉飞溅。唐玄宗曾携杨贵妃在此游幸，引得诗人赋诗感怀：“春

[1] 参见周维权：《中国古典园林史》（第 2 版），第 124 页。

寒赐浴华清池，温泉水滑洗凝脂。”

20 世纪 80 年代，陕西省文物管理委员会曾组织考古队对华清宫进行过两次考古发掘。首次发掘主要清理出汤池大殿基址、配殿殿基、一段石墙和石墙前的一块莲花踏步等。汤池大殿为东西长方形，坐南面北，汤池位于正中。池内面积约 70 平方米。池底由光滑的青石板铺贴，石板下铺有两层绳纹条砖，以白灰浆灌缝。池壁分内外两层，内层砌青石，外层包条砖。可见防渗水效果很好。池底略呈缓坡，东南高西北低，利于排水。[1]

第二次发掘主要清理出新的汤池遗址七处。据考证，这些汤池中有专供唐玄宗洗浴的九龙殿御池，有杨贵妃专用的海棠池（图 4–1），又名芙蓉池，有太子专用的太子池等。文献记载，唐代华清宫中共有汤池 18 所。唐太宗于贞观十八年（644 年）诏令阎立德主持营建华清宫，初名汤泉宫。唐玄宗时期又作了扩建，《明皇杂录》记载：“玄宗幸华清宫，新广汤池，制作宏丽。”唐明皇的专用御池“周环数丈，悉砌以白石，莹彻如玉，石面皆隐起鱼龙花鸟之状……四面石座，阶级而下，中有双白石莲，泉眼自瓮口中涌出，喷注白莲之上”。更有甚者，这个汤池中还有安禄山进献的以白玉石雕成的鱼龙凫雁等石雕。雕镌如此巧妙，龙颜大悦，但当玄宗解衣将要入水时，这些鱼龙凫雁竟然“奋鳞举翼，状欲飞动”。皇上惊恐，下令撤去。由此可见雕刻之神奇、高超，真是鬼斧神工。根据考古发掘，汤池与汤泉是分开的，汤池设进水道和排水道，通过管道将汤泉水导入汤池内。但文献记载的九龙殿御池则是泉、池一体。[2]

图 4–1 华清宫考古队清理出的华清宫海棠池

考古队发现，各池的供水和排水管道有砖砌、石砌和陶质圆形管道三种，但以后者为主。陶质圆管直径约 20 厘米，相连接的两端有子母口。各池供水、排水系统设计合理，自成体系，互不干扰。砖的纹样主要有莲花纹和绳纹两种。不少砖上印有工匠名或手印，这是信誉的体现。此外，考古队还发掘出四口砖砌水井和一些“开元通宝”钱币。这些钱币是建筑年代的有力见证。

在唐代的基址之下，考古发掘出秦汉的筒瓦、板瓦、莲花纹瓦当、陶水管道和方砖等，甚至还有春秋战国时期的板瓦和筒瓦残块。清乾隆本《临潼县志》古迹条引《三秦记》记载：“始皇初，砌石起宇，名骊山汤，汉武也加修饰焉。”可见此

[1] 参见唐华清宫考古队：《唐华清宫汤池遗址第一期发掘简报》，《文物》1990 年第 5 期。

[2] 参见唐华清宫考古队：《唐华清宫汤池遗址第二期发掘简报》，《文物》1991 年第 9 期。

处汤泉早在秦汉乃至先秦时期就有开发建设。唐玄宗在此营建华清宫是汤泉发展的鼎盛期。[1]

四、九成宫

九成宫在今西安城西北麟游县新城区，始建于隋代，原名仁寿宫，隋文帝曾先后六次来此避暑。唐太宗诏令重修此宫，更名九成宫。“九成”意指“九重”或“九层”，言其高大。此宫依凭山势而建，《九成宫醴泉铭》记载其“冠山抗殿，绝壑为池，跨水架楹，分岩竦阙。高阁周建，长廊四起，栋宇胶葛，台榭参差。仰视则迢递百寻，下临则峥嵘千仞。珠璧交映，金碧相辉，照灼云霞，蔽亏日月”，巧借山水，兴建楼阁，风景殊丽。在1800多步的墙垣内，先后建成延福、排云、御容、咸亨、大全、永安、丹霄等大型宫殿。建筑依附于自然山水形势，以西部的一座小山丘作为正殿丹霄殿的基座，然后向外扩建阙楼和配殿等。时至今日，此地尚有凤台、唐王点将台、梳妆台、醴泉、唐井、官坪等遗址。

九成宫坐落在杜水之北的天台山上，东濒童山，西临凤凰山，南有石臼山，北依碧城山，属于渭北高原丘陵沟壑区，海拔近1100米。群山连绵，林木蓊郁，清涧潺潺，盛夏平均温度仅21度，气候凉爽宜人，是避暑胜地。唐太宗和唐高宗都曾多次到此避暑。魏征撰文，欧阳询书丹，铭记九成宫增建之始末，盛赞太宗之功德，这就是此地至今保存的珍贵文物《九成宫醴泉铭》碑刻。

五、私家庄园

长安城里私家庄园以御史大夫王鉷、左仆射令狐楚、汝州刺史史昕等府第中的为著名。洛阳城里则有宰相牛僧儒、宰相裴度、杭州刺史白居易等的私家园苑。就拿白居易的履道坊宅园而言，他本人在《醉吟先生传》中描述：“退居洛下，所居有池五六亩，竹数千竿，乔木数十株，台榭舟桥，具体而微。”他的这个小庄园显然是以池水竹木取胜。

唐代官宦、名士的庄园，当以王维的“辋川别业”最富有韵味，最为旷远、有情致。王维的辋川别墅原为唐代诗人宋之问所有，在陕西蓝田县辋口。辋川“地奇胜”，环境很美，有辋水潺湲流经王维的宅园。他借助流水建造了竹洲花坞。此地主要景点有华子冈、欹湖、竹里馆、柳浪、栾家濑、白石滩、茱萸沜、辛夷坞等共22处。王维将辋川风景绘成《辋川图》一幅。在这幅画中他将这22处景点都画了进去，并且还在画面上标注了各处景点的名称。王维还将辋川风景画在了清源寺墙壁上。这样的一幅壁画更为醒目，可供寺僧和信众观赏。王维晚年隐居辋川，与道士裴迪相

---

[1] 华清宫考古发掘资料及引文均来自《唐华清宫汤池遗址第一期发掘简报》和《唐华清宫汤池遗址第二期发掘简报》。

偕同游，赋诗唱和。他的诗结集成《辋川集》。其中，“独坐幽篁里，弹琴复长啸。深林人不知，明月来相照”，就是吟咏“竹里馆”的；“木末芙蓉花，山中发红萼。涧户寂无人，纷纷开且落”，则是歌咏“辛夷坞”的。蓝田辋川是在山水形胜的基础上，经人工打造而成的世外桃源般的环境。

第二节　唐代佛寺建筑特色

一、大慈恩寺与大雁塔

大慈恩寺是唐长安城最著名、最恢宏的佛寺，位于唐长安城晋昌坊，今西安市南部，是中国佛教法相宗的祖庭，唐长安三大译经场所之一。唐太宗贞观二十二年（648 年），太子李治为追念母亲文德皇后创建了慈恩寺。

李治提出在京城内废旧的寺院中，选择一处林泉美好的形胜之地，为母后建造佛寺。于是委派官员赴京城各处进行勘察选址，最后选定了宫城南“净觉故伽蓝”旧址。落成后的大慈恩寺占了当时晋昌坊半坊之地，共建 13 座庭院，屋宇 1897 间，重楼复殿、云阁、禅房以及诸佛塑像、壁画等彩绘庄严，十分壮观。

今天的大慈恩寺为明宪宗时期在唐慈恩寺西塔院的基础上修建而成的，占地 76 余亩（约 50667 平方米），位于雁塔区中心地带，主要建筑有山门、钟鼓楼、大雄宝殿、法堂、大雁塔、玄奘三藏院、藏经楼、寮房等。整座寺院仅是当时一个西塔院的规模而已。

图 4-2 唐慈恩寺大雁塔

大雁塔（图 4-2）是大慈恩寺中唯一保存至今的唐代古建筑，由高僧玄奘奉旨而建。玄奘西行求法，历经 17 年回到京城长安。他需要一座佛教建筑专门用来珍藏他从印度带回的佛像、佛舍利子、经藏等圣物。这座佛塔经高宗降旨于 652 年兴建，初为仿西域建筑形式的砖土型五层方塔，内为实心，不可登顶。武则天统治时期加高到十层，现存为七层宝塔，高 64.5 米，底层每边长 25 米。经过后世改建，塔内有楼梯，可供登顶眺览。

该塔为玄奘亲自设计，并使用砖材砌筑而成。塔身、枋、斗拱、栏额均为青砖仿木结构。在建塔过程中，法师亲负篑畚，担运砖石。慈恩寺及大雁塔成为大唐帝国的礼佛胜地。大雁塔历经千余年沧桑岁月，至今保存较为完好，是大唐帝国的印证，西安市的地标建筑。

二、佛光寺大殿

五台山在唐代已是我国佛教圣地，建有许多佛寺。佛光寺位于五台山南豆村东北约 5 公里的佛光山半山腰，依山势而建，呈东西向布局。寺内现存主要建筑有唐前建筑一座——祖师塔，唐代建筑一座——东大殿，金代建筑一座——文殊殿，以及若干明清时代的建筑。

佛光寺的建筑布局沿着东西主轴线展开，西方最前面是影壁和山门，然后是第一进院落，也是第一层平台，平台北侧是规模宏大的文殊殿，南侧是普贤殿（明代毁于火），左右对称布局；接下来是第二层平台，略高于第一层，是为第二进院落；第三层平台陡然升高，台基高峻，这就是第三进院落，东大殿就位于院落中央，南北侧分布着清代修建的关帝庙和万善堂。在主轴线之外，还有南北向的副轴线，沿此轴线也有三进院落和若干建筑。

佛光寺大殿（图 4–3）即东大殿的兴建时期，一般认为不晚于唐大中十一年（857 年），是唐宣宗时期由愿诚和尚主持，宁公遇等资助建成。东大殿是木构殿堂，面阔七间，进深八架椽（九檩），单檐庑殿顶。大殿建在一层砖砌台基上。东大殿是今天佛光寺最宏伟壮丽的殿宇，是现存最古老的木构建筑之一。

寺中原有唐代晚期一座弥勒大阁，由法兴和尚主持兴建。据《宋高僧传》记载，法兴“即修功德，建三层七间弥勒大阁，高九十五尺，尊像七十二位，圣贤、八大龙王，罄从严饰，台山海众异舌同辞”。法兴圆寂于大和二年（828 年），弥勒大阁建成当不晚于此，就是说比东大殿要早约 30 年。其高九十五尺，按唐代一尺约合今天 30.6 厘米计算，高约 29 米。

1937 年 6 月，梁思成、林徽因和中国营造学社调查队莫宗江、纪玉堂等四人来到五台山南台外围豆村附近，终于瞻仰了他们期盼已久的佛光寺东大殿。梁思成最初是在敦煌莫高窟壁画上发现了五台山附近有这样一座唐代建筑（图 4–4）。日本学者坚持认为中国没有唐代木结构建筑存世，梁思成则坚信国内殿宇必有唐构。

1929 年，日本建筑史学者关野贞宣称：“中国全境内木质遗物的存在，缺乏得令人失望。实际说来，中国和朝鲜一千岁的木料建造物，一个亦没有。而日本却有

图 4–3 五台山佛光寺大殿

图 4–4 敦煌莫高窟第 61 窟壁画（局部） 五台山大佛光之寺

三十多所一千至一千三百年的建筑物。”[1]

在五台山发现唐代木结构的佛寺大殿，梁思成等学者终于得偿所愿。他们不畏艰苦，执着探寻，以确凿证据，推翻了日本学者的结论，振奋人心。东大殿“斗栱雄大，出檐深远”[2]。斗拱采用七铺作，所以出檐很深（图 4-5）。梁思成一行非常兴奋，他们仔细查看，发现梁间有唐代墨迹题名，阶前的石幢上也刻有施主宁公遇的名字。他们看到殿内尚存唐代塑像 30 余尊，唐壁画一小横幅，宋壁画几幅；寺内还有唐石刻经幢二座，唐砖墓二座，魏或齐的砖塔一座，宋代中叶的大殿一座。梁思成在《记五台山佛光寺的建筑》中说：“这不但是我们多年来实地踏查所得的惟一唐代木构殿宇，是国内古建筑之第一瑰宝，也是我国封建文化遗产中最可珍贵的一件东西。”[3]

图 4-5 五台山佛光寺大殿斗拱飞檐

他们发现梁架上都有古法“叉手”，是国内木构中的孤例。《营造法式·看详·诸作异名》中说梁架上的“斜柱”为“叉手”。叉手与横梁组成一个等腰三角形的木架结构，利用三角形的稳定性，支撑屋顶的檩、椽。

梁思成认定佛光寺东大殿是中国建筑发展到成熟阶段的产物，代表了中国建筑的高峰。他还提到标志唐代建筑技术高度的另外两个例子，一件是武则天时期建造的明堂，有 90 多米高，另一件是薛怀义奉武则天旨意主持建造的天堂，近 300 米高。登上天堂的第三级就可以俯瞰明堂。[4]

山西五台山是由五座山峰环抱的，当中是盆地，有一个台怀镇，是五台山的中心，附近寺刹林立，香火极盛。五峰以外是台外，寺刹散远，香火冷落，寺僧贫苦，有利于古建筑保存。如果从高空俯瞰，五台山宛若莲花，五台相当于内层花瓣，台外是交相掩映的外层花瓣。佛光寺坐落在外层花瓣之间，风景殊胜。

第三节 唐代陵寝

一、昭陵

昭陵是唐太宗李世民与文德皇后长孙氏的合葬陵墓，位于咸阳市礼泉县城西北

[1] 刘畅、张小琴：《“中国古代建筑第一瑰宝”的千年记忆》，《光明日报》2020 年 8 月 1 日。

[2] 刘畅、张小琴：《“中国古代建筑第一瑰宝”的千年记忆》，《光明日报》2020 年 8 月 1 日。

[3] 梁从诫编选：《薪火四代》（上），天津：百花文艺出版社，2003 年，第 217 页。

[4] 参见刘畅、张小琴：《“中国古代建筑第一瑰宝”的千年记忆》，《光明日报》2020 年 8 月 1 日。

九嵕山上。从唐贞观十年（636 年）至唐开元二十九年（741 年），昭陵持续建设了 105 年之久，是唐代规模最大、陪葬墓最多的一座陵墓，被誉为“天下名陵”。

九嵕山海拔近 2000 米，山势高峻，前有渭河，后有泾河，与太白、终南诸峰遥相对峙，东西两侧层峦起伏，延伸至平野。主峰周围较均匀地分布着九道山梁，对主峰形成拱举之势。小山梁称为“嵕”，因而得名九嵕山。此地环境殊胜。

昭陵工程由出身于工程世家，先后担任唐朝将作大匠的阎立德、阎立本兄弟精心设计，仿照京城长安的建制，由宫城、皇城和外廓城组成。宫城居北，皇城居南，外廓城拱卫着皇城和宫城。唐太宗的陵寝居于陵园最北部，设置在宫城内。陵园在九嵕山南麓绵延数十里，气魄宏大，凿石扩地，修建栈道、庙宇、游殿等供墓主人灵魂游乐，墓冢下建有地下宫殿。190 余座陪葬墓以陵山主峰为轴心，呈扇面分布在东西南三面，犹如众星拱北辰。整个陵寝顺依山势，融于自然，规划布局合理巧妙。

二、乾陵

乾陵是唐高宗李治与女皇武则天的合葬墓，位于咸阳市乾县县城北部梁山上，也是“因山为陵”，并仿照长安城形制。梁山共有三峰，北峰最高，海拔千米左右，两位皇帝的陵寝即坐落于此。其南面两峰较低，它们东西对峙，称为“乳峰”，中间为司马道。梁山的东西各有一条河流，山水相依，山清水秀。乾陵营建时，唐朝正值盛世，国力雄厚，因而陵园规模宏大，建筑雄伟，雕饰恢宏。陵园“周八十里”，原有城垣两重，内城设置四门，有建筑群多处。在南门朱雀门外的神道东西两侧，分布着两组石雕人像，这些翁仲是唐朝周边属国的王子、使节等，共 61 尊，被称为“六十一蕃臣像”。他们恭立陵前，彰显大唐的赫赫威势。浩瀚天宇下恢宏壮阔的昭陵和乾陵，见证了人类开发利用自然时，在环境艺术设计领域展现出的卓越技艺和取得的辉煌成就。

第四节　两宋都城和园林建设布局

宋代社会和谐，文明昌盛，君仁臣良，以禅让开国，几无宫廷内斗、后妃干政，更无诛灭大臣牵连整族的事情发生；名相迭出，仁厚饱学之士在朝主政，风清气正，尊礼重义；帝后贤明，仁爱苍生，促进了文教事业的繁荣昌盛，是中国的文艺复兴时期，也是人文主义的启蒙时期，涌现了李公麟、欧阳修、王安石、苏轼、邵雍、米芾、朱熹等博学、有才之士，以及赵明诚等金石学家，后世一些学者多向往宋代社会生活。

一、东京汴梁

汴梁，亦称汴京、汴州，即今开封，作为北宋王朝都城，历时共168年，地处中州大平原上。东京共有三重城垣：宫城、内城和外城，每重城垣之外都有护城河环绕。外城略近方形，周长五十里一百六十五步，为民居和市肆所在，设城门13座，东西南各三门，北四门。内城又称旧城，即唐汴州旧城，周长二十里一百五十五步，除部分民居市肆外，主要为衙署、王府宅邸、寺观所在，设城门八座，东西各二，南三，北一。宫城又称大内，为宫廷和部分衙署之所在，周长五里，城门六座，南三，东西北各一。从宫城的正南门"宣德门"到内城的正南门"朱雀门"为城市中轴线上的干道——天街。天街往南延伸直到外城的正南门"南薰门"。城内主要街道都通往城门，都很宽阔。住宅和店铺都面临街道建造。若干街巷组成一"厢"，每厢再分成若干"坊"，城内共有8厢121坊，城外有9厢14坊。五丈河、金水河、汴河、蔡河贯穿城内，与江淮水运相连，促进了物资运输和商业繁荣。城内商业区非常繁华，商店、茶楼、酒肆、瓦子等鳞次栉比。大相国寺的庙市可容纳近万人。由于城市人口稠密，用地紧张，沿街闹市商铺多为二三层的建筑。为了防火，城内分布若干座望火楼作为火警观察哨所；各坊巷设置军巡铺屋，维持治安。望火楼、军巡铺等都是宋以前城市所未曾有过的。[1]

宋人孟元老著有《东京梦华录》追忆北宋京师昔日之繁华阜盛，他对汴京新城（即外城）、旧京城（即内城）、大内（即宫城），以及河道、街巷、宫观、衙署、夜市、酒楼、瓦棚勾栏、节物风俗等作了翔实笔录，以责无旁贷的使命感为后世留下了弥足珍贵的史料。他所亲历的皇都"举目则青楼画阁，绣户珠帘""雕车竞驻于天街，宝马争驰于御路"。

《东京梦华录》记载，新城方圆四十余里，南开三门，西开五门，东、北各开四门，这四面的正门分别为南薰门、新郑门、新宋门和封丘门。城门皆设瓮城三层，除正门外，都屈曲开门，方便卫护。城墙每百步设马面、战棚等防御设施，并密置女头（即女墙，城墙上呈凹凸形状的小墙）。每二百步置一防城库，贮守御兵器，并派兵驻守。城墙有专门机构——京城所（全称"修治京城所"）负责日常修缮维护。旧城方圆约二十里许，四面各开三门，正南门为朱雀门。大内宫城似在旧城外之西北。据孟元老记述，旧城之正北门——景龙门位于大内东南角建筑宝禄宫前。大内城南设三门，分别为左掖门、右掖门和正门宣德楼。宣德楼列五门，门皆金钉朱漆，墙壁乃砖石砌筑，楼顶覆以琉璃瓦，雕甍画栋，峻桷层榱，饰以龙凤飞云，配以曲尺朵楼，朱栏彩槛，下列两阙亭相对。宣德楼后是大庆殿，城北建有崇正殿和保和殿，其余殿宇，如文德殿、凝晖殿、垂拱殿、皇仪殿、集英殿、睿思殿等，根据孟元老记述不易辨明方位。大内的北门为拱辰门，东门、西门为东华门和西华门。米、麦

---

[1] 参见周维权：《中国古典园林史》（第2版），第200页。

等五十余所粮仓，军械、鞍辔、车辂、柴炭、医药、茶酒、油醋、乳酪、绫锦、文绣，以及骡务、驼坊、象院等内外诸司星罗棋布于三城之中。城外还设有草场二十余所，场内草料堆积如山，每至冬月，运送秆草的车辆首尾相衔，有数千万辆。

城内街道方面，文德殿前有东西大街，连接东华门、西华门，应为主干道之一。而御街是规格最高的街道，由宣德楼直至南薰门里街，可能经过旧京城西墙外。这条南北大道阔二百余步，两边建有御廊，路心（即中心御道）以两行朱漆杈子隔开，禁止公众通行，行人可走杈外的边道。这条御道显然是皇帝出行之专道。杈子里有砖石镶砌的水沟两道，水中种满莲荷，近岸栽植桃、李、梨、杏等，杂花相间，春夏之季，景色秀丽。不知既有御沟相隔，何以还要安设朱漆杈子？而且不仅中心御道禁行，寻常士庶殡葬车舆也不得经由南薰门而出，谓其正与大内相对。唯民间所养猪，每晚成群由此驱赶入京，每群万数。大内西右掖门附近建有太平兴国寺，开封府和蔡京宅皆在此一带；而大内东南则建有相国寺，太学在此一带。相国寺每月开放五次，百姓来此交易，商贸活动极盛大。赵明诚、李清照夫妇就曾来此购物，在《金石录・后序》中，李清照写道："每朔望谒告出，质衣，取半千钱，步入相国寺，市碑文、果实归，相对展玩咀嚼，自谓葛天氏之民也。"[1] 相国寺当是他们夫妇淘到古籍、碑刻、书画、奇器等文物的重要场所。而东华门外是商业最繁荣、人烟最浩闹之地。京师有几处夜市可见证北宋曾经之繁华，有夜市三更尽，才五更又复开张的，而商业最火的地方，有通晓不散的，还有五更点灯博易，至晓即散，谓之"鬼市子"的。养马者在市场上可买到切草，养犬、猫类者可买到饧糟、猫食等。因宠物而兴起的商业活动，只有社会相当富庶、和平才会存在。

社会治安管理方面，每坊巷三百步许有军巡铺屋一所，铺兵五人，夜间巡警。城内建有望火楼，备有救火用具，并驻兵百余人防备。

城市园苑方面，在城西顺天门（新、旧城西均无此门，疑为大内西门中的一座）外开凿了金明池，建有琼林苑。金明池内建有临水殿，乃皇帝观看水上运动的宫殿。池中心还建有五殿，有飞虹状桥梁与之连接。殿上下设有回廊，勾肆罗列其中，供人饮食、看戏等。五殿正北，起大屋，内放大龙船，谓之"奥屋"。金明池后门乃新城西五门之一的西水门，这也能表明大内宫城不在旧城内。池之西无屋宇，但有垂杨拂水，烟草铺堤，多垂钓之人，但需付费买牌子方可垂钓。皇帝一旦临幸此处观看水上竞技表演，便有龙凤绣旗、红缨锦辔，竞逞鲜彩，万舸争驰，铎声震地。画舫彩舟，表演乐舞百戏；大小龙船，争驰夺标，锣鼓喧天。琼林苑在金明池北，与之相对。苑大门主干道两旁遍布古松怪柏，苑内有石榴园、樱桃园等，园中亭榭有酒家在此营业。苑东南有高岗，上建楼宇。附近有池塘，柳锁虹桥，花萦凤舸。此处花木繁茂，有素馨、茉莉、山丹、瑞香、含笑、射香等品种，赏花之亭台广布。

流经京城的河道有四条，分别为蔡河、汴河、五丈河和金水河。其中，蔡河流

[1] （宋）赵明诚著，刘晓东、崔燕南点校：《金石录》，北京：中华书局，2009 年，第 257 页。

经城南部，由新城南三门之一的西部戴楼门流入京城，自东部的陈州门流出，河上架桥十一座。城南中门即正门南薰门。汴河即张择端《清明上河图》中所绘河道，自西向东流经城中部，由新城西五门之一的西水门（自南起第二门）入京，由新城东四门之一的东水门（自南起第一门）出京南下，至泗州流入淮河，乃运载东南之粮入京师的枢纽航道。凡东南方物，自此入京城，公私仰给。此河东水门外七里有桥曰虹桥。虹桥是城外之桥，其桥无柱，皆以巨木虚架，饰以丹雘，宛如飞虹。进入东水门后，河上依次建有便桥、下土桥和上土桥等，至西水门，共有桥十三座。其中上土桥正是《清明上河图》中段所绘人烟浩穰之桥。此桥亦如虹桥之架构，不设桥柱，如彩虹横跨。五丈河流经城东北，金水河流经城西北。

孟元老笔下的汴京“锦绣盈都，花光满目”，“绮罗珠翠，户户神仙；画阁红楼，家家洞府”[1]，可见当时城市建设与发展的程度。

张择端《清明上河图》以另一种形式绘画生动记录了中国12世纪北宋都城汴京的城市面貌和当时社会各阶层生活的一个片段，见证了北宋都城的繁荣景象。这幅画卷主要沿着汴河展开，描绘了汴河两岸的风光、建筑、交通和商业活动。画中店铺林立，人们熙来攘往，上土桥上更是人头攒动，摩肩接踵。其店铺、房舍、街道、桥梁等规划有序，层次井然，错落有致。东京数量众多的茶楼、酒肆、金银珠宝店、药铺、花店等，多分布于大街两侧、桥头、十字路口、城门口等重要的交通枢纽处，突破了前代封闭的坊市制度的束缚，被认为是中国城市发展的一次革命性进步。[2]

二、洛阳名园

洛阳是历史名城，早在西周建立初期就开始着手营建洛阳，周成王委任召公负责洛阳的建设。周平王定都洛阳，开启了东周的历史。洛阳后来又作为东汉的都城。东汉张衡创作《二京赋》歌咏西京长安和东京洛阳两座城市。此后的曹魏、西晋和北魏也都是以洛阳为都城。在海晏河清的太平盛世，洛阳总会成为中原一带繁华的都市，尤其是作为都城时期。北魏政权迁都洛阳后，洛阳繁荣富庶，高门华屋，鳞次栉比，佛寺就修建了1000多所，苑囿也很多，出现了一些名园。唐朝虽建都长安，但贞观、开元的盛世时期，公卿贵戚，在洛阳开馆列第，多达1000余所。往来于两京之间的车骑，每逢节假日，一定盛况空前。但洛阳居天下之中，一旦遭逢战乱，就会成为四方必争之地。北宋济南人李格非著有《洛阳名园记》。他在书中指出“天下无事则已，有事则洛阳必先受兵”，他认为“洛阳之盛衰者，天下治乱之候也”。[3]洛阳的兴衰成为治世和乱世的征候或晴雨表。唐末战乱和相

---

[1] （宋）孟元老著，王秀莉译注：《东京梦华录》，苏州：古吴轩出版社，2022年，第192页。

[2] 参见田银生：《北宋东京街市上的店铺类型及其分布》，张复合主编：《建筑史论文集》第11辑，北京：清华大学出版社，1999年，第84页。

[3] 王彩琴、王元明、杨頔注译：《〈洛阳名园记〉详注详析新译》，郑州：黄河水利出版社，2020年，第184页。

继的五代十国的连年战争，使洛阳城满目疮痍，池塘竹树为兵车所蹂践，高亭大榭为烟火所焚燎。宫室苑囿与唐朝一同被毁灭，化为灰烬，几无遗存。荆棘铜驼，黍离麦秀；繁华盛丽，过眼烟云。李格非深感痛惜。他又提出：“园囿之废兴，洛阳盛衰之候也。”这就是说天下兴衰看洛阳，洛阳兴衰看园囿。

李格非《洛阳名园记》记述的是北宋年间他亲身游历过的园林，共有十九所。这里分析其中较典型的四所。

1. 富郑公园

富郑公园是李格非书中所记第一所园林。园主人富弼，受封“郑国公”，他是北宋名相之一，辅弼仁宗皇帝，是宰相晏殊的女婿。该园是新开辟的园林，而景物却最为殊胜。亭台水榭掩映于茂林修竹之中。宅第东部高耸，建有探春亭和四景堂。登上四景堂，全园之景尽收眼底。往南，河上架有通津桥，然后是方流亭和紫筠堂；折而向西，花木夹道百余步，接下来有荫樾亭、赏幽台、重波轩等景点。再向北走过土筠洞，就进入了大竹林中。除了土筠洞外，还有水筠洞、石筠洞、榭筠洞。土筠洞是东西向的，另外三洞都是南北向的。每个洞都是用一丈长的竹子引水流经洞穴，洞穴顶上铺设小径供人行走。这四洞北面修建了五个亭榭，都交错排列在大竹林中，它们是丛玉亭、披风亭、漪岚亭、夹竹亭、兼山亭。竹林稍南一点建有梅台，再往南是天光台。天光台较高，高出竹梢。土筠洞等的东南建有卧云堂，它与四景堂一南一北，正相对。这两座庭堂分别建在两座小山丘上，登临可鸟瞰全园。山底下有溪流通过，逶迤窈深。

此园共建堂三，台三，亭八，洞四，轩一，桥一，并筑山二，溪流周回各处。筑山理水、栽植竹树花草，架桥穿洞，建设亭台堂轩，创造了清幽怡人的美景。富弼的花园被李格非评为景物最胜。[1]

2. 苗帅园

苗帅园是《洛阳名园记》中记录的第九座花园。园主苗授以战功被授予节度使、殿前副指挥使的官职。这是一处古园，曾是宋太祖赵匡胤开宝年间宰相王溥的园苑。王溥园又是在唐人的旧址上重建。李格非称其“园既古，景物皆苍老”。苗授显贵后，意欲卜居天下最佳处，选择的就是洛阳，而洛阳最佳处就是曾经的王溥园。

园中原有的两棵七叶树相对而立，都高达百尺，春夏时节枝繁叶茂，远远望去它们就像两座小山一样。苗授令人在这两棵树北面建造了厅堂，其周围遍植修竹，有一万多株。葱翠的琅玕竹如同碧玉做成的圆椽。在古树南搭建了亭榭。这个亭榭架在溪流上。溪流是从伊水引来，从东部入园。溪流深阔，可浮载十石重的船只。亭榭旁有七棵大松，干旱时，就以溪水浇灌。附近还有一个生长着莲荷的池塘。池

[1] 参见王彩琴、王元明、杨頔注译：《〈洛阳名园记〉详注详析新译》，第19页。

中建有水轩，水轩的板材就安设在水面之上。与这个水轩相对着的是一座桥亭，十分精丽。

苗帅园建筑不多，主要以竹树溪池取胜，得自然之趣。

3. 湖园

湖园在唐朝时是宰辅裴度的别墅。李格非书中未言宋时此园归谁所有，或许是一处公园。他所记洛阳十九座花园，只有两座花园没有归属，一是湖园，一是排在第七的天王院花园，后一座没有建筑设施，只有数十万株牡丹。

园中有湖，因而得名。湖中有百花洲堂。湖的北面有大堂四并堂。附近另有桂堂，可以通向四面，堂前是一条东西向小路。在湖的右边有座迎晖亭，所处地势爽垲，赫然醒目。迎晖亭前临横池，越过横池，有一片林莽，曲径通幽，其尽头建有梅台和知止庵。再走过翠竹遮蔽的小径，就来到了环翠亭。此亭建在高处，四周翠色环拥。环翠亭后建有“翠樾轩”，为林木花海掩映，又为横池和环翠亭的美景所烘托，景致十分幽深。

李格非感到园圃建设很难达到十全十美，往往留有缺憾，“务宏大者少幽邃，人力胜者乏苍古，水泉多者无眺望”[1]，而湖园则与众不同。当时的洛阳人都认为湖园没有缺点。李格非游览后也这样认为。这就是说，湖园既宏大又幽邃，人工砌筑很精致而仍有苍古格调，水泉虽多但不影响眺望。高明的设计者巧妙地化解了这类棘手的矛盾。一个有大湖泊的园林能处理得这样好，真是匠心独运。

4. 吕文穆园

吕文穆园是《洛阳名园记》一书中记述的最后一座园林，园主是北宋名相吕蒙正。此园坐落于伊水上游。伊水和洛水都是从东南流入洛阳城。伊水尤其清澈，更适合临水建园。据李格非分析，园林若能建在伊水上游，优势会更突出，即便是旱季，园林也同样润泽。居于伊水上游的吕文穆园，佳木葱郁，秀竹繁盛。引水入园，设为池塘，池上架桥，池中建亭。池边也构建了两座亭台。李格非所记该园建筑只有三亭、一桥，然后就是竹木和池塘。亭台是开敞建筑，这座园林中就没有封闭式的殿宇楼阁，所以李格非没有笔及。吕蒙正崇俭戒奢、防微杜渐，通过这座简朴的园林就可以感受到。同时，这种风格的园林也体现出园主人不落凡俗的审美情趣，彰显了其高洁的隐逸情怀，“清水出芙蓉，天然去雕饰”。由于地理位置绝佳，整体地势高，很爽垲，清澈溪流潺湲园中，无须投入过多的人力物力，而风景殊胜，令人心旷神怡，忘怀得失。

[1] 参见王彩琴、王元明、杨峋注译：《〈洛阳名园记〉详注详析新译》，第 166 页。

三、临安新都

杭州别称武林、临安，是历史名城，诗人白居易和苏轼都曾主政杭州。白居易写下“江南忆，最忆是杭州”，苏轼也留下了赞美西湖的“欲把西湖比西子，淡妆浓抹总相宜”的名句。词人柳永更是盛赞杭州“东南形胜，三吴都会，钱塘自古繁华”。临安濒临钱塘江，连接大运河，水陆交通十分便捷，商业繁荣，文艺兴隆。

南宋朝廷在五代时吴越国和北宋建设的基础上，对杭州城进行扩建。皇城建在外城之南，依托凤凰山。据《武林旧事》记载：宫城包括宫廷区和苑林区。在周长九里的地段内共计有殿三十、堂三十二、阁十二、斋四、楼七、台六、亭九十、轩一、观一、园六、庵一、祠一、桥四。所有建筑物都是雕梁画栋，十分华丽。政府衙署集中在宫城外的南仓大街附近。虽然仍保持着传统皇都规划的中轴线格局，但方向上反其道而行之，宫廷在前，衙署在后，百官上朝皆需由后门进入。外城的规划采取新的市坊制度，建立若干中心综合商业区。

临安城西紧邻西湖风景区。东晋、隋唐以来，佛寺、道观陆续围绕西湖建置。白居易在杭州刺史任上主持筑堤保湖，还大量植树造林，修造亭阁。苏轼第二次主政杭州时，修筑大堤，沟通南北交通，堤上遍植桃柳。南宋朝廷对西湖进行进一步整治，著名的西湖十景在当时已经形成。西湖周边建造了若干皇家园林，如湖北岸的集芳园、玉壶园，湖东岸的聚景园，湖南岸的屏山园、南园，湖中小孤山上的延祥园、琼华园等。风景四时不同，游人如织。

宋代有幅名画《高阁焚香图》，又名《焚香祝圣图》（图 4-6），现藏于台北故宫博物院。画中殿宇宏丽，花木繁盛。据称是依据南宋皇家园林绘制而成。画中殿宇非朝堂建制而是台阁式，适用于风景园林，可供凭栏观光风景。台阁规模宏大，且精丽至极，宛若琼楼仙馆，恐只有皇家才能有力营建。其主体建筑是先起数层高台，在高台上架构殿宇。外展的阳台很轩敞，围以精美的镂雕栏杆。凭栏可俯视南部隐约起伏的山峦，足见楼台之高。台上有一位官员正面朝南方，在缭绕的香烟中祷祝。他周围有六七位容貌昳丽、服饰华贵的仕女。这些人物和高大的台阁相比都很微小。台基看上去是砖石砌筑，而雕栏和上层殿宇则是木构。屋檐四角翘起，玲珑精致，上覆筒瓦。正脊和垂脊上的镇兽，也表现得十分清晰。木柱围墙，四周全为透光的窗棂。中门开敞，可见室内装饰的画幅和豪华家具。支撑屋檐的多层铺作，结构隐约可见。高楼底层则设有较为封闭的屋舍，有台阶通向门户。台阶前有

图 4-6 宋 李嵩《焚香祝圣图》

一假山，山石镂空，有一虬木穿孔而过，掩映多姿。主殿不远处有几处低矮房舍，画面上只露出了这些房舍的屋顶。这更显出主殿的高大。整个建筑环境，画栋飞甍，风帘翠幕，佳木葱茏，翠色浮动，一带远山，薄雾蒙蒙，真是人工造园的极品之作。

第五节　宋代佛塔建筑

一、开封琉璃宝塔

开封琉璃璃宝塔（图 4–7）又称开封铁塔，坐落于开封市东北隅的开宝寺，建于宋代皇祐元年（1049 年）。塔高 50 余米，八角十三层，是我国现存年代最早、最高大的琉璃建筑。[1] 虽称之为铁塔，实际上是以褐色琉璃砖、瓦砌成，塔身和塔檐用了 28 种标准型号的琉璃砖、瓦，塔身琉璃砖上雕有飞天、坐佛、力士、高僧、龙凤、麒麟、宝相花等 50 多种纹图，以及精美的几何纹饰；各配件紧密扣合，匀称均衡，宛如一体浇铸而成，反映了北宋年间我国琉璃烧制和砌筑的高超技艺（图 4–8）。它也是我国古代预制装配式建筑技术成就的体现。[2] 开宝寺原有一座木塔，也是八角十三层，由宋代杰出建筑工匠、《木经》作者、曾被欧阳修称为“国朝以来木工一人而已”的喻皓设计建造，可惜几十年后为火所焚毁。宋仁宗下诏重建这座佛塔，就改为了可以防火的琉璃塔。这一琉璃标志性建筑，至今仍然巍然屹立，不能不说是一奇迹。

图 4–7 开封琉璃宝塔

图 4–8 开封琉璃宝塔塔檐一角

[1] 参见魏克晶：《中国大屋顶》，北京：清华大学出版社，2018 年，第 65 页。

[2] 参见吴晋编著：《中国最美的 308 个建筑》，北京：人民邮电出版社，2016 年，第 92 页。

二、应县木塔

山西大同是辽、金两代的陪都，曾经古刹林立。作为都城辐射区，风烟在望的山西朔州应县有座木塔，至今巍然屹立，是闻名遐迩的佛教建筑。一座木塔能保存千年之久，创造了建筑史上的奇迹。应县木塔也叫佛宫寺释迦塔，建于辽清宁二年（1056 年），一说建于 1038 年。它和法国埃菲尔铁塔、意大利比萨斜塔并称世界三大奇塔。但它比意大利比萨斜塔早 100 多年，比埃菲尔铁塔早 800 多年，而后两座塔分别由坚硬的石材和钢材构建。

1. 木塔结构

应县木塔（图 4–9）是中国现存最高、最古老的一座木构塔式建筑，塔高 67 余米。木塔底层直径 30 余米，呈八角形。全塔除了塔基和第一层的砖石墙壁、锻铁的塔刹之外，其余部分全为木材构建，无钉无铆，靠 50 多种斗拱承托着每一层的檐和平座，柱梁榫卯穿插契合。它采用两个内外相套的八角形，形成内槽、外槽和回廊三个部分。内槽供奉佛像，外槽供人活动，眺望远方。内外槽之间以梁、枋等构件纵横连接，构成了一个刚性很强的双层套桶式结构。木塔外观为五层，而实际为九层，每两层之间设有一个暗层。这个暗层从外看是装饰性很强的木架环形构造，从内看却是坚固刚强的结构层。这一构造被称为“平坐”。

图 4–9 应县木塔

平坐，《营造法式》上记述其名有五：一曰阁道，二曰墱道，三曰飞陛，四曰平坐，五曰鼓坐。它是多层建筑中各楼层之间的平台，平台之下由梁、柱、斗拱等形成支撑骨架。砖石建筑中，墙体就是主要的支撑。平坐相当于阳台，围以栏杆，供人远眺。和阳台不同的是，平坐环绕一周，上起楼身，起承重作用，是重要的结构层，又可供游赏眺望，同时又有装饰作用。

应县木塔每檐之间各有一平坐，五檐共设四平坐。最下层的檐实际上不属于塔檐，而是环绕塔身外廊的廊檐。此廊檐被称为“副阶”。梁思成说：“殿身四周如有回廊，构成重檐，则下层檐称副阶。”[1] 塔檐和平坐相间，既坚固又美观，设计匠心独具。

更特别的是，这座塔内供奉的佛像非常大，造像技艺很高。第一层的释迦牟尼佛像高达 11 米，在塔内仰望更觉雄伟庄严。第二层由于八面透光，一主佛、两位菩

[1] （宋）李诫著，梁思成注释：《梁思成注释〈营造法式〉》，第 156 页。

萨和两位胁侍的塑像光彩熠熠。第三、四、五层也都有佛像，各层的造像不同，姿态生动，法相庄严。

2. 木塔稳固性

应县木塔历经千年风雨，历史记载，该地区发生过 40 多次地震，并且还遭受了现代战争的炮火。其中元朝顺德年间，应县大震七日，木塔旁边的房屋全部震毁，而木塔巍然屹立。1926 年，冯玉祥和阎锡山两军大战，200 多发炮弹击中木塔，木塔依旧幸存下来。

应县木塔见证了木构高层建筑所能达到的时间长度，是目前世界上尚存的这类建筑的最重要的标本。木塔同时是中国占主导地位的传统木构建筑中塔楼式类型的主要代表。

3. 木塔的勘测与保护

1933 年夏，梁思成和莫宗江等考察了应县木塔。他们逐层测量，梁椽斗拱，涉及每一个部件，巨细无遗，最后把几千根梁架斗拱都测完了，只剩下塔刹没测。塔刹有 10 多米高，由于没有可供登顶的梯架，唯一的办法是攀住塔刹上垂下的铁链攀爬上去。但这近千岁的铁链早已锈蚀，是否足够结实不得而知，令人望而生畏，而且当时还刮着大风，人在塔顶几乎站立不稳。梁思成不顾这些，硬是抓着铁链左摇右晃地攀了上去。莫宗江等随后也上去了，完成了对塔刹的测量。

1934 年，民国政府对木塔进行过一次大维修。但那次维修被专家鉴定为一次错误的维修，反而给木塔带来致命的伤害。2000 年 5 月，山西省古建筑保护研究所作《应县木塔残损状况勘测结果分析报告》指出，一旦遇到突发性强大外力，如地震、大风等，木塔倾覆之虞在所难免。2014 年夏，国家文物局批准了《应县木塔严重倾斜部位及严重残损构件加固方案》。应县木塔的修缮问题，经专家论证，已得到很好解决。

三、辽式密檐塔

与北宋对峙的辽国，为契丹人创建。辽国皇室信奉佛法。辽国境内修建了很多佛塔，其中多为密檐式实心塔。

1. 辽阳白塔

图 4-10 辽阳白塔

辽阳白塔（图 4-10）位于辽阳市白塔公园内，为八角十三层密檐实心砖塔，通高 70 余米，为东北地区最高的佛塔，因塔身涂白，故名白塔。白塔建筑在一个高台上，由塔基、塔座、塔身、密檐和塔刹五部分组成。塔基高大，上窄下宽，为八面方锥形。其上须弥座，上设平坐，围以雕栏。平坐以仿木斗拱，伸出塔座，如同帽盖，起保护和稳固作用，但主要还是起装饰作用。塔身高 12.7 米，八面均设佛龛，龛内各有一尊坐佛。每龛外面左右各有一浮雕胁侍菩萨立像。佛、菩萨头后均有背光。此外塔身上部尚有宝盖、璎珞、飞天、龙凤等雕饰。塔身之上就是高 21.9 米的十三层密檐。密檐相叠，如层层花瓣，别有韵味。檐层由下往上逐层内收，檐顶覆瓦，八角微翘，檐角悬以铜铃。顶层檐起脊较高，八道垂脊上均饰以脊兽。在起脊屋顶的正脊上装饰鸱吻，垂脊上装饰瑞兽，这是中国传统建筑必不可少的装饰部件，成为中国古建筑的鲜明特色。这在前述唐代的佛光寺大殿，宋代开封的琉璃宝塔和应县木塔上均可得到验证，后世明清建筑莫不如此。屋脊上的这些雕刻乃镇宅之神兽，古人以此祈求神灵护佑。不仅如此，古建筑上的这些神兽可以说无不雕镌玲珑精美，成为绝佳装饰，是引人注目、令人赞赏的艺术品，同时又有稳固屋脊的实效作用。塔刹由砖砌覆钵、仰莲、宝瓶、火焰环和刹杆贯穿的宝珠、项轮等组成，通高约 17 米。宝瓶上垂下八道铁链，连于塔顶。塔上还镶嵌铜镜 96 面。

辽式密檐塔形制特别，疏密相间，且通体白色，在气息刚健、凛冽的北方，超然凌空，神采焕然。1975 年辽宁海城发生强烈地震时，白塔安然无恙，可见其部件之密合，构造之坚固。

2. 辽中京大塔

辽中京大塔（图 4–11）又称大明塔，位于内蒙古自治区宁城县，距离辽宁边界仅有十几公里，竣工于辽道宗寿昌四年（1098 年）。寿昌年间已是辽代的晚期，其营建时间当在辽统和二十五年（1007 年）到寿昌四年（1098 年）。

辽中京都城于辽统和二十五年（1007 年）五月建成，以后又逐年增建。史载，辽圣宗于统和二十二年（1004 年）路过赤峰市宁城县大明镇一带，遥望南方霞光闪烁，有郛郭楼阁之状，一派瑞气，因议建都。中京城建在老哈河冲积平原上，北有七金山，西眺马盂山，南濒老哈河，布局参照北宋都城汴梁城，但又具有自己的特点，共有三重城，即外城、内城和皇城。城市规模宏伟，人烟阜盛，车马辐辏，繁华一时。但迭经战火，到了明代仅留下佛塔，故称为大明塔。

图 4–11 辽中京大塔

辽中京大塔也是八角十三层密檐实心砖塔，全高 80.22 米，为全国第三高塔，体积则全国第一，也是通体莹白。在辽阔无垠的哈河平原上，浩瀚长空之下，该塔拔地而起，巍峨矗立，在蓝空、绿植的映衬之下愈显洁白壮观。

大塔最下层为一高 3.55 米的八角形台基，设八级台阶，逐级内收，底部直径为 45 米。在此台基上砌筑高 5.5 米的八面体直壁座墩，此座墩直径为 36.6 米，其上为高数米的须弥座。此须弥座束腰部分以短柱界分为若干格，这样的短柱被称为“蜀柱”或“矮老”。每格都像一个“回”字。此“回”形空间可称为“壶门”。格内各饰一“卍”字。矮老造型多变，像宝盒一样，多层扣合在一起，十分精美。束腰上部有双层交错的莲花瓣。此部分的雕饰尚有漆彩，淡雅可观。须弥座上端有两层平坐，作侈口状，承接塔身。

塔身高近 11 米，八面各设一浅佛龛，龛内各有一坐佛，龛外左右亦各有一站立的胁侍菩萨。这些佛菩萨像也都是浅浮雕，但雕饰十分精美，栩栩如生。佛龛上方亦雕有宝盖和飞天形象。塔身八角设壁柱，作成经幢形状。壁柱上题写塔名和佛菩萨名。

密檐部分的第一层塔檐采用柏木斗拱支撑，上下两层木质椽条，使出檐比起上层塔檐深阔，保护了塔身。檐顶覆瓦，装设瓦当、滴水。八道垂脊，脊端雕饰神兽，警觉远望，活灵活现。再往上的塔檐非木构，而是砖砌，叠涩八皮，出檐较缓，向上逐层内收。十三层塔檐高 39 米。每层檐下悬以风铃数十。铎铃叮咚，梵音悠长。

塔顶部以八角须弥座收顶，须弥座高 4.7 米，其上安装紫铜鎏金塔刹。此处须弥座仍设有佛龛，并雕有佛像。塔刹宝瓶内装有粮食、中药和 9 个清代小瓷罐，瓷罐内装铜戒指等物件，这说明塔刹部分曾为清代重装。

此塔崇闳壮阔，建造精丽，各部件浑然一体，宛若天成。它经受了千年风雨的洗礼和几次地震的考验，巍然屹立，在苍穹下，像一块莹洁的美玉，熠熠生辉。

第六节　敦煌石窟艺术

敦煌莫高窟始建于前秦苻坚时期，据唐《李克让重修莫高窟佛龛碑》记载，前秦建元二年（366 年），僧人乐僔路经敦煌鸣沙山，忽见金光闪耀，如现万佛，于是便在岩壁上开凿了第一个洞窟。隋唐时期，随着丝绸之路的繁荣，莫高窟日渐兴盛，在武则天统治时期有洞窟千余个。元代以后停止开窟，此地逐渐冷落萧条。

莫高窟南北全长 1680 米，现存历代营建的洞窟 735 个，分布于 15 ~ 30 多米高的断崖上。上下分布一至四层不等，分为南北两区。其中南区是礼佛活动场所，现存有各个朝代壁画和彩塑的洞窟 492 个，彩塑 2400 多身，壁画 4.5 万平方米。唐宋时期木构窟檐 5 座，莲花柱石和舍利塔 20 余座，铺地花砖 2 万多块。民国初重修了莫高窟外观醒目的建筑九层楼，它属于南区。北区有 243 个洞窟，主要是供僧侣修行、居住的场所。

莫高窟是建筑、彩塑和绘画三位一体的综合性艺术。洞窟最大者 200 多平方米，最小者不足 1 平方米。佛像最高的是第 96 窟的弥勒佛坐像，像高 35.6 米，小的则仅 10 余厘米。

一、建筑艺术

莫高窟按石窟建筑和功用分为中心柱窟、殿堂窟、覆斗顶型窟、僧房窟、廪窟、影窟和瘗窟等形制。廪窟用于储藏物品，影窟是绘塑高僧真容的纪念性洞窟，瘗窟是埋葬窟。窟型随功能而设计。窟型最大者高 40 余米、宽 30 米，最小者高不足一尺。从早期石窟所保留下来的中心塔柱式这一外来形式的窟型，反映了古代艺术家在接受外来艺术的同时，加以消化、吸收，赋予其汉族文化特征。其中不少是现存古建筑的杰作。在多个洞窟外存有较为完整的唐代、宋代木质结构窟檐，这是不可多得的木结构古建筑实物资料，具有极高的研究价值。

石窟顶部中央最高处叫天井，多是斗四方形或覆斗形。对天井加以描绘，形成精美的装饰图案就被称为藻井。莫高窟几乎窟窟绘有藻井，南区现存的 492 个洞窟中，保存完好的藻井约有 420 个。第 329 窟的藻井中央是一朵 14 瓣的大莲花，莲花中心则是五彩的光轮。而第 407 窟为隋代三兔藻井（图 4-12），在八瓣莲花的中心内，绘有三只奔跑的兔子，姿态生动。而且三兔只绘了三耳却使每兔都不失两耳，真是绝妙。这些藻井是建筑装饰艺术的杰作，代表了建筑装饰艺术的最高成就，堪称建筑装饰艺术的集大成者。

图 4-12 莫高窟第 407 窟三兔藻井

二、彩塑艺术

莫高窟塑像除了少数石胎泥塑外，其余多为木骨泥塑。彩塑形式多样、手艺高超，被誉为佛教彩塑博物馆。除了佛、菩萨、护法等形象外，还塑有真实的僧侣形象和捐助人肖像。比如第 17 窟建于晚唐，彩塑的就是河西地区高僧洪辩的形象。该窟为覆斗形窟顶，高 3 米。洪辩端坐禅床上，五官很写实。他后面的墙壁上彩绘有持杖近侍的壁画。这些现实人物形象有更高的史料价值。这种圆雕塑像与彩绘壁画相结合的手法，叙事更丰富，氛围更强，纪念效果更好，具有很高的艺术价值。

三、壁画艺术

洞窟壁画雄伟瑰丽，多姿多彩，壁画以人物形象为主，描绘了很多本生故事和经变故事的情节，同时还绘有楼阁殿宇，还有一部分是山水画。人物、建筑和山水都有对客观真实存在形象的描绘。第61窟建于五代的947—951年，此窟西壁绘有巨幅五台山全景图。全景图长13米，高3.6米，描绘了方圆五百里的山川地形及社会风情。图中所绘城郭、寺庙、楼台、亭阁、佛塔、草庐、桥梁等各类建筑170多处，是十分珍贵的古代建筑史料，也是地理和交通史料。该图对建筑、场景、情节等以文字作标注说明，其中就有“大佛光之寺”的标注。正是根据这个标注，梁思成和林徽因才知道五台山有个佛光寺，于是他们“按图索骥”，最终发现了唐代木构大殿，得偿所愿。

李诫在《营造法式》的《泥作制度》一篇中专门记述了“画壁”的制作方法：

> 造画壁之制：先以粗泥搭络毕，候稍干，再用泥横被竹篾一重，以泥盖平，又候稍干，钉麻花，以泥分披令匀，又用泥盖平。以上用粗泥五重，厚一分五厘。若栱眼壁，只用粗细泥各一重，上施沙泥，收压三遍。方用中泥细衬，泥上施沙泥，候水脉定，收压十遍，令泥面光泽。
>
> 凡和沙泥，每白沙二斤，用胶土一斤，麻捣洗择净者七两。[1]

墙壁用泥分为粗泥、中泥、细泥和沙泥四种。通常的画壁用粗泥五重，厚一分五厘。第二重和第四重泥中分别含有竹篾和麻花等材料。具体制作方法不详。敦煌莫高窟数万平方米壁画的墙壁，必然都经过特殊的制作。是否和《营造法式》所记方法一致？朝代不同，画壁的制作方法当会有所变化和差异。

不仅墙壁要经特殊制作，画壁画的颜料也非同一般。据称，张大千在敦煌临摹壁画，他带去的颜料看起来很鲜艳，但画上去便显得灰暗，和壁画的富丽绚烂色调不能比。这时他从青海塔尔寺聘来的五位藏族画师发挥了作用。这些画师掌握着古代矿物颜料的配方。而矿物颜料，比如用料最多的青金石，是从阿富汗或巴基斯坦进口来的。据张大千回忆，临摹敦煌壁画，光是颜料就以“千百斤计”。[2]

第七节　建筑学法典——《营造法式》

在历代建筑施工的基础上，总结不同时代和不同地域的经验，形成系统深入的建筑环境工程理论，这是人类建筑环境设计和建设施工的一次飞跃。把一个时代的建筑范式和工程技术问题简明扼要地记录下来，并与过去的做法相比较，汲取前人

[1] （宋）李诫著，梁思成注释：《梁思成注释〈营造法式〉》，第454页。

[2] 参见董少东：《那些守护敦煌的孤勇者：张大千功过难辨，常书鸿甘之如饴》，《北京日报》2022年1月25日。

的精华，汇成建筑学理论，是对社会的一个大贡献，也是传之后世的一笔宝贵财富。北宋时期的《营造法式》正是这样一部卓有价值的专业书籍，是和《考工记》一样，专门探讨造物规程、技术问题的工程学著作。

李诫的《营造法式》成书于北宋哲宗元符三年（1100年）。他编撰此书用时约三年，于绍圣四年（1097年）十一月二日奉敕起始。当时李诫担任通直郎、将作少监等职。据说，该书是在元祐六年（1091年）成书的《营造法式》基础上，参考了喻皓的《木经》编撰而成，并由皇帝下诏颁行，堪称中国古代最优秀的建筑学著作，是了解宋代建筑的锁钥。之所以敕令李诫重修《营造法式》，是因为原将作监奉敕编撰的《营造法式》“只是料状，别无变造用材制度；其间工料太宽，关防无术”。对此，李诫在《营造法式·看详》中还写道：“以《营造法式》旧文只是一定之法，及有营造，位置尽皆不同，临时不可考据，徒为空文，难以行用，先次更不施行，委臣重别编修。”[1]这就是说，原书主要是关于工程用料规制，从而限定了工程成本的书，目的在于关防主管官员和施工人员欺瞒行骗，从制度上杜绝假公济私。但就是这一点原书也未做好，因为“工料太宽，关防无术”。原书中也论及了一些营造方法，但很不具体，不切合实际，徒为空文而已。李诫重修的《营造法式》总36卷，计357篇，共3555条，总结了当时建筑设计与施工经验，对后世影响深远。尽管李诫已对原书作了大刀阔斧、脱胎换骨的修订，但梁思成认为全书“还是以十三卷的篇幅用于功限料例，可见《法式》虽经李诫重修，增加了各作‘制度’，但关于建筑的经济方面，还是当时极为着重的方面”[2]。功限和料例虽占十三卷的篇幅，但就全书体量而言，它们不过居其中的五分之一。去掉图样部分，约居三分之一。设计制作是全书的主体和重点，而且功限和料例中仍关乎技术和制作，同样，制作技术中也包含料例的成分。

李诫共在将作监任职十三年，先后担任将作监主簿、将作监丞、将作少监和将作监等职务，他曾负责修造五王邸、朱雀门、开封府廨、太庙和钦慈太后佛寺等重要工程，有丰富的工程管理经验。在领命编书之后，他注重收集汴京当时实际工程中相传沿用的有效做法，并和工匠们详细研究，力求精益求精。此人不仅擅术，且博通经史，引经据典，联类不穷。书中引用《尚书》《老子》《庄子》《管子》《淮南子》《史记》《汉书》《说文》《尔雅》等等，尤其是汉赋中的相关内容，实际上无关紧要，目的主要是显示作者的博学，但确实能增加书籍的情趣和丰富性。李诫在书法和绘画领域也都才艺非凡，且通晓音律，撰有《琵琶录》三卷。他的书画作品受到宋徽宗的赏识。李诫是以“术”掩盖了他的书画才干，同时也是分心所致，难以两全。王羲之以“书”掩其文，李淳风以“术”掩其学。历史上，这类情况并不鲜见。《营造法式》中的《彩画作制度》一卷，足以见证李诫的绘画功底。

[1] （宋）李诫著，梁思成注释：《梁思成注释〈营造法式〉》，第26页。

[2] （宋）李诫著，梁思成注释：《梁思成注释〈营造法式〉》，第4页。

一、《营造法式》一书的主要内容

全书三十六卷。目录列为三十四卷。目录和目录前的“序”“札子”“看详”等各相当于一卷，所以总称三十六卷。“序”是李诫《进新修〈营造法式〉序》。“札子”是李诫上奏朝廷，申明重修《营造法式》原委并获得御批的文书。“看详”是全书的总论，涉及“方圆平直”“取径围”“定功”“取正”“定平”“墙”“举折”“诸作异名”“总诸作看详”等内容。本部分厘定了如何取径围、定功时、正方位、测水平、筑墙和举折屋顶的方法等重要建筑技术和功限问题。其中“定功”部分，即以《唐六典》制定的“以四月、五月、六月、七月为长功；以二月、三月、八月、九月为中功；以十月、十一月、十二月、正月为短功”为基础进行的修订，使之更合理。“诸作异名”部分对建筑构件，一物而多名现象进行汇总，比如“檐”有十四个不同的名称等。此部分对识别建筑构件大有帮助。比如，“丹楹刻桷”，“楹”是柱子的异名，“桷”是椽的异名；“比屋连甍”，“甍”是瓦的异名等。“总诸作看详”部分总论全书的卷数、篇章、条目等，并简述了编撰方法等问题。

目录将全书划分为五大板块，分别是总释、总例；诸作制度，包括壕寨、石作、大木作、小木作、雕作、旋作、锯作、竹作、瓦作、泥作、彩画作、砖作和窑作等共十三种制度；功限；料例；图样。综观全书，木作制度占比最重，从第四卷至十一卷，共八卷内容讲述大小木作制度，可见木作是古建筑的主体，也是精髓。但全书最精彩的是“彩画作制度”，色彩、图案丰富无比，琳琅粲然，令人应接不暇。

具体而言，第一、二卷是总释、总例；第三卷是壕寨及石作制度；第四、五卷是大木作制度；第六至十一卷是小木作制度；第十二卷是雕作、旋作、锯作、竹作制度；第十三卷是瓦作和泥作制度；第十四卷是彩画作制度；第十五卷是砖作和窑作制度；第十六至二十五卷是功限，其中第十六卷是壕寨和石作功限，第十七至十九卷是大木作功限，第二十至二十三卷是小木作功限，第二十四和二十五卷是诸作功限；第二十六至二十八卷是料例，其中第二十六和二十七卷是诸作料例，包括石作、大木作、小木作、竹作、瓦作、泥作、彩画作、砖作和窑作等共九作，第二十八卷是诸作用钉、用胶料例；第二十九至三十四卷是图样，包括总例图样，壕寨制度、石作制度图样，大小木作制度图样，雕木作制度图样，彩画作制度图样和刷饰制度图样等。

二、《营造法式》的突出价值

《营造法式》曾致力于解决的勘测方位、测定水平等相关工程技术问题，在今天的科技条件下，已无研究、学习的必要，但书中对各种建筑构件和雕绘装饰的详尽描述，对于今人解析古建筑、复兴古建筑，弥足珍贵。

中国古建筑的特色在于屋架，屋架的特色在于斗拱。斗拱组成的建筑构件被称为“铺作”。斗拱分件层层相叠，垒一层就叫“一铺”，出挑则叫“跳”，出一跳铺四层，就叫“四铺作”，每加一跳多一层，就叫“五铺作”“六铺作”等[1]；最多是出五跳，谓之“八铺作”。

斗、拱在《营造法式》中写作枓、栱。

古罗马建筑也采用木架的坡形屋顶，但古罗马人不采用斗拱的方式。他们不用立柱，无法伸展和挑高屋檐。飞檐翘角是中国工匠发明斗拱而创造的杰作。

《营造法式・大木作制度一》中对“花栱、泥道栱、令栱”等各种栱和“栌枓、交互枓、齐心枓”等各种枓，斗拱间施加的“昂”“耍头”等插件，以及相应的“转角铺作、柱头铺作、补间铺作”等，均作了十分详尽的阐述。这是建筑构件最复杂的部分。《大木作制度二》中对“梁、阑额、柱、椽、檐”等房屋的大骨架进行了记述。《小木作制度》涉及门、窗、天花板、藻井等诸多事项。《壕寨及石作制度》论及了“筑基、柱础、角石、角柱、踏道、勾栏”等内容，同时还讲述了石料加工和雕镌的问题。瓦作、泥作、彩画作、砖作、窑作等相互配合，一座建筑就拔地而起了。总之，《营造法式》一书从选址筑基到雕绘装饰等，事无巨细，靡不毕具。

《瓦作制度・垒屋脊》中谈到屋脊镇兽共有九品：行龙、飞凤、行师、天马、海马、飞鱼、牙鱼、狻猊和獬豸。这些镇兽“相间用之，每隔三瓦或五瓦安兽一枚”[2]。《彩画作制度》中彩绘部件涉及梁、额、枋、椽、柱、枓、栱、昂等。其所论色彩和图案可谓集古今之大成，完全可以独立出来作为色彩学和图案学进行深入研究。椽和栱都是建筑的细小部件且高高在上，对这些部位也进行缤纷的彩绘，在今天看来不可思议。同样，哪怕是用作“门限”的一块石头也要进行雕镌，面上“造剔地起突花或盘龙”[3]。所有外露的部件都要装饰。再加上鸱尾、脊兽、垂鱼、惹草等建筑附件，中国古建筑装饰之繁复华美，很可能超出了建筑实际功能的工时和造价。也就是说装饰大于功用，和现代建筑推崇的功能主义、形式追随功能大为不同。在《泥作制度》中，提及红、青、黄、白四种石灰和配制方法，而现代建筑通常只用白石灰而已。

《石作制度・重台勾栏》记述了造勾栏之制：望柱、寻杖、云栱、瘿项、盆唇、大花板、蜀柱、束腰、小花板、地霞、地栿和螭子石等。这些部件由上到下组成了重台勾栏。

《砖作制度・须弥坐》记述了垒砌须弥坐之制，由下到上依次为单混肚、牙脚、罨牙、合莲、束腰、仰莲、壶门柱子、罨涩、方涩平等部件。须弥坐共高十三砖。单混肚在最下层。以单混肚为基准，其上依次牙脚收进一寸，罨牙收进七分，合莲收进二寸二分，束腰收进三寸二分，仰莲收进二寸五分，壶门柱子收进四寸，壶门收进四寸五分，罨涩收进三寸九分，最高的方涩平收进三寸四分。可见，须弥坐最

[1] 参见陈明达：《关于〈营造法式〉的研究》，张复合主编：《建筑史论文集》第11辑，北京：清华大学出版社，1999年，第49页。

[2] （宋）李诫著，梁思成注释：《梁思成注释〈营造法式〉》，第445页。

[3] （宋）李诫著，梁思成注释：《梁思成注释〈营造法式〉》，第521页。

外展的是单混肚，其次是罨牙，然后是牙脚；最内收的是壶门，其次是壶门柱子，然后是罨涩。

而今古代建筑日益远离，人才已经断层。一部《营造法式》以文字和图样的形式将古代建筑智慧凝结其中，“古物虽亡，古法尚在”[1]，深入研究，按牒披图，对古建筑修复工作具有重大意义。

建筑工程头绪繁多，工序复杂，且涉及大量数据，撰述之难可想而知，就是雕刻和彩绘，描述起来也非易事，而且辅之以图样界画。这些界画“工细致密，非良工不易措手”[2]。作者研精覃思，条分缕析，深入浅出，撰成巨著，可见其非凡才干和心志之坚。李诫在《进新修〈营造法式〉序》中说：“非有治‘三宫’之精识，岂能新一代之成规？”李诫志在“新一代之成规”。其所著《营造法式》确实受到了后世极高的评价。晁公武《郡斋读书志》云：“世谓喻皓《木经》极为精详，此书盖过之。”《读书敏求记》评价《营造法式》为“真希世之宝”，陈振孙《直斋书录解题》中指出《营造法式》“远出喻皓《木经》之上”。[3]

《营造法式》是当之无愧的建筑法典，“官司用为科律，匠作奉为准绳”。博学多艺能的李诫终凭此书而闻名于后世。

拓展思考：唐宋时期建筑环境艺术设计领域有何突出成就？梁思成等营造学社成员在对佛光寺和应县木塔的保护上发挥了怎样的作用？

推荐阅读书目：（宋）李诫《营造法式》。

---

[1] （宋）李诫：《营造法式》，北京：中国书店出版社，2006 年，第 1094 页。

[2] （宋）李诫：《营造法式》，第 1094 页。

[3] 参见（宋）李诫：《营造法式》，第 1087、1089 和 1091 页。

本章参考文献

[1] 周维权：《中国古典园林史》（第 2 版），北京：清华大学出版社，1999 年。

[2] 唐华清宫考古队：《唐华清宫汤池遗址第一期发掘简报》，《文物》1990 年第 5 期。

[3] 唐华清宫考古队：《唐华清宫汤池遗址第二期发掘简报》，《文物》1991 年第 9 期。

[4] 刘畅、张小琴：《"中国古代建筑第一瑰宝"的千年记忆》，《光明日报》2020 年 8 月 1 日。

[5] 梁从诫编选：《薪火四代》（上），天津：百花文艺出版社，2003 年。

[6] 田银生：《北宋东京街市上的店铺类型及其分布》，张复合主编：《建筑史论文集》第 11 辑，北京：清华大学出版社，1999 年。

[7] 陈明达：《关于〈营造法式〉的研究》，张复合主编：《建筑史论文集》第 11 辑，北京：清华大学出版社，1999 年。

[8] 王彩琴、王元明、杨頔注译：《〈洛阳名园记〉详注详析新译》，郑州：黄河水利出版社，2020 年。

[9] 魏克晶：《中国大屋顶》，北京：清华大学出版社，2018 年。

[10] 吴晋编著：《中国最美的 308 个建筑》，北京：人民邮电出版社，2016 年。

[11]（宋）李诫著，梁思成注释：《梁思成注释〈营造法式〉》，天津：天津人民出版社，2023 年。

[12]（宋）李诫：《营造法式》，北京：中国书店出版社，2006 年。

第五章
元明清时期的人居环境特色

本章导读　元明清时期留存有大量文献和建筑实物可供了解、认识该时期的城乡建筑环境风貌。北京故宫建筑群、圆明园皇家园林、苏州园林和各地的佛寺、一些风景名胜以及部分乡村民居等，都还保持着明清原貌。数字媒体时代有相当充分的网络资源借以认知中国近古时期建筑环境设计的技艺、成就，同时还可实地参观考察，亲身感受明清古建筑的特色。元代马可·波罗的《马可波罗游记》，明代利玛窦的《利玛窦中国札记》，明代门多萨的《中华大帝国史》等，以及清代宫廷西方耶稣会士、明清时期西方来华商旅等的记述，提供了看待中国城乡建筑环境和发展建设的另一种视角。计成的《园冶》和文震亨的《长物志》则是该时期涉及园苑布局规划的专业书籍。在考察研究建筑实物的同时，可以借助相关文献以加深理解、拓宽视野、增长见闻。

第一节　元明清城市规划及皇家宫苑、王侯卿相府邸建筑特色

一、皇都北京

1271年忽必烈定国号为元，后统一全国，定都大都；1368年明朝灭元，建都南京，1421年迁都北京；1644年清朝入主中原，定都北京。经过元明清三代的建设，北京城历史名城的地位得以确立。

元灭金后即筹划把都城从塞外的上都迁移到中都。当时的中都城经元军攻陷后，已大半被毁，而地处东北郊的大宁宫幸得保存。至元四年（1267年），元就以大宁宫为中心另建新的都城——大都，这就是北京城的前身。

大都城略尽方形，城为三重环套配置形制：外城、皇城、宫城。外城东西6.64公里，南北7.4公里，共有11个城门。皇城位于外城之南部略偏西，周围约10公里。其总体规划继承发展了唐宋以来皇都建制模式，即三套方城、宫城居中、中轴对称的布局。但不同的是突出了《考工记》国都“前朝后市”“左祖右社”的古制：

社稷坛建在城西的平则门内，太庙建在城东的齐化门内。“后市”即皇城北面的商业区。[1]

《马可波罗游记》中所记元代忽必烈时期的北京城（汗八里），整体为正方形，如同一个棋盘，范围 38 公里，每边约为 10 公里，全是直线规划，街道笔直。周围环绕的土筑城墙，底宽约十步，向上递减到顶部不超过三步宽，城垛全是白色。每边开三门，共十二座城门。每座城门上和两门之间设有精巧而美观的箭楼，每边五座，共二十座箭楼。第三道城墙周长 6.5 公里，城墙极厚，高 7.6 米。忽必烈巍峨的宫殿即设在其中。大殿虽只有一层，但屋顶高耸，气势轩昂，宏伟壮丽；构建巧夺天工，登峰造极；陈设金碧辉煌，琳琅满目。殿内外雕绘金龙、武士、飞禽走兽形象及战争场面。窗牖装设玻璃，极为精致，如同透明的水晶。在此宫殿对面另有一座皇宫，是皇太子的住所，两殿规模几无差别。它们之间有一个大而深的人工湖，一桥横跨水面，连通两殿。挖出的泥土在北面堆成高约百米、周长 1.6 公里的假山，就此营建成赏心悦目的园林奇景。忽必烈的宫殿和太子殿位于都城南部，而城中央耸立一座高楼，上悬一口大钟，定时鸣钟报时。每夜第三次钟响后，除非紧急事务外，人们不得在街上行走。[2] 鉴于马可·波罗于 1269—1295 年游历中华，确实到过元大都，他又是以异域人的好奇眼光谛视京都，所以其记述弥足珍贵。

明成祖即位后，自南京迁都北京。永乐十八年（1420 年）在大都的基础上建成新的都城——北京，并确立北京与南京的“两京制”。永乐营建北京城的内城，明宫城即大内，又称紫禁城，位于内城的中央。

林徽因在《爱上一座城》一书的《北京——都市计划中的无比杰作》一文中写道：“大略地说，凸字形的北京，北半是内城，南半是外城，故宫为内城核心，也是全城布局重心，全城就是围绕这中心而部署的。但贯通这全部署的是一根直线。一根长达八公里，全世界最长也最伟大的南北中轴线穿过了全城。北京独有的壮美秩序就由这条中轴的建立而产生。前后起伏左右对称的体形或空间的分配都是以这中轴为依据的。气魄之雄伟就在这个南北引伸、一贯到底的规模。”[3] 如今，北京中轴线已被联合国教科文组织列入《世界遗产名录》。

林徽因说，北京的平面是凸字形的。这就是说，城墙围成的是一个凸字形。她说，北京今天的凸字形状的城墙是在 1553 年完成的。据林徽因所记，北京城近千年来共经历了四次改建：在唐幽州城基础上，辽人修建北京城，称为辽的“南京”，此后，金人作了第一次改建，称之为“中都”；元人作了第二次改建，称之为“大都”；明代作了两次改建。元代的北京城由原来的位置向东北迁移了很多，新城的西南角同旧城的东北角差不多接壤。明成祖朱棣迁都北京后，北京城南扩，且将中轴线东移，

[1] 参见周维权：《中国古典园林史》（第 2 版），第 260 页。

[2] 参见［意］马可·波罗：《马可波罗游记》，第 93～97 页。

[3] 林徽因：《北京——都市计划中的无比杰作》，《爱上一座城》，北京：煤炭工业出版社，2018 年，第 184 页。

使景山中峰上的亭子成了全城南北的中心，替代了元朝的鼓楼的地位。这条中轴线的前半，从外城最南的永定门起，至神武门为止，中间的太和殿顶是中线前半的极点。自景山中峰向北，是一波又一波的远距离重点的呼应。明中叶的第四次改建，原定在城的四面再筑一圈外城，但由于经费不足，仅完成南城一面。南城这面，东西比内城宽出六七百米，折而向北，止于内城西南东南两角上，即今西便门、东便门之处。这样看来，林徽因所说的凸字形，其底边应该是朝南的。[1]

紫禁城南北长960米、东西宽760米，共开四门，分别为东华门、西华门、午门和玄武门。城外围绕护城河。紫禁城的主要建筑为三大殿——太和殿、中和殿、保和殿，高踞在汉白玉石台基之上。红墙黄瓦，富丽堂皇。整个宫城呈“前朝后寝”的规制，最后为御花园。宫城之外为皇城。皇城的正南门为承天门，清代改称天安门，左右建太庙、社稷坛，以及五府六部的官府衙署。[2] 据称明成祖靖难之役的重要谋士姚广孝一手规划了北京城的这种布局。他主要将元大都南扩，使紫禁城成为全城的中心，将太庙和社稷坛移到紫禁城的前面；将天安门前的河与紫禁城的护城河沟通；将北海、中海、南海连成一体，形成一片幽邃的园林；在紫禁城的北面筑山，称为“万岁山”，清朝改称“景山”，又名“煤山”，因为起到镇卫作用，所以又名“镇山”。姚广孝学究阃奥，行通神明，他因阴阳五行学说规划的北京城，前有护河后有靠山，以此努力期望实现国家长治久安、兴旺发达。

意大利传教士利玛窦人生的最后十年是在北京城度过的。据他记述，明代的北京城被四座大墙所环绕，普通男子都可以通过第一、二座墙，第三道墙以内只允许皇宫的太监们进入。[3] 他描述，皇宫大殿看上去足可容纳三万人，是一座壮丽的皇家建筑；大殿的一端有一个顶部高拱的房间，有五扇大门，通向皇帝的起居室；而每扇大门的门口都有石象，用作防卫。[4] 利玛窦所说的大殿当是金銮殿，即太和殿。

明清易代之际，北京城未遭大的破坏。李自成1644年撤离北京时，仅焚毁了部分建筑。清兵入关后，清廷虽没有原封不动地继承明代紫禁城完整的建筑实体，却完全继承了明代紫禁城的格局和形制。康熙帝重建了太和殿、坤宁宫、交泰殿、文华殿和东西六宫等，从而奠定了今天紫禁城的主体格局。[5] 皇城中，撤销了庞大的宦官二十四衙门，宦官的住所及仓库、马厩等大为减少，空出许多房舍和地段，大部分改建为民宅。这反映了清廷“务崇简朴”、裁汰靡费的廉政举措。[6]

紫禁城中轴线的主体建筑为外朝三大殿和内廷三大宫，由南往北依次为太和殿、

[1] 参见林徽因：《北京——都市计划中的无比杰作》，《爱上一座城》，第176～185页。

[2] 参见周维权：《中国古典园林史》（第2版），第260页。

[3] 参见[意]利玛窦、金巴阁：《利玛窦中国札记》，何高济等译，北京：中华书局，1985年，第403页。

[4] 参见[意]利玛窦、金巴阁：《利玛窦中国札记》，第416～417页。

[5] 参见贾珺：《1699年的紫禁城和凡尔赛宫》，张复合主编：《建筑史论文集》第11辑，北京：清华大学出版社，1999年，第113页。

[6] 参见周维权：《中国古典园林史》（第2版），第262页。

中和殿、保和殿、乾清宫、交泰殿和坤宁宫。坤宁宫后为御花园。内廷的建筑布局自中轴线向两边推移，可归结为仪式空间—居住空间—宗教空间的空间排列顺序。中轴线上的空间无一例外都有举行仪式的功能。而宗教建筑则处于外围。它体现了这样的生活秩序：仪式——日常生活——宗教生活。[1] 紫禁城的宗教空间同园林的关系密切。道观寺宇无不择幽胜之地。御花园中的钦安殿、东六宫之东的玄穹宝殿等属于道教建筑，英华殿和雨花阁等则属于佛教建筑。宫廷外围的这类宗教建筑反映了帝王家的精神依归。

北京恢宏的故宫建筑群驰名中外，是留存至今的古代建筑最为辉煌的杰作。大美不言，它静静展示着古人高超的建筑技艺，昭示着卓越的建筑成就。清廷的西方传教士赞美紫禁城殿宇的恢宏气度，但同时也指出，因为宫殿的门窗不使用玻璃，所以宫内光线不足，相当昏暗，而冬天缺乏采暖设备，传教士冷得发抖。传教士也提到北京街道整齐，商业繁荣，但黄土路面，尘土飞扬，遮天蔽日，看不清五步以外的人和物。[2] 利玛窦也提到，明代的北京城很少有街道是用砖或石铺设的，冬季的泥巴和夏季的灰尘同样使人厌烦和疲倦。由于雨水少，只要起一点微风，灰尘就会刮入室内。利玛窦观察出行的人都戴着面纱，以防灰尘。[3] 美国传教士丁韪良清末在华传教，在他的记述中，19 世纪六七十年代的北京城，街道虽说很宽，却极为肮脏；没有一座建筑超过一层楼高，正对街道的影壁挡住了那些公侯富贾豪宅的风光。[4] 当时的国人特别信风水。在总理衙门任职的董恂是比较开明的人士，仍然告诫他的邻居丁韪良不要在他家墙边建高烟囱。[5] 这或许造成了北京当时建筑约定俗成的限高。

据丁韪良记述，北京城外城城墙周长达到 37 公里，满人居住的内城城墙周长 23 公里 [6]；城墙高度为 12~15 米，也几乎同样厚 [7]。

对于北京城的环境，丁韪良写道：北京居于两条呈抛物线形状的山脉的焦点上。一条山脉与蒙古高原擦肩而过，向东延伸至渤海湾；另一条则与西北高原接壤，向南延伸大约四百英里，到达黄河沿岸。[8] 所以，京城周围层峦叠嶂，一些山峰，据丁韪良估算可能高达 1.2 ~ 1.5 公里（四五千英尺）；据他描述，这些山脉均多草而乏树，起伏的山峦就像绿色的海洋，波涛翻滚。

北京西郊的著名风景区八大处是西方传教士通常选择的栖居之地。在这些美丽

---

[1] 参见贾珺：《1699 年的紫禁城和凡尔赛宫》，张复合主编：《建筑史论文集》第 11 辑，第 109 页。

[2] 参见许明龙：《欧洲 18 世纪“中国热”》，太原：山西教育出版社，1999 年，第 171 页。

[3] 参见 [意] 利玛窦、金巴阁：《利玛窦中国札记》，第 329 页。

[4] 参见 [美] 丁韪良：《花甲忆记：修订译本》，沈弘、恽文婕、郝田虎等译，上海：学林出版社，2019 年，第 195 页。

[5] 参见 [美] 丁韪良：《花甲忆记：修订译本》，第 349 页。

[6] 参见 [美] 丁韪良：《花甲忆记：修订译本》，第 194 页。

[7] 参见 [美] 丁韪良：《花甲忆记：修订译本》，第 215 页。

[8] 参见 [美] 丁韪良：《花甲忆记：修订译本》，第 219 页。

的山谷中，当时至少建有八九处寺庙。丁韪良说寺僧们很乐意把宽敞的客房租给外国人，以增加他们的收入。登临八大处最高点的宝珠洞可以俯瞰群山环绕的广阔平原，而偌大的北京城尽收眼底，宫殿闪闪发光，极引人注目。丁韪良观察到南边是狩猎的南苑，西北方向是颐和园，慈禧太后还政之后的住所万寿山被一座豪华的庭院所环绕，最后，两条小河与一片湖泊构成了这优美壮观的全景。[1]

乾隆皇帝也曾游幸八大处，并留下"极顶何来洞穴深，仙风吹送八琅音"的诗句。

二、北京天坛

天坛在北京城南部永定门内大街东侧，占地 273 万平方米，始建于明永乐十八年（1420 年），清乾隆和光绪年间都曾重修改建，为明清两代帝王祭祀皇天、祈求五谷丰登的场所。天坛是圜丘、祈谷两坛的总称，有坛墙两重，形成内外坛。坛墙南方北圆，象征天圆地方。坛内主要建筑有祈年殿、皇乾殿、圜丘、皇穹宇、回音壁、三音石、七星石等名胜古迹。

祈年殿是天坛的主体建筑，又称祈谷殿，是一座鎏金宝顶、蓝瓦红柱的彩绘三重檐圆形大殿。大殿建于高 6 米的三层汉白玉圆台上，圆台有白石雕栏环绕。祈年殿主要是木构，辅以砖石琉璃等。其三层屋檐均以斗拱支撑，出檐深远，环环上升，造型优美，雕梁画栋，色彩绚丽。在蓝空丽日下，它像钻石宝珠一样熠熠生辉。其巧夺天工，代表了建筑艺术的又一座高峰。祈年殿内部结构独特，不用大梁和长檩，仅用楠木柱和枋桷互相衔接支撑屋顶。殿内柱网三层，中央四根金龙木柱代表四季，承托屋架和攒尖大顶。祈年殿的藻井是由两层斗拱及一层天花组成，中间为金色龙凤浮雕，结构精巧。殿内装饰极其华贵，金碧辉煌。

清末来华的美国传教士丁韪良赞美天坛："天上的太阳所能看到的人工建筑没有一座能像北京的天坛那样具有如此崇高的建筑风格。大片光亮的汉白玉从祭坛四周，以台阶层层向上，最终抵达一个环形的平台，它以苍穹为顶。"[2]英国传教士理雅各在登上天坛的石级之前，似乎听到了神秘的声音："脱靴！尔等所立之处乃圣地。"[3]19 世纪末在华的英国公使馆有一些大学生，他们常在天坛旁边的树林里玩板球。那片树林十分广阔，正好在天坛和喧闹的城市之间形成一道隔音带。[4]

三、马可·波罗笔下的杭州城

意大利人马可·波罗从 1275—1292 年的 17 年间一直生活在元朝统治下的中国。

[1] 参见 [美] 丁韪良：《花甲忆记：修订译本》，第 220 页。

[2] [美] 丁韪良：《花甲忆记：修订译本》，第 241 页。

[3] [美] 丁韪良：《花甲忆记：修订译本》，第 242 页。

[4] 参见 [美] 丁韪良：《花甲忆记：修订译本》，第 242 页。

他到过杭州，称赞杭州是天上的城市，他赞美杭州城市的庄严和秀丽堪为世界城市之冠。据他记载：杭州城方圆一百七十公里，街道宽广，运河宽阔，并且有许多广场和市场；每个市场，一周三天，都有四万到五万人来赶集；共有十个方形的市场，每一个都被高楼大厦环绕着，大厦的下层是商店，经营各种制品；西湖周围有许多美丽宽敞的大厦，建筑在湖滨上，还有不少庙宇寺院；湖心小岛上都有一些壮丽的建筑物，里面分隔着许多精室巧舍，而亭台水榭多得不可胜数，湖上还有许多游艇和画舫；民居建筑华丽，雕梁画栋，居民浑身绫罗、遍体锦绣；城内交通四通八达，水陆配合，畅通无阻，各种大小的桥梁数目达到一万二千座，桥拱都建得很高，建筑精巧，下面行船，上面通车；城外的护城河长约六十四公里，河宽水深。[1]

另一位意大利人鄂多立克·马丢斯（Oderico Matteussi）修士于1317年启程来华，他也游历了杭州城。他记述杭州城有十二道大门，城中有很多十层或十二层的房屋，一层高过另一层。[2] 据此可知，元代时中国城市的高层建筑就很普遍了。

除城市建筑之外，马可·波罗还特意突出介绍了杭州的街道：杭州的所有街道都是用石头和砖块铺成，从那里通往各省的所有主要大路也是这样建造的；同时由于石板路不利于驰马，在大路旁专门留有不铺石板的土路；城市的大街用石块和砖块铺砌而成，街道两边各宽十步，中间铺沙砾，并且有拱形的排水沟设备。[3]

此外，他的游记中还提到，杭州城的每一条街道都有一些石头建筑物和楼阁，而街上其他房屋都是木质结构，所以常有火灾。一旦有火情，附近居民就会将他们的财产转移到这些石料建筑物中。可见木构建筑在当时仍很普遍，砖石房屋则未流行。每座重要的桥梁都有遮阴的哨所，里面驻有一个由十人组成的守卫队，白天和晚上各有五人轮流值勤。[4] 城里规定了熄火的时间，熄火时间以后还在点灯就要被追查缘由。如果因身有残疾或疾病无法工作，就将这人送入医馆。城里每一个地区都有几家医馆。这些医馆由君王创建，私人捐资经营。

在马可·波罗的记载中，当时杭州城有一百六十万家。[5] 通过马可·波罗的记述，可以感受到元代的杭州城各项设施都很完备。建筑、交通、市场、景观、医馆、警哨等，城市建设和管理非常系统化精细化，是一个安适、便捷、繁荣的城市。所以他由衷赞美杭州是“人间天堂”。

四、门多萨描述的明代建筑环境

门多萨（J.G.de Mendoza）是西班牙传教士，他曾于1576年被西班牙国王派往

[1] 参见 [意] 马可·波罗：《马可波罗游记》，第 175～180 页。

[2] 参见 [西班牙] 门多萨撰：《中华大帝国史》，何高济译，北京：中华书局，1998 年，第 16 页。

[3] 参见 [意] 马可·波罗：《马可波罗游记》，第 181 页。

[4] 参见 [意] 马可·波罗：《马可波罗游记》，第 182 页。

[5] 参见 [意] 马可·波罗：《马可波罗游记》，第 186 页。

中国传教，却滞留于墨西哥没能如愿。他采集其他来华传教士的见闻资料，编成《中华大帝国史》一书。其中西班牙传教士马丁·德·拉达（Martín de Rada）的文章构成门多萨史书的基础。拉达于明万历年间到过中国的福州和泉州。门多萨的书首次于1585年在罗马出版。拉达在华的活动范围有限，而之后的利玛窦则不同，他于1600年得以接近皇帝，并被允许在首都定居。相比之下，利玛窦在华开创了非凡的功业，获得了巨大的成功。

门多萨书中记述了明代的中国共有15个省，并在第八章列出了每省的城镇数，比如，广东有37城190镇，山东有37城78镇，北京有47城150镇等。城市大多建在河畔，可通航，城市四周有壕堑，城市和镇子都有高而坚实的石墙围绕，其余的墙用砖砌筑，但质地都很坚实。一些城市的城墙很宽，四人或六人可在上面并排而行。墙上还有城垛和宽廊，并有很多堡垒和塔楼，彼此相隔不远。城镇的入口很讲究，极其雄伟，有三座或四座城门，门都用铁坚固地包覆。[1]

门多萨介绍，中国的建筑是以白色泥土制成的砖砌筑而成，极其坚固结实。省城的馆舍华丽堂皇，建造精美，规模很大，如同一个大村落。馆舍中有大花园，花园中有水池和茂密的树林，树林里有大量的飞禽走兽。房屋一般都很漂亮，按罗马式修建，户外通常栽植整齐的树木。屋舍内部都白如奶汁，看上去像是光滑的纸张。地板用很大和很平的方石铺成。天花板用一种优质的木料制作，结构良好并且涂上金黄色，像是锦缎，闪耀金光。每座屋舍都有三个庭院和种满供观赏的花草的园子。庭院的一方布置得很华丽，像是账房，里面有很多雕刻的偶像，用各种金属制成，其他三方或院角绘有各种奇特的东西。家家都有鱼塘。人居环境极其整洁，屋内和街上都是如此。街上通常设有三四处布置很好的公共休歇处，公务人员从那里可以得到供给。[2]

门多萨也特意介绍中国的道路：全国的大道是已知修筑最好最佳的，十分平坦，甚至山路也如此，用砖头和石块维护；有很多建造奇特的大桥，有的建在又宽又深的河上。[3] 城里的街道铺得很好，宽到十五骑可以并行，而且笔直，可以望到尽头。街道两侧是门廊，开设店铺，摆满各种奇特的商品。街道彼此相隔一定距离，筑有很多极漂亮的牌坊，是用石头修筑的，按古罗马的式样奇妙地装饰。[4] 门多萨认为中国的房屋和装饰具有古罗马的式样特征。古罗马建筑师维特鲁威在《建筑十书》中提到，古罗马人用泥砖和陶砖砌墙，用陶瓦覆盖屋顶。他写道："关于陶瓦本身，不能立马判断将它用作结构材料是好是坏——只有将它置于屋顶，经受风雨和岁月的检验，才知道它是否结实。如果陶砖不是用上等黏土制的，

[1] 参见［西班牙］门多萨撰：《中华大帝国史》，第24页。

[2] 参见［西班牙］门多萨撰：《中华大帝国史》，第26～27页。

[3] 参见［西班牙］门多萨撰：《中华大帝国史》，第27页。

[4] 参见［西班牙］门多萨撰：《中华大帝国史》，第25页。

或焙烧不充分，一旦砌入墙体并经受冰霜，便会显露出缺陷。”[1] 既然东西方都使用烧制的陶砖和陶瓦，那房屋的形制和装饰或许会有一定的相似度。按维特鲁威所记，古罗马人在建筑中也使用大量木材。但他书中没有言及榫卯结构。

五、清恭王府建筑与园苑

恭王府是道光皇帝第六子、咸丰皇帝异母弟恭亲王爱新觉罗・奕䜣府邸。奕䜣的生母为咸丰帝的养母，所以他与咸丰帝关系格外亲近；二人曾共制枪法和刀法，道光皇帝专赐枪曰“棣华协力”，刀曰“宝锷宣威”，希望他们兄弟相偕，共建伟业。恭王府是咸丰元年（1851 年）咸丰帝赐给恭亲王的。此处原是乾隆朝和珅宅第。它位于北京西城区前海西街，什刹海西北方。乾隆帝的女儿十公主嫁给和珅长子。和珅殁后，嘉庆皇帝的胞弟庆亲王和十公主分有此宅。民国年间奕䜣的孙辈溥伟与溥儒将宅第与花园先后售卖给教会。恭王府历经了清王朝由盛至衰的历史进程，学者侯仁之称之为“一座恭王府，半部清代史”。

恭王府（图 5-1）由府邸和花园两部分组成，南北朝向，前宅后园，南北长约 330 米，东西宽约 180 米，占地约 61120 平方米，其中府邸占地 32260 平方米，花园占地 28860 平方米。它是清代规模最大的一座王府，也是现今保存最好、规格最高、建制最为精丽的王公府邸。

图 5-1 恭王府鸟瞰图

府邸建筑分东、中、西三路，每路由南自北都是以严格的中轴线贯穿着的多进四合院落组成。除个别建筑外，整体建筑以石为基，以砖砌墙，以木为门窗、梁椽、栏杆、支柱等，以梁椽架起大屋顶，屋顶大多为悬山顶，个别为歇山顶，上覆以灰瓦或彩色琉璃瓦，构建起一个个长方体加山形顶的空间结构。中路建筑为主体，首先是正门五间房，左右各有配房；正门后的建筑依次为头宫门、二宫门、银安殿和嘉乐堂。这四处建筑屋顶均为绿色琉璃瓦，色彩莹亮，体现了它们的核心地位。其中银安殿是恭王府的正殿，是最主要的建筑，也称银銮殿。但不幸的是民国初年，大殿连同东西配殿一并为大火焚毁，仅存大殿基址。现在的大殿是在原基址上复建的。它起初的构造特别是内外装饰，乃至家具摆设，就无法真正领略了。嘉乐堂，其地位仅次于银安殿，是王府供奉祖先和诸神、举

[1] ［古罗马］维特鲁威：《建筑十书》，第 97 页。

行祭祀的神殿，仿紫禁城内的神殿坤宁宫建造。它面阔五间，正门上方牌匾上的“嘉乐堂”三字，据称是乾隆御笔。它雕梁画栋，构件无不精致绚丽，屋顶的绿琉璃瓦虽已斑驳陆离，却愈显风韵。屋脊正脊两端的鸱吻和垂脊下端的神兽，即所谓“五脊六兽”，都是原件，非常珍贵。

东西路上的院落、建筑和中路上的完全对应，它们是中路的两翼，与之相策应配合。这两路的宅院格局、规制几乎完全对等。东路上的文园对应西路上的茗园，晴花屋对应乐善斋等。东路的主建筑是多福轩和乐道堂，对应着西路的主建筑葆光室和锡晋斋，它们分列在银安殿和嘉乐堂的两侧。

府邸最后排的建筑是后罩楼，其后就是后花园，它是整个王府与花园的分割线。后罩楼前面一排建筑就是乐道堂、嘉乐堂和锡晋斋，嘉乐堂居中。后罩楼的用意在于罩护整个府邸，它贯通东、中、西三路，长达150余米，分上下两层，有百余间房，俗称“九十九间半”。如此体量的楼房在清代王府中仅此一例。

后罩楼中部为佛堂，门上方匾额题有“佛楼”，里面供奉诸佛菩萨雕塑和画像。它东部一处悬挂“瞻霁楼”匾，西部一处悬挂“宝约楼”匾。在宝约楼西，最西端的几间房内，建有一座有流泉、假山、亭阁的室内花园。这座室内花园被称作“水法楼”，是目前唯一见到的中国古代室内花园遗存。后罩楼后墙上每间上下各开一窗，下层都是方形窗，完全一样；但上层的窗户就不同了，44个窗户几乎不重样，有圆形、方形、菱形、扇形、心形、石榴形、画卷形等，且每扇窗户的边缘都镶饰精美的砖雕，堪称“什锦窗”。其中有两扇窗砖雕的是蝙蝠衔环，环连璎珞，也有说是“磬”，璎珞下的垂缨系着两条娃娃鱼。璎珞舒展如扇，中间开窗，璎珞形的边缘还装饰着锦纹。浮雕栩栩如生，生动体现了“福庆有余”的愿景（图5–2）。据说这里曾是和珅的藏宝楼，当年每扇窗户都对应了不同的宝物，和珅经过后墙时，只要看一眼窗户，就能知道那里藏了什么。这些窗户边框为朱红，窗棂为蓝绿多宝阁，它们在灰色砖石的映衬下分外鲜亮、美观。

图5–2 后罩楼后墙“福庆有余”窗

整个后罩楼好比一道屏障，有“屏风聚气”的功能。后罩楼前檐出廊，形成长长的通道，扩展了空间，它东西两头向南转折延伸，如同“凹”字形，起到包揽作用。

恭王府后花园名朗润园，又名萃锦园。后罩楼开有通往花园的门户。在后罩楼与花园之间隔着一条宽敞道路，被称为“箭道”。此处可供王府子弟习射。这是一个必要的过渡。再往后地势升高。花园东、南、西三面堆土垒石为山，花园中间也有人造山丘，全园呈“山”字形假山布局，颇有创意。“山”字中间的长笔，正是花园的中轴线，但两边景点不像前宅那样严格对称。它的主要景点也是按东、中、西三路走向，其中东路和中路主要为花坞亭榭区域，西路主要为林湖区域，筑山理水，叠石穿洞，曲径通幽，增添了自然山水景观的意趣。

花园的大门就是著名的西洋门（图 5–3），也称洋门，为欧式风格建筑，号称恭王府的三绝之一。它坐落在花园中路最南端，为汉白玉石拱门，仿圆明园中大法海园门，为奕䜣所建。这表明了园主人受到欧风美雨的影响。

图 5–3 恭王府花园西洋门

美国传教士丁韪良曾在清廷担任同文馆总教习 25 年，他记述恭亲王对他格外和蔼，见到他总是亲热地握住他的双手。1861 年 10 月，恭亲王和其他总理衙门大臣在给皇帝的奏折中写道："各国均以重资聘请中国人讲解文义，而中国迄无熟悉外国语言文字之人，恐无以悉其底蕴。"[1] 这说明恭亲王是较有远见的，主张学习外文，了解西方文明。而有位翰林见了丁韪良实验的发电报后却轻蔑地说道："中国虽然四千年以来并无电报，却仍是泱泱大国。"[2] 丁韪良将发报机放在总理衙门整整一年，无人问津，后来发报机作为无用的古董被放到了同文馆的陈列室之内。而时任翰林院的掌院学士倭仁竟把当时的大旱归罪于同文馆，认为同文馆为旱灾的根源，称此馆不除，上天绝不会再降雨。丁韪良感慨，在举国偏执自大的背景下，几位像恭亲王这样的真知灼见之人，只得被迫放弃他们对于西方文明所持有的公正态度。[3]

世界文明的演进最终是不可阻挡的。同文馆的学生中有两位成为光绪皇帝的英文老师，即张德彝和沈铎。皇帝每天半小时的英语课程在清晨四点钟左右开始，刚过半夜老师们就必须起身入宫。在很长一段时间里，皇帝上课都很准时，很少会缺课，在阅读和写作方面，光绪帝显示出相当的颖悟。[4] 皇帝刚开始学习英语时，宫里掀起了一股学习英语的热潮，王爷和大臣们都一窝蜂地去寻找英语课本和教师。但恭亲王是否参与了英语的学习我们不得而知。

这座西洋门，欧式风格并不纯粹，门前的两个石墩显然是须弥座，座上原应有雕塑。门额外刻"静含太古"，内刻"秀挹恒春"。这样的楹联恰是中华文化的体现。中华文化的核心是汉字。汉字、书法和楹联是中华文明的代表，最具中华特征。"静"

[1] [美] 丁韪良：《花甲忆记：修订译本》，第 292 页。

[2] [美] 丁韪良：《花甲忆记：修订译本》，第 294 页。

[3] 参见 [美] 丁韪良：《花甲忆记：修订译本》，第 297 页。

[4] 参见 [美] 丁韪良：《花甲忆记：修订译本》，第 311 页。

和“秀”，涵盖了此园的风景特征，而“太古”和“恒春”，正是人们向往的诗意境界。园内山谷绵邈，林湖清幽，一派自然风貌，体现了园主人的志趣。

西洋门后有一段曲折小道，道旁叠石为壁，石块参差，然后就到了独乐峰——一块高约 5 米的太湖石，顶部刻有“独乐峰”三字。立石于此，起影壁作用。独乐峰后是蝠池，一座形如蝙蝠状的水池，谐音“福池”。池周边种有榆树，春天，榆树的果实榆钱飘落池中，有福财满池的寓意。

福池后就到了安善堂——花园中轴线上的中心建筑，园主人与宾客雅集之所。它前有抱厦，侧有回廊，连接着东西厢房，形似展翼的大蝙蝠，建构精丽，非常气派。该房高台座，人要拾级而上。房顶采用歇山顶，延展了空间。柱廊围以四面，支撑着延展的屋檐。屋檐相勾连，檐角翘起如鸟展翅；斗拱、梁椽，彩绘绚丽；柱头和柱间的额枋、裙带等部件镶嵌、雕饰得像服装花边一样精美。后墙中间开门，两边连以大窗，东西山墙也开窗，轩敞而通透。前边伸出的抱厦遮挡阳光，所以夏季安善堂会非常凉爽，是园主人的消夏之所。

安善堂的东西厢房分别是明道斋和棣华堂。安善堂后就到了全园的主山滴翠岩。它是以太湖石叠砌而成。山顶湖石形如二龙戏珠，东西龙头下各卧藏着带孔水缸，涓涓细流，润湿山石，春夏遍生苔藓，苍翠欲滴，故名滴翠岩。滴翠岩下有石洞，名秘云洞。洞正中镶嵌一块青石碑，碑上镌刻康熙帝御笔“福”字，并钤刻“康熙御笔之宝”印章。康熙于书法造诣精深，但很少题字，所以此“福”字极其珍贵。该字苍劲有力、个性鲜明、寓意丰富，可解为多田、多子、多才、多寿，被称为“天下第一福”。福字碑是恭王府三绝之一。

滴翠岩顶部有平台名邀月台，是全园的最高点。台的两侧有爬山游廊，髹红绿蓝等彩漆，绚丽生辉。台上靠北边建有面阔三间的福星高照堂。中堂正中供奉康熙手书的金色大“福”字，福字下有三位神仙塑像。此堂用于祀神祈福。三五明月夜来此，当有人间仙境之感。

滴翠岩东西两边的厢房分别是退一步斋和韵花簃。退一步斋与庭院西侧的韵花簃遥相对应，东侧紧邻大戏楼。

大戏楼原名怡神所，是主人招待宾客、摆宴看戏的场所，位于花园东路居中，面积 685 平方米，为三卷勾连搭卯榫式建筑结构。大戏楼建于清同治年间（1862—1874 年），是我国现存唯一的全封闭式王府大戏楼，可容纳 200 人，在家庭戏院中无与伦比。三卷勾连搭房顶相当罕见。勾连搭是指房屋的屋檐相勾连，其目的在于扩大建筑室内的空间，从外观上看是两栋或多栋房，而内部却是相通的。此楼内部空间大，房顶是三个屋檐勾连在一起。这座戏楼主要是木构，其全部木构件都是用榫卯接合，没用一个铁钉。戏楼漆绘内外对比鲜明，戏楼外部是朱红门窗和多彩柱廊、斗拱、枋椽，内部色调则一派素洁。室内装饰以白色为底色，上绘藤萝，绿叶紫花绛枝缠绕于戏台、房梁和其他主要建筑立面上，藤萝下描绘假山、奇石，与室外的环境相呼应，令人有置身于藤萝架下观戏的感觉。戏楼棚顶悬大宫灯 30 盏，除供晚上照明之用外，本身也是很好的装饰。室内厅堂高大，但音响效果非常好，坐在大堂后部的贵宾席，演出的对白、唱词也能听得清清楚楚。据说舞台下埋有九口大缸，排成 V 字形，起到了拢音和扩音作用。这就是俗称的土音响，可见设计之精心。

这种处理音响的办法，罗马奥古斯都大帝时的建筑师维特鲁威也记述过："同样，剧场中座位下方封闭放置的青铜缸——希腊人称之为共鸣缸（echea）——是根据音高的数学原理放置的。这些缸沿着剧场圆弧形各区段成组地安放，便可以发出四度、五度直至双八度音程。这样，舞台上发出的声音就可在整个剧场设计中获得准确的定位，使声波在冲击共鸣缸时产生碰撞并放大，观者听起来更清晰悦耳。"[1]

戏台前的中厅是宽敞的池座，放置着几排八仙桌和太师椅。这是观戏的主要场所。戏楼地面全部采用京砖墁地，看上去有瓷砖效果。京砖又称金砖，它的制作工序复杂，价格高昂，民间有"一两黄金一块砖"的说法。大戏楼也是恭王府三绝之一。

花园西路的主要景观是一处湖泊，名"方塘水榭"，面积约 2000 平方米，由一个长方形池塘和水中央的湖心亭组成。湖水由池塘三个不同方位的石刻龙头流入，凿山引水，设计巧妙。沿湖错落有致的景观如颗颗明珠。其中妙香亭（图 5–4）就很有特色。它是一座两层木结构的平顶亭，不采用传统的梁椽、斗拱、飞檐翘角形制。它上圆下方，但上层的圆盖非正圆，而是设为委角，柔曲美妙；底层的方顶也有变化，因为它前出抱厦，成"凸"字形，增加了层次感。圆顶和方顶上部皆出"帽檐"，檐下饰以弦纹，且彩绘精丽，技艺非凡，独出心裁，很有创意。

图 5–4 恭王府花园西路妙香亭

建设施工团队的高超水平不仅体现在建筑的整体效果上，而且展现在细微之处，整体和局部，远观和近看，都令人叹赏。恭王府的建筑景观正是这样。就拿花园西路养云精舍的柱廊装饰（图 5–5）来说，柱廊上部彩绘绚丽。其花卉、飞鸟、祥云、锦纹和多宝格式栏杆、透雕的角牙等，以及柱廊下部镶嵌着的卡子花的围栏，无不精致，灿然可观。花卉、飞鸟都很精神。细微之处，功夫尽见。花园东路听雨轩和

图 5–5 恭王府花园西路养云精舍柱廊装饰

[1] [古罗马] 维特鲁威：《建筑十书》，第 72 页。

梧桐院柱廊装饰又是另一番色调和情致，其蓝色和绿色之纯，像宝石那样光彩；所绘珍禽异兽、竹木丘石、蓝天白云，令人赏心悦目，叹为观止。西路湖心亭内房顶的梁、枋、檩上所绘又是一幅幅或水墨或青绿效果的山水和花鸟国画，意境深幽、雅逸，单是这些装饰就是一个大工程。今人仿建的多数古建筑，绘饰无非平涂色块，醒目而已，和古建筑上的彩绘相比，根本无法企及。

王府建筑的形制，包括屋瓦的颜色都有严格的规定，不能僭越。亲王府通常可建门房五间，正殿七间，后殿五间，后寝七间，左右有配殿等。宫门旁的石狮头上卷毛疙瘩的数量都有规定，皇宫门旁石狮头上有 13 排卷毛疙瘩，亲王府邸的则为 12 排。明代规定："一品二品厅堂五间九架，三品至五品厅堂五间七架，六品至九品厅堂三间七架。"[1] 清代有清工部《工程做法则例》，对建筑的类型、体量、开间、梁架、构件尺寸和颜色都有严格规定，不得逾规越矩。[2]

恭王府据说处于京城的绝佳位置，它正好位于后海和北海的连接线上。后海是什刹海的一部分。恭王府内特别重视引水、理水。最大的湖心亭的水是从玉泉湖引进来的，而且只见入不见出，此有聚财之说。恭王府为水环拥，引水入园，在北方内陆享此润泽，令人产生如游江南之感。

六、皇城相府

皇城相府位于山西省晋城市阳城县北留镇，是康熙帝经筵讲官、清代名相陈廷敬的府邸，原名"中道庄"，因康熙皇帝两次下榻于此，后故名"皇城"，也有说"皇城相府"是近期开发旅游才采用的名称。相府由内城、外城两部分组成，依山而建，层楼叠院，错落有致。内城为陈廷敬伯父陈昌言于明崇祯六年（1633 年）所建，名为"斗筑可居"。外城为清康熙四十二年（1703 年）陈廷敬所建，名为"中道庄"。内外城总长为 678 米，全城总面积 3.6 万平方米，为城堡式建筑。皇城相府从明孝宗到清乾隆间，共出现了 41 位贡生，19 位举人，并有 9 人中进士，6 人入翰林，享有"德积一门九进士、恩荣三世六翰林"之美誉。

皇城相府位于太行山断裂和中条山断裂交汇处，山峦起伏，沟壑纵横，分为中山、低山、丘陵和盆地等多样地貌，平均海拔 500~1100 米。该地区泉源丰富，涌水量大，流经皇城相府一带的河流均属黄河水系，其中沁河最大，是黄河的主要支流之一。沁河的一条小支流樊溪，由东向西在润城镇汇入沁河。溯溪向东，在樊溪上游的溪谷里坐落着的即壮观的皇城相府，还有数座古庙点缀在山间，构成诗意田园山村极为精彩迷人的画卷。

定居于此的陈氏家族以煤炭、冶铁业致富，家族中也有人在明朝为官。陈天佑于明嘉靖二十三年（1544 年）进士及第，陈氏家族从此便科甲鼎盛，冠盖如林，明

---

[1] 魏克晶：《中国大屋顶》，"前言"，第 XIV 页。

[2] 参见魏克晶：《中国大屋顶》，"前言"，第 XIV 页。

清两朝先后有38位陈氏族人步入仕途，成为远近闻名的文化巨族。康熙年间，陈氏族人为官者达16人之多，且多政绩显赫，为民称颂。其中荣膺帝师的陈敬廷最为杰出，他是文渊阁大学士，还是《康熙字典》的总修撰，德业之隆，被康熙帝赞为“几近完人”。

明代时，陈家由原住地郭峪村迁到郭峪斜对面的山坡上。因关中大乱，为防御农民起义军，领会到在附近窦庄修城堡的必要性，明崇祯年间进士陈昌言率领族人于崇祯五年（1632年）在新居旁修筑了坚固高耸的“河山楼”城堡，名称取“河山为固”之意。河山楼（图5-6）又名“风云楼”，位于内城北部，为方形楼堡，长15米，宽10米，高23米，共七层（含地下一层），为石基砖墙，层间有墙内梯道或木梯相通，底层深入地下，备有水井、石磨等，生活设施一应俱全，还储备有大量粮食，以应付可能出现的长期围困。楼内有暗道通往城外，所以成为战乱时族人避敌藏身的好地方。据称，当楼的主体刚建好之时，就赶上陕西饥民来袭，河山楼发挥了作用，躲在此处的陈氏族人和附近不少乡民幸免于难。那一次，连东面设防的大城大阳镇和泽州城都被攻破了。[1]

图5-6 皇城相府内城河山楼

河山楼门窗均为拱形，其背面不设窗，侧面只在上层开一两窗，厚墙小窗，格外严实。整个河山楼只在南向辟一拱门，门设两道，为防火计，外门为石门。外墙整齐划一，方正美观，而内部墙的厚度则逐层递减，越往上，内部空间越大。至楼顶，建有垛口和堞楼，便于瞭望敌情，保卫城堡。由垛口厚度即可推知底层墙体之厚之坚固。堞楼为木构架大屋顶建筑，很具观赏性。它以立柱承重，东西两边出耳房（宋代称“挟屋”），形成歇山顶，飞檐翘角，画栋雕梁。

河山楼落成之后，陈昌言又协同族人于明崇祯六年（1633年）修筑了近乎长方形的高大城墙，将新居和河山楼围在里面，形成了一座真正牢固的城堡。城墙周长415米，高10余米，厚2～3米不等，方石筑基，墙体两侧用青砖砌筑，墙中夯筑黄土。墙头遍设垛口，重要部位筑有堞楼7座，并在东北、东南角依托城墙建春秋阁和文昌阁，用以祀神祈福。

内城内部结构复杂，城墙内四周设藏兵洞，计5层125间，为战时家丁、垛夫藏身、休憩之用。后部城墙结合台地形成3层窑洞形屯兵洞，不仅提升了防御功能，而且形制美妙，与堞楼等建筑相映衬，给人既端庄又灵活，既厚重又飞扬的美感。城开五座城门，但平时只开西、北两门，西门额上嵌一匾“斗筑可居”。此四字乃陈昌言亲笔书写。他把这座城堡取名为“斗筑居”，还作了《斗筑居铭》，以告诫

[1] 参见张斌、周晓冬、杨北帆：《中国古代建筑精粹　民间古堡》，杨彤、吴丹译，北京：中国建筑工业出版社，2012年，第78页。

子孙创业不易，守成更难。[1]“斗筑”乃居所狭小之意，表明主人“鷦鹩巢一枝”的俭素持家情怀。

外城名“中道庄”，是康熙四十二年（1703 年）陈廷敬拜相入阁后在明代城堡前面加建的一处府邸。内外城相依扶，连成一体，成为一座蔚为壮观的双城古堡。时值清康熙太平盛世，所以与内城相比，外城更多呈现的是陈氏家族的门第和荣耀。

外城在内城西部，紧依内城西墙而筑，向西部展开，北墙接内城北墙顺势而砌，南墙在内城南墙之北，西墙沿樊溪走势而建。整体上，内城地势高且南北长，南北相距 161.75 米，东西相距 71.5 米，所以对外城有包拢之势。城墙依山势逶迤延伸，东高西低，因势就形，建设官宅与民居。外城设四门，均为拱形涵洞门，门狭而深，确像密闭的古城堡。西门为主门，其拱门上方嵌“天恩世德”和“中道庄”两块石刻匾额，它们一上一下。拱门墙顶上建阁楼。阁楼为中国传统殿宇式架构，雕饰玲珑，彩绘绚丽。与以防御为主的内城不同，外城建筑则轩敞绚丽，雕镌玲珑。外城中有大小石牌坊两座。大者为四柱三楼式，上刻“冢宰总宪”四个大字，大字下的石板上刻陈氏一门的官职及功名。小者仅为二柱一楼。大牌坊楼顶以石斗拱支撑，出檐较深；屋脊高起，正脊两端的鸱吻造型别致，像昂首的雄鸡；正脊中心雕刻一石狮，狮身上驮着宝瓶；垂脊分出戗脊，戗脊末端雕以望兽，镇护家宅。牌坊石柱的夹柱石雕刻了石鼓、石狮和花卉，异常精巧、美妙。石狮为二幼狮相戏，它们攀缘石鼓玩耍，有两首相接，有首尾相连，活泼多姿，令人叹为观止（图 5–7）。

图 5–7 皇城相府外城石牌坊

中道庄西门外建有御书楼，与西门楼形制一致，也开有拱形门，与西门在一条直线上，形成了一前一后两道拱门（图 5–8）。所不同的是，御书楼房顶覆盖的是黄色琉璃瓦。这与楼内安放的一块石碑有关。石碑上有康熙帝御书“午亭山村”四个大字，并钤康熙帝玉玺，旁有一副楹联“春归乔木浓荫茂，秋到黄花晚节香”。

图 5–8 皇城相府外城御书楼和西正门

[1] 参见马霞：《陈廷敬与皇城村》，《中国地名》2017 年第 1 期。

据新编《晋城金石志》载，御书楼建成时，上有康熙帝御笔亲书赐陈廷敬及陈廷敬三子陈壮履诗近 20 首、楹联 4 副和其他题记等。

外城的西城墙北端建有望河亭，亭阁轻盈如鸟翔空，在此可以饱览樊溪景色。

皇城相府的总体布局由西向东逐渐扩展，且西城（即外城）与内城并非正东西走向，而是向西南稍微偏斜，构成了一幅独特的画面。在连绵群山之中掩藏着这样一片古城堡，壮观的河山楼、巍峨的城墙、精丽的楼阁，无声讲述着人类文明的成就。此地还有郭峪古城、海会寺、九女仙湖等古迹名胜，地理环境十分优越。

第二节　城乡民居特色建筑

一、北京四合院

北京四合院是北方地区院落式住宅的典型。其平面布局有两进院、三进院、四进院和五进院等几种，坐北朝南。北京四合院最常见的是三进院。前院较浅，主要用作门房、客房、客厅，大门通常设在东南巽位方。内院和外院之间以垂花门相隔。内院正北是正房，也称上房，是全宅的主建筑，为长辈起居处。内院两侧为东西厢房，为晚辈起居处。正房两侧较为低矮的房屋叫耳房。与大门连在一起的南房，也称倒座房，其间数通常与正房相同。这种由四面的房间围合，以各房后墙作院墙，并在空档处加建院墙围起来的长方形院落就叫四合院。[1] 如果院落没有南房，而是以院墙代替，就成了三合院。通俗地说，四合院必须四面都有房屋，而三合院必须三面有房。

四合院的典型形式是三进院落。三进院是在二进院落的基础上，在正房后面再加建一排房屋组成。这排加建的房屋被称为后罩房。后院设置厨房、仓库和仆役住房等，院内有井，后院是家庭服务区。三进院落前有敞院作开启之宾，中间有正院作为主题，后院较窄，作为落点，有开篇、有正文、有结语，完满一章，是理想的院落结构。[2] 整个四合院按中轴对称，等级分明，秩序井然，宛如京城规制的缩影。四合院的大门，外设影壁，入门仍为影壁，再左转才进入前院。影壁也称照壁，既起装饰作用，又起遮蔽作用。大门有屋宇式和墙垣式两种。

二、福建永定客家土楼

客家人以群聚一楼为主要居住方式，楼高耸而墙厚实，用土夯筑而成，被称为土楼。至今保存完好的最古者为明代土楼。客家土楼形制有三个共同点：第一，土楼以祠堂为中心，供奉祖先的祠堂位于建筑正中央；第二，无论是圆楼、方楼还是

---

[1]　参见王其钧：《中国传统建筑组群》，北京：中国电力出版社，2009 年，第 29 页。

[2]　参见王其钧：《中国传统建筑组群》，第 30 页。

弧形楼，均轴对称，保持北方四合院的传统格局；第三，基本居住模式是单元式住宅。

永定客家土楼堪称客家住宅的典范。永定土楼分为圆楼和方楼两种。圆楼以承启楼为例，在古竹乡高北村，建于清顺治元年（1644 年），外圆环直径达 72 米，高 12.4 米，布局上共有四环，中心为大厅，建祠堂。内环最低，仅设一层；外环最高，有四层，一、二层为厨房、贮藏室、畜圈、杂用，上两层为人居住房。全楼共 392 个房间，设三座大门，有三口井，各圈有巷门六个。

三、河南巩义窑洞

河南巩义处于黄土高原南缘，多风沙且黄土覆盖层面积大，厚度由十米至百余米不等，又由于气候干燥，故适宜开挖窑洞居住。窑洞主要有三种：开敞式靠崖窑、下沉式窑院和砖砌的锢窑。窑洞的优点在于冬暖夏凉，防火隔音，经济环保，节约耕地，但也存在潮湿、采光较差、通风不畅、交通不便、居住分散等问题。潮湿问题可以通过使用新型建材处理地面和墙壁加以解决。

四、安徽歙县棠樾村环境与建筑

棠樾村位于歙县城西南，北靠龙山，南临富亭山，发源于黄山的丰乐河由西而东穿流而过，周围树木茂盛，其地理环境“枕山、环水、面屏”。村中族谱记载：“察此处山川之胜，原田之宽，足以立子孙百世大业。”[1]

棠樾村水系完备，河水沿村南环绕如带，村东有池塘，还在村外挖了一些水库，以满足农业灌溉和村中饮用水之需。村中古建筑有元代建的祠堂慈孝堂，有明代祠堂万四公祠，前者为主祠堂，后者为支祠堂。明代建筑还有世孝祠、女祠、牌坊、社、亭和书院等。清代，棠樾村村口又加建了四座石坊，村中形成了按“忠”“孝”“节”“义”排列的七座牌坊群。坊下以长堤相连，堤旁遍植古梅，间以紫荆，形成独具特色的村口景观。

棠樾村被誉为“中国牌坊之乡”。该村重视传统文化，造祠堂，建牌坊，办书院等，而且注重保护古迹文物。村民崇尚忠孝节义，建有忠臣坊、慈孝坊等牌坊。其地理环境也非常优越。据称，乾隆皇帝下江南时曾给村中鲍氏宗祠题写了“慈孝天下无双里，锦绣江南第一乡”的楹联。棠樾村凭仁德和美景，得了帝王的褒奖。

五、山西晋城高平良户村

良户村地处山西省东南部，位于高平市西南 15 公里处，属于丘陵沟壑区，三面

---

[1] 潘谷西主编：《中国建筑史》（第 5 版），第 103 页。

环山一面临水，地势西北高东南低，高低错落，整体像是展翅欲飞的凤凰。该村历史悠久，唐代中叶就有郭、田两姓人家在此落户，明清两朝有考取进士和做过朝廷侍郎的名贤。壮观的古建筑群至今保存相当完好。明清古宅、古庙宇，连甍接栋，石雕、砖雕，异常精美。它是一个活着的太行古村，散发着中华民间古建筑的迷人魅力。村中古建筑聚落主要有蟠龙寨、玉虚观和迓天庥等。

蟠龙寨（图 5-9）位于村北面，是以侍郎府为中心的一个封闭型寨堡，有北、西、南三座堡门（图 5-10）。南门为主门，门楼高三层，外额镶刻“蟠龙寨”石匾。西门门楼也是三层高，石匾刻“接霄汉”三字。堡门为门洞式砖砌拱门，入门如入涵

图 5-9 良户村蟠龙寨全景（郭国伟摄）

图 5-10 良户村蟠龙寨门楼

洞之中。此乃城堡式建筑，具有很强的防御功能。侍郎府是乡贤田逢吉的府邸。田逢吉是清顺治年间进士，官至户部侍郎和浙江巡抚。其府邸分东西宅和田氏祠堂等，基本呈品字形分布。蟠龙寨的建筑均为石基砖墙，木质门窗、梁椽。门楼建筑墙壁厚而门窗小，较封闭。房顶有硬山顶，有悬山顶，檐角一律平直，简洁素朴。斗拱有木架，也有仿木的石材结构等。侍郎府正房和它两边的厢房紧挨着（图 5-11），厢房还遮挡了正房的一部分，房檐几乎连在一起，如此紧凑、局促，简直如同密集人口住宅区。正房前部为一排木门，不再筑墙设窗。每扇门上部均为木格通透形式。在玻璃普及之前，木门窗大都以这种形式采光。门前设柱廊，在柱廊梁枋上架设三铺作斗拱，支撑屋檐。在柱头和梁枋间镶嵌有若干雕饰。原先的彩绘荡然无存，木色苍老。但各处构件都很完整，屋瓦整齐，尚不甚古旧。厢房上下两层，正面以立柱承重，下层为石柱，上层为木柱，柱头皆嵌雕饰。石柱下有底座。底座为上鼓下莲花瓣石墩。石柱周身有若干条深凹槽，似乎是几个小圆柱拼在一起的，这类似西方的爱奥尼亚柱式，但比西方柱子的凹槽要深得多，且看上去更加优美。底座为光洁的白石，而柱子为粗糙的磨砂面，色如砂土，效果非凡。石柱头开榫嵌入横梁和上方的木柱以及装饰性雕刻。下层设一门两窗，上层全是门扇相连，没有墙面。门窗格棂以及二楼栏杆的木格均很精美，而窗棂图案很值得摹画、借鉴。此处木料尚

图 5-11 良户村蟠龙寨侍郎府正房及厢房

图 5-12 良户村玉虚观正殿

保有原色。

玉虚观位于村东南方，坐北朝南，三进院落，南北长约百米。玉虚观始建于金代，明清三次维修，现存正殿、中殿、药王殿、魁星楼和山门。门前原有一个三门四柱的石牌楼，“文化大革命”期间，连同观内塑像均遭毁坏。后殿须弥座台基有金大定十八年（1178 年）化生童子线刻画和壶门装饰，极为珍贵。观内金代状元李俊民所撰碑文记载有泽州长官段直主持修建道观的过程。中殿残存有《南华经》和《老子化胡经》壁画，对研究道教全真派传播历史有重要价值。正殿（图 5-12）面阔五间，高台座，五级台阶。石材构成台基和墙壁骨架，砖砌墙面，木质门窗。大屋顶，出檐深远，檐角微翘。屋顶覆盖筒瓦板瓦，边缘装饰瓦当。屋脊的正脊和垂脊皆高起，其上的鸱吻[1]和望兽均已剥落无存，但仍有残余的浮雕和绿色斑痕。正面三门两窗，门窗皆阔大。门上方以木板做成近似拱门的壶门形制，这样不仅美观，且闭合更严谨。窗棂制作简单，不作雕绘，功用突出，恰到好处。

这座建筑各个部件均已十分古旧，如耄耋老人，风烛残年。屋瓦、屋脊均有残缺，屋顶已塌陷变形，颤颤巍巍。木质构件泛白如霜，十分苍老。砖石也已严重风化、销蚀。

魁星楼（图 5-13）就不同了，相比之下，它是年富力强的。这是三层古堡式以砖为主、辅以木石的建筑。它高耸气派，挺拔健壮。砖、石、木等建材虽说不上新，但

图 5-13 良户村古建筑，高楼为魁星楼

[1] 关于“鸱吻”的名称，以下两段文献可资考证：（1）鸱尾：《汉纪》：柏梁殿灾后，越巫言海中有鱼虬，尾似鸱，激浪即降雨。遂作其象于屋，以厌火祥。时人或谓之鸱吻，非也。《谭宾录》：东海有鱼虬，尾似鸱，鼓浪即降雨，遂设象于屋脊。[（宋）李诫著，梁思成注释：《梁思成注释〈营造法式〉》，天津：天津人民出版社，2023 年，第 89 页]（2）海有鱼虬，尾似鸱，用以喷浪则降雨。汉柏梁台灾，越王上厌胜之法，乃大起建章宫，遂设鸱鱼之像于屋脊以厌（按：“厌”当为“压”）火灾，即今世之鸱吻是也。[（宋）吴处厚撰，尚成校点：《青箱杂记》，上海：上海古籍出版社，2012 年，第 40 页]

没有变形、剥蚀，而是砌合严密、整齐、光洁。从而可推知它的年岁不过二三百年而已。厚实的砖墙，一、二层的门窗较小，封闭如堡垒。底层是一门两窗，二层是三窗。窗户有方形和梅花形两种，窗棂格形式多样，编排精巧，形成美妙的图案效果。这些图案今天仍值得推广，可供在装饰设计中借鉴使用。第三层整个正面开敞通透，其上是由木质的梁柱檩椽支撑的硬山屋顶。屋檐平直，不施铺作而出檐仍较深，素朴雅洁。屋顶正脊和垂脊上的雕刻非比寻常，玲珑美妙。山墙上端五根檩条穿墙而出，既起稳固作用，又别具装饰趣味，一举两得。山墙上开有一扇小窗，也是功用与装饰并具，否则一整面砖墙就显得单调和沉闷。

迓天庥原为郭氏创建，清代易于邵氏，也称邵家院。院落现存两进，南北轴线，格局完整，大门位于东南角。第一进院落为清道光年间的原构。二进院落大门为拱门，青砖砌筑，拱门上方嵌砖刻“迓天庥”三字匾额，字体遒劲，有飞白效果。其上有墙檐伸出，一主两辅，成“品”字形，墙檐装饰瓦当滴水和仿木圆椽，以假乱真，富有情趣。门内影壁雕饰精美。此院内正房门窗已有改动，东厢房保存较好，为原有风格。

此村落中古建筑门楼垂花门随处可见。垂花门的檐柱不落地，垂吊在屋檐下，因而被称为垂柱，其下有一垂珠，通常彩绘为花瓣的形式，故该门楼被称为垂花门。北京恭王府花园中也有一处垂花门建筑。这个村的古建筑可以证明垂花门在古代很普遍。垂花只起装饰作用，曾经十分流行。村中古代石雕、砖雕和木雕，不仅存量大，而且技艺非凡，形态逼真生动，很具观赏性。其中尤以蟠龙寨侍郎府麒麟凤凰照壁砖雕最为著名。该村有座古建筑门楼，大门内已用一大堆砖石封堵了两扇很古旧的木门。门内两旁各有一根石柱支撑起门楼。石柱和侍郎府厢房石柱造型一样，但它的柱础很别致，设计成香几形状，还是一个带托泥的香几，只不过换成了石材而已，很有趣味。而尤为不同的是石柱上端以榫卯嵌接的梁枋间的木雕极为精丽。两根石柱，隔成三个门洞，设计成三个垂花门，有的垂花若含苞待放的荷花，有的若成熟的莲蓬，精美异常。木构件上浮雕、透雕的各种花卉，繁茂富丽，生机蓬勃。除此之外，门左右的墙壁上还有大量砖雕和石雕。浅浮雕图案繁密，珍禽异兽在花草间，连绵不断，形态生动；高浮雕更为高明，所刻麒麟和狮子，只有少部分身体贴在墙壁上，几乎成了圆雕，似乎就要从墙上飞奔下来（图 5-14）。良户村古建筑雕刻再次见证中国工匠的非凡才艺，其心灵手巧，已达“轮扁斫轮”“佝者承蜩”的神化境界。

图 5-14 良户村古建筑门廊雕刻

第三节　元明清风景园林

一、皇家园林

1. 元上都御花园

元上都有一座宫殿，是用大理石和各种美丽的石料建成，设计精巧，造型优美，豪华壮丽，这座宫殿的全部殿堂和宫室都镏上了金，装饰得金碧辉煌。宫殿周围是一块方圆 25 公里的平原，以宫墙围绕。这里就是一座御花园。花园里沟渠纵横，花草丰美，里面放养着许多品种的鹿和山羊，还有 200 余种飞禽。花园中有一片葱绿的小树林，林中修建了一座御亭。亭内有许多包着金箔的华美龙柱，每根柱上盘着一条龙，龙头向上承接着飞檐。御亭的全部设计精巧玲珑，每一部件可以分拆、移动并且重新组装。[1] 马可·波罗到过元上都，游历过这座花园，上述描写即来自他游记中的内容。

2. 承德避暑山庄

承德避暑山庄建于康熙四十二年（1703 年），是 18 世纪东方皇家宫苑的代表作，也是东方古典园林建筑的典范。它北界狮子沟，东临武烈河，占地 564 万平方米。其地貌环境有三大特色：第一，有起伏的峰峦、幽静的山谷、平坦的原野、大小溪流和湖泊，几乎包含了全部天然山水的构景要素。第二，山在西北环抱，原隰在东南，北部幽奥，东南开敞，山岳、平原、湖泊三种风景有机配合。第三，水系完整，包含溪流、瀑布、平濑、湖沼等多种形式，展现了水的静态和动态美。山庄内的建筑和景观大部分集中在湖区附近。建筑布局疏朗，外观朴素淡雅，体现了康熙主张的“楹宇守朴”“宁拙舍巧”“无刻桷丹楹之费，有林泉抱素之怀”的建园原则。[2]

康熙帝在避暑山庄内午朝门上亲题“避暑山庄”四字。他还要求意大利传教士马国贤制作铜版画《热河避暑山庄三十六景》，完成后刊印多部。马国贤返回欧洲后，这些铜版画在欧洲引发极大轰动，对西方园艺有很大影响。[3]

3. 圆明园

圆明园坐落在北京西北郊，与颐和园相邻，面积 200 余万平方米，被誉为“万园之园”。从 1687 年开始，康熙皇帝在此始建离宫，后将此地赏赐皇四子胤禛。圆明园也是由康熙帝命名，并亲题匾额。胤禛自号“圆明居士”。到雍正时期有 28 处

---

[1] 参见 [意] 马可·波罗：《马可波罗游记》，第 75 页。

[2] 参见周维权：《中国古典园林史》（第 2 版），第 286 页。

[3] 参见李晓丹：《康乾期中西建筑文化交融》，北京：中国建筑工业出版社，2011 年，第 197 ~ 198 页。

重要建筑群，包括“正大光明”“勤政亲贤”“九洲清晏”“镂月开云”“天然图画”“碧桐书院”“蓬岛瑶台”“武陵春色”“洞天深处”等。圆明园在平地上挖土为池，堆土为山。圆明园西北角的紫碧山房堆筑着全园最高的假山，作为园内群山之首。万泉庄水系与玉泉山水系汇于园的西南角，合而北流。

乾隆、嘉庆两朝对圆明园加以扩建，规模之大，在三山五园中居于首位，总面积达 350 余万平方米。乾隆称誉圆明园：“天宝地灵之区，帝王豫游之地。无以逾此。”[1] 圆明园是水景园，园林造景以水面为主体，因水而成趣，水随山转，山因水活，山重水复，层层叠叠。人工开凿的水面占总面积一半以上，人工堆叠的岗阜岛堤总计 300 余处。所以人工创设的山水地貌成为园林的骨架。其湖光山色，有几分类似烟雨迷蒙的江南风景。乾隆喜爱欧洲建筑，他特别钟情于法国宫廷花园中的喷泉，所以“大水法”是他在圆明园中的最得意之笔。[2] 圆明园的建筑总体呈欧式风貌，被称为“东方的凡尔赛宫”[3]，是中西合璧园林的典范。

全盛时期的圆明园占地 5200 亩，总体上由圆明园、长春园和绮春园这三座各自独立又相互连通成一体的园林组成。长春园位于圆明园的正东，绮春园的东北，绮春园位于圆明园的东南。长春园的北部是著名的西洋楼，是一组欧式宫苑建筑群，占地约 6.7 万平方米，设计者是在华传教士郎世宁、蒋友仁、王致诚等人。这是中国皇家宫苑第一次大规模仿建西洋建筑和园林，始建于乾隆十二年（1747 年），至乾隆二十四年（1759 年）完成，整个景区呈东西轴线布局，包括六组西洋建筑、三组喷泉和无数庭院小品。[4] 园区风貌整体呈巴洛克风格，而建筑细节和部分装饰则具有中式特征。

法国传教士王致诚在清乾隆时期的宫廷供职。他称赞圆明园是“人间天堂”“万园之园”。他体悟到中国园林的美学原则是师法自然，重自然意趣而不尚人工雕琢。[5] 王致诚善画，他绘成圆明园四十景，将副本寄往巴黎，在西方引起强烈反响。

圆明园作为世界园林中的翘楚，毁于兵燹，满目疮痍。现如今看到的主要是绮春园、长春园和圆明园福海的残迹，重点有正觉寺、西洋楼和含经堂等。[6]

二、私家园林

1. 苏州拙政园

拙政园始建于明正德初年，园主人王献臣曾担任巡抚官职。王献臣以西晋文人

[1] 周维权：《中国古典园林史》（第 2 版），第 381 页。

[2] 参见刘海翔：《欧洲大地的中国风》，深圳：海天出版社，2005 年，第 87 页。

[3] 刘海翔：《欧洲大地的中国风》，第 86 页。

[4] 参见苏山编著：《还原 30 个消失的建筑》，北京：北京工业大学出版社，2014 年，第 180 页。

[5] 参见李晓丹：《康乾期中西建筑文化交融》，第 200 页。

[6] 参见苏山编著：《还原 30 个消失的建筑》，第 184 页。

潘岳自比。潘岳《闲居赋》中写道："庶浮云之志，筑室种树，逍遥自得……此亦拙者之为政也。"故名之"拙政园"。该园主要是靠水布景，曲水潺湲，花木台榭依次布置，形成"梦隐楼""若墅堂""繁香坞""倚玉轩""小飞虹""芙蓉隈""沧浪亭""志清处""水花池""桃花沜""槐雨亭""竹涧"等30余处景点。

当年园内建筑物仅一楼、一堂、六亭、二轩而已，极其稀疏，且多为茅草屋顶，呈现出一派简远、疏朗、雅致、天然的格调。这正体现了园主人宁拙勿巧、白玉不雕的隐逸淡泊的情怀。

2. 南京瞻园

瞻园位于南京秦淮区夫子庙秦淮风光带核心区，瞻园路北侧，被誉为"金陵第一园"。瞻园之名取自欧阳修诗"瞻望玉堂，如在天上"。此处曾经是明太祖朱元璋称帝前居住的吴王府，后为明初大将徐达的府邸。该园由徐达的七世孙徐鹏于明嘉靖年间创建。万历年间，利玛窦在南京期间曾游历此园。他记述园内有一座色彩斑斓、未经雕琢的大理石假山，假山里面开凿了一座奇异的山洞，内有接待室、大厅、台阶、鱼池、树木和许多别的胜景，设计得像一座迷宫，全部参观一遍需要好几个小时，而它的出口很隐蔽。[1]这座山洞显然给利玛窦留下了很深的印象，除此之外，他没提及园中的其他景点。清乾隆二十二年（1757年），乾隆帝第二次下江南时曾驻跸此园，并御题"瞻园"匾额。太平天国定都南京后，瞻园一度成为东王杨秀清府邸。现园内东部设有太平天国历史博物馆。清军夺取天京后，该园毁于兵燹，清末虽经两次修复，但并未恢复原貌。后来瞻园又时芜时修，直到1960年，在中国古建专家刘敦桢教授主持下，历时6年，用太湖石1800吨，使瞻园终于面貌一新。20世纪80年代，瞻园又经扩建，成为江南名园之一，与无锡的寄畅园、苏州的拙政园和留园并称为"江南四大名园"。

瞻园坐北朝南，纵深127米，东西宽123米，整体平面成呈方形，全园面积2万多平方米。它由东西两部分组成，东区集中博物馆等建筑，占地较小，西区广大，为园林区。西区以静妙堂为中心，环以三块相互连通而又相对独立的池塘。在这三片水域周围，景观逐步展开。静妙堂北的池塘最大，居于中心地位。其东北端有片月牙形水面，虽小却极为幽静，如入自然之境，真可谓"虽由人作，宛自天开"[2]。小水池以西、大池塘以北为假山区。水池、假山均为明代遗构，静妙堂也是明代建筑。静妙堂南的水域周围也环有假山。利玛窦当年游历的山洞便藏在这些假山之内。"园以石胜"是瞻园的主要特色，园中有很多奇石，"仙人峰"就是其中的代表。[3]

瞻园虽小，却格外幽深秀雅，且沉淀着丰厚的历史文化底蕴。

---

[1] 参见[意]利玛窦、金巴阁：《利玛窦中国札记》，第357页。

[2] 王其钧：《中国传统建筑组群》，第176页。

[3] 参见吴晋编著：《中国最美的308个建筑》，第328页。

三、寺观园林

1. 山西洪洞县广胜寺

广胜寺位于洪洞县县城东北17公里的霍山南麓，始建于东汉桓帝建和元年（147年），宋、金时期重建，元成宗大德七年（1303年）为地震全部震毁，大德九年（1305年）又予重建。明清时期该地又有两次较大的地震，但广胜寺受破坏较小，元代建筑大部分保存至今。

广胜寺分上、下两寺和水神庙三处建筑群。寺区古柏苍翠，树林荫翳，山水清幽，鸟鸣格磔；有霍泉涌出，积水成潭，润泽一方。上寺在霍山巅，下寺在山麓，两寺遥遥相对，随地势起伏而建，高低错落，层叠有致。

下寺由山门、前殿、后殿、垛殿等建筑组成。山门高耸，面阔三间，方门无窗，单檐歇山顶，前后檐加出雨搭，好似重檐楼阁，是一座很别致的元代建筑。前殿面阔五间，进深三间，悬山顶，殿内仅用两根立柱，以人字形大爬梁承重，构造奇特，设计精巧，是古代建筑中罕见的实物孤例。寺中有座悬匾“天中天”的佛殿（图5–15），庑殿顶，其正脊之短，似不到垂脊的一半，很罕见。屋脊上布满琉璃雕件，玲珑剔透，极具观赏性。垂脊上神兽的数量也大大超出“五脊六兽”的定例，并且还有精美的浮雕。后殿建于元至大二年（1309年），面阔七间，进深八椽，单檐悬山顶。门上匾额有光绪年间金色篆字“宝筏金绳”（图5–16）。殿内塑三世佛及文殊、普贤二菩萨，均为元作。殿内四壁原有元代壁画，据说1928年因急需修缮资金，壁画被整体切割出售，现藏于美国堪萨斯城纳尔逊艺术馆。残存于山墙上部16平方米的画面，内容为善财童子五十三参，画工精细，色彩富丽，为建殿时的作品。据说，前殿也有两幅壁画被割售。两垛殿至正五年（1345年）建，前檐插廊，两山出际甚大，悬鱼、惹草秀丽。

图5–15 广胜寺天中天殿屋脊雕饰

图5–16 广胜寺下寺后殿“宝筏金绳”

下寺门外即霍泉，实际上是一条地下河，流经霍山脚下再次涌出，成为当地的灌溉水源。泉池一侧建有分水亭，亭下用铁柱分隔十孔泄水。

水神庙（图5–17）就是祭祀霍泉神明应王的庙宇，原名明应王殿，建于元延祐六年（1319年），面宽进深各五间，重檐歇山顶，四周设回廊。回廊为木构，立柱

图 5-17 广胜寺水神庙

顶端和额枋下有木雕饰带，透雕精湛，久经岁月，苍老浑厚，且有垂花门的垂柱依于柱旁。垂花柱亦见于寺内其他建筑檐下。庙门前有两个头戴黑色高官帽，身穿红色袍服的官员塑像，很可能是赞助人。他们褒衣博带，恭立两旁，作护卫状，神情端正静穆。殿内四壁有近 200 平方米的元代壁画，至今保存完好。壁画题材全非宗教情节，十分罕见。南壁西侧壁画表现唐太宗行至霍山，桥断不渡，拜祷而桥成的故事，将艺术、历史和传奇融为一体。其中南壁东侧的戏剧壁画被誉为广胜寺三绝之一，并与西壁北上侧的打球图于 1998 年一同编入《中国历史》教科书。

图 5-18 广胜寺上寺飞虹塔

1934 年 8 月，正值炎炎夏日，梁思成、林徽因夫妇和费正清、费慰梅夫妇四人曾结伴来此考察。后由梁林联合署名，在《中国营造学社汇刊》上发表了题为《晋汾古建筑预查纪略》的长篇考察报告。文中对于洪洞县广胜寺水神庙壁画和寺庙特殊的梁架结构给予了高度评价："明应王殿的壁画，和上下寺的梁架，都是极罕贵的遗物，都是我们所未见过的独例。由美术史上看来，都是绝端重要的史料。"[1]

广胜上寺第一奇珍就是著名的琉璃宝塔——飞虹塔（图 5-18）。

上寺坐北朝南，总体布局是山门—院落—垂花门—琉璃塔—前殿—前院—正殿—后院—后殿，成一条中轴线。两处院落中都建有东西厢房。前殿藏有宋版藏经。琉璃宝塔坐落在正中线上，在前殿前面。它矗立山巅，高耸入云，"缤纷五彩似飞虹，八面凌空八面风。一十三层冲霄汉，琉璃宝塔冠寰中"[2]，此诗道出塔名的由来。据梁思成记述，寺前的琉璃宝塔冗立山头，由四五十里外望之已极清晰。该琉璃塔建于明嘉靖六年（1527 年），为八角十三层楼阁式，高 47.31 米。塔体内部用青砖砌筑，外贴琉璃砖瓦，主要由黄、绿、蓝三色琉璃组成，华彩斑斓，美轮美奂。塔体从底到顶，各层高度递减，而宽度也逐层收缩，构成一个精致的圆锥体。塔各层皆有琉璃出檐，斗拱、椽枋、瓦当、滴水，一如木构，非常精细。底层为覆绿琉璃瓦大屋檐，其上各层皆为假檐，形成优美的装饰间隔。塔底层设有回廊，廊

[1] 林徽因：《爱上一座城》，北京：北京理工大学出版社，2016 年，第 204 页。

[2] 魏克晶：《中国大屋顶》，第 65 页。

柱支撑塔檐；底层塔心室内塑有巨型释迦牟尼佛坐像，其上有琉璃藻井；回廊南面入口处突出一间二层屋。塔身各面均开拱门，门内有坐佛琉璃塑像，门洞两侧镶嵌琉璃盘龙、宝珠等饰物。塔身第二层设平台一周，施琉璃勾栏、望柱，平台之上有佛、菩萨、天王、弟子、金刚等像。塔顶宝刹为铜铸宝瓶式，项轮为铁铸，流苏为绿色琉璃。

塔身琉璃饰件极为丰富，众多神佛、龙凤、麒麟、祥云、花卉等，举不胜举，目不暇接。有慈眉善目的佛祖，有肃穆端庄的菩萨，有威武雄壮的力士，有令人惊骇的蟠龙，有云烟萦绕的楼阁，有层层叠叠的花瓣，等等。这些饰件，有的是浮雕，有的是悬塑，形态逼真，惟妙惟肖。雕饰尤以塔的最下面几层为纷繁、奇巧。底层塔檐八道垂脊也满布雕件，在每个飞翘的檐角上都骑坐着一个力士，健壮、活泼。也有力士充当壁柱，支撑檐枋。瓦当有汉字，滴水有图案，而且在斗拱如此细小的部件上，也雕铸神、龙的头像。斗拱上施加雕饰，在木构上几乎绝无仅有。“丹楹刻桷”被视为非礼的过度装饰。“楹”是柱子，“桷”是椽条。装饰屋顶的斗拱檩椽，也只有在礼佛祀神的庙宇中才合规。琉璃雕件精美绝伦，令人叹为神功。梁思成称赞：“就琉璃自身的质地及塑工说，可算无上精品。”[1]

此塔内设梯级可供攀登，梁思成当年就缘梯而上。而梯级的结构很奇特，他首次见到这样的构造，印象很深。他感叹：“走上这没有半丝光线的峻梯的人，在战栗之余，不由得不赞叹设计者心思之巧妙。”[2]

2018 年 8 月，飞虹塔被世界纪录认证机构（WRCA）认证为“世界最高的多彩琉璃塔”。广胜寺飞虹塔也是央视 1986 年版《西游记》“扫塔辩奇冤”一集中唐僧扫塔的拍摄场地。

2. 南京大报恩寺

大报恩寺位于南京秦淮区中华门外，历史非常悠久，其前身是东吴建造的建初寺及阿育王塔，是继洛阳白马寺之后中国的第二座寺庙，也是中国南方建立的第一座佛寺，与灵谷寺、天界寺并称为“金陵三大寺”。建初寺为孙权授权天竺高僧康僧会主持修建，世传“康会感瑞，大皇创寺”。

大报恩寺在永乐、宣德年间建造，由郑和监造。竣工以后，郑和还特将从海外带回的五谷树、娑罗树等奇花异木种植在寺内。明永乐年间，南京大报恩寺建造了一座九层 78 米高的琉璃宝塔（图 5-19）。该琉璃宝塔被誉为“中国之大古董，永乐之大窑器”，曾经是中外人士游历金陵的必到之处。该塔通体光莹，佛灯永明，高耸云日。荷兰人约翰·尼霍夫（Johan Nieuhoff）于 1656—1657 年跟随荷兰东印度公司在中国经商，他到过南京，曾亲眼见过这座宝塔，他称该塔堪与世界七大奇迹相提并论。

[1] 林徽因：《爱上一座城》，第 204 页。

[2] 林徽因：《爱上一座城》，第 204 页。

图 5-19 大报恩寺琉璃塔

大报恩寺和琉璃塔为明成祖朱棣为纪念生母所建。朱棣称誉这座琉璃塔为“第一塔”。[1] 其琉璃烧造和砌筑水平必定又高于广胜寺琉璃塔，且高度也几乎是后者的两倍。明人张岱曾游历过大报恩寺，瞻仰过这座宝塔。他在《陶庵梦忆·报恩塔》一文中对之高度赞美：

报恩塔成于永乐初年，非成祖开国之精神、开国之物力、开国之功令，其胆智才略足以吞吐此塔者，不能成焉。塔上下金刚佛像千百亿金身。一金身，琉璃砖十数块凑成之，其衣折不爽分，其面目不爽毫，其须眉不爽忽，斗笋合缝，信属鬼工。[2]

张岱认为只有明成祖这样具有雄才大略的帝王，才可能建成这样神奇精丽的宝塔。塔身遍布琉璃佛像，数量多至“千百亿”，且雕饰得非常庄严逼真、意态生动，简直是鬼斧神工。

张岱听说烧造琉璃砖时准备了三座塔的数量，用其一而藏其二，编好号码，一旦有损坏，将字号报给工部即可替换，以此保持琉璃塔的本真面貌。

张岱文中还记述了宝塔的一个奇异现象，“天日高霁，霏霏霭霭，摇摇曳曳，有光怪出其上，如香烟缭绕，半日方散”[3]。这种现象可能是夜间燃灯和香火的烟气造成的。

《报恩塔》文末，张岱写道：“永乐时，海外夷蛮重译至者百有余国，见报恩塔，必顶礼赞叹而去，谓四大部洲所无也。”[4]

遗憾的是，这座举世无双的宝塔，在金陵城外雄峙了 400 余年后，在 1856 年毁于太平天国炮火。当时留下了一些备用原构件，如今从地下发掘出来，可以管窥其工艺水平（图 5-20）。

图 5-20 南京大报恩寺琉璃塔拱门（出土原构件）

[1] 参见吴晋编著：《中国最美的 308 个建筑》，第 75 页。

[2] （明）张岱著，苗怀明译注：《陶庵梦忆》，北京：中华书局，2020 年，第 16 页。

[3] （明）张岱著，苗怀明译注：《陶庵梦忆》，第 17 页。

[4] （明）张岱著，苗怀明译注：《陶庵梦忆》，第 17 页。

3. 北京香山公园香山寺和昭庙琉璃塔

香山寺位于北京香山东坡，明正统年间由宦官范弘捐资修建，在金代永安寺的旧址上建成。寺宇规模宏大，建筑壮丽，园林宽广，“广博敦穆，岗岭三周，丛林万屯，经涂九轨，观阁五云，游人望而趋趋。有丹青开于空隙，钟磬飞而远闻也”[1]。建筑群坐西朝东沿山坡布置，入山门即为泉流，泉上架石桥，拾级而上即为五进院落的壮丽殿宇。香山寺被誉为北京最佳名胜，“京师天下之观，香山寺当其首游也”[2]。

图 5–21 北京香山风景区示意图（局部）

香山是北京著名风景区（图 5–21），又名静宜园，全园面积 160 万平方米，在北京西郊，因山中有巨石形如香炉，晨昏之际，云雾缭绕，犹如炉中香烟而得名。其西面和北面的山峰挡住了寒风，因而园区内植被茂盛，是著名的森林公园。香山红叶驰名于世，是秋季香山一大胜景。1186 年，金代皇帝在这里修建了大永安寺，又称甘露寺。寺旁建行宫，经历代扩建，到乾隆十年（1745 年）定名为静宜园。重建后的寺庙更名为香山寺。园区包括内垣、外垣和别垣三部分，景点分散于山野丘壑之间，具有浓郁的山林野趣。内垣接近山麓，为园内主要建筑荟萃之地；外垣为香山高山区，面积广阔，风景秀丽，其中“西山晴雪”是著名燕京八景之一；别垣在静宜园北部，包括昭庙、正凝堂和碧云寺等几处较大的建筑。

图 5–22 北京香山昭庙琉璃塔

清乾隆四十五年（1780 年）乾隆七十寿辰，为接待前来北京祝寿的西藏六世班禅，在香山风景区赐建宗镜大昭之庙，并在庙内建造了一座琉璃塔（图 5–22）。河北承德也因六世班禅进京修建了须弥福寿之庙，并且在庙的后部建造了一座与北京昭庙完全一样的琉璃塔。

此塔为八角七层密檐式实心塔，广胜寺琉璃塔则与之不同，非实心塔，内有梯道可以登顶。此塔出檐也深于广胜寺的飞虹塔，飞虹塔除了

[1] 周维权：《中国古典园林史》（第 2 版），第 323 页。

[2] 周维权：《中国古典园林史》（第 2 版），第 323 页。

底层外的塔檐都属于假檐，此塔各层则都是覆瓦的真正屋檐。并且此塔各层宽度变化微小，近似圆柱，只是塔顶设计为八角攒尖顶，设八道垂脊，垂脊为蓝琉璃瓦拼砌，塔顶覆橙色琉璃瓦，蓝剪边，顶尖镶嵌黄色琉璃大宝珠，色彩瑰丽。各层塔檐均是橙色瓦、蓝色脊、蓝剪边。塔身以绿琉璃砖贴面，黄琉璃镶边，而且各色琉璃的色彩明度都很高，五彩晃耀，绚丽生辉，而尤以绿琉璃砖用量大，塔就像是一个巨大的绿色翡翠。和飞虹塔相比，该塔雕饰不多，只在各面的拱形门内塑有琉璃坐佛，以华丽晶莹取胜。塔身底层以红色柱廊围成八角形亭阁，为木构架，上盖以八面大屋檐，八道正脊，八条垂脊，均为蓝琉璃砖瓦，垂脊上饰有一排圆雕蓝琉璃小兽，檐面为橙瓦蓝剪边。屋檐各角上翘，如鸟展翼，形成优美弯月弧度，翘檐角梁上装饰套兽。兽头探出檐角，作警戒护卫状。檐下丹楹刻桷，彩绘绚丽，边缘垂挂“卍”字纹银质方块，每个檐边都有一二十个。此处八面大红门均采用垂花门装饰，垂柱色彩斑斓。

这个底层的亭阁建在八边形石砌基座上，基座四周围以石栏杆。亭阁中心即琉璃塔的底基，而亭阁之上再设八边形石台座，台座四周设置汉白玉栏杆，以此台座为基砌筑琉璃塔，琉璃塔的层级和高度也是以此算起，七层，30 米左右高。塔的第一层也围有栏杆，不过是琉璃栏杆，也为八边形，栏杆砌筑在八边形须弥琉璃底座上。回廊副阶之上的这大小两个台座，实际上是两层平坐，它们既是重要的结构层，又是很好的装饰。八面体始终延续，贯通上下。这个琉璃平坐，装饰繁复精美，像皇冠一样流光溢彩。多个台座层层托起了这座琉璃宝塔，仅围栏就有大中小三个，它们位于不同的高度上，设计巧妙，独出心裁。该塔矗立在苍松翠柏之中，色彩互相辉映，翠色欲流，形成“琼松塔影”胜景。层层檐角缀有 56 个铜铃，铃声清越，回荡山间。

静宜园这座无比秀美的皇家园林，于清咸丰十年（1860 年）和光绪二十六年（1900 年）先后遭受英法联军和八国联军的毁坏、劫掠，古建筑损毁严重，但自然美景是无法掠走的，更为幸运的是琉璃塔保存完好，承德的那座姊妹塔也安然无恙。

第四节　中国特有的纪念性建筑牌坊

牌坊，中华特色建筑文化之一，是古代为表彰忠孝节义等所立的纪念性门洞式建筑物，同时也用作门户或标识地名的非纪念性牌楼，但以前者为主。它近似于中国文庙中轴线上的棂星门，或由其独立而出。汉阙可视为牌坊的滥觞，它至明清而大盛，在中国城乡大量存在，在地方成为特色景观性建筑，为人瞻仰、叹羡。时至今日，清代牌坊几乎在全国各地都还有遗存。早在 16 世纪，西方传教士就对中国明代的牌坊有过描述：“贵人和要人一般认为最体面的事，是在他们的家门前修盖类似牌坊的建筑，从街的一侧通到另一侧，因此人们从下面通行；有的用石头，另一些用木头建牌坊，上面有金色和蓝色的各种色彩，及各类鸟和其他东西的图画以悦行人之目。”[1] 传教士认为这是一种好虚名的表现。

牌坊相当于纪念碑。后来的美国传教士丁韪良在《花甲忆记》中记录他在华北地区的城市中所见：“街上到处都是牌坊。有一座牌坊记载着父子二人同时当上内阁大学士的事迹，而另外一座则记载了一个家族连续四代出了封疆大吏。还有一座贞节牌坊是纪念一个寡妇的，牌坊上大书‘贞德冰心’。”[2]

北京作为元明清都城，牌坊数量居全国之最。元代将全城分为五十坊，明代分为四城三十六坊，清代分五城，但坊没变。每坊均设门楼，其上镌刻坊名。这些门楼即牌坊，显然是用作标识区域的门户类建筑。在皖南徽州地区，牌坊与民居、祠堂并称为古建“三绝”。该地原有牌坊1000多个，现尚存百余个，被誉为“牌坊之乡”。许国牌坊是徽州歙县的明代石牌坊，属全国重点文物保护单位。云南昆明金碧路上的金马坊与碧鸡坊，据说每60年会出现一次双影交错的现象，设计很巧妙，成了老昆明的镇城之宝。苏州街巷中也多立牌坊。澳门的“大三巴牌坊”是澳门标志性建筑之一。这座牌坊实际上是圣保禄教堂遗址，教堂因遭受大火，烧得只剩下正门前壁。此墙因类似中国牌坊而取名“大三巴牌坊”。“三巴”即“圣保禄”的粤语音译。

西方的纪念性建筑凯旋门与中国的牌坊不无相似之处，它们之间能找到很多共同元素。但中国牌坊的数量远多于西方的凯旋门。这是因为牌坊的体量相对较小，而且通常是为表彰一个家庭或个人所立，具有普世性、大众化的特点。乡村道路上一座横跨的牌坊，比起周边民居来要高大威武，能够点缀周围环境，提升景观层次。

在牌坊建筑中，还有一种用于陵墓过道的门户，起到纪念和标志性作用。清代帝王陵寝中就有一些气势非凡的佳构，至今保存完好。

一、清东陵孝陵石牌坊

孝陵是清朝入关第一位皇帝顺治帝的陵寝。在陵区正门大红门的前方矗立着一座石牌坊（图5-23），全部用巨大的青白石构筑而成，面阔30余米，高12米，有五间六柱十一楼，肃穆庄严，气势非凡。五间，即五门，中间一主门，左右各有两辅门，门高和楼高都是由中间到两边依次递减，形成韵律节奏，且体现了主次之别。这五门是由六根巨型方石柱和它们支撑的方形条石围住而成。石柱立在敦厚

图5-23 清东陵孝陵石牌坊

[1] [西班牙]门多萨：《中华大帝国史》，第25页。

[2] [美]丁韪良：《花甲忆记：修订译本》，第269页。

的石墩上。石柱高度不一，石墩则高度一致。石墩呈梯形，底边大，非常牢固。石柱光洁无饰，石墩就不同了，艺匠们在其表面尽展才艺，其四面都以浮雕翔龙和神兽图案为主，辅以云纹等。龙行海空，风云从护，十分生动。石墩上部设计为须弥座，雕饰花瓣。石墩座台上，石柱四周的夹柱石，前后设计为卧伏的圆雕石麒麟，左右为山纹石块。石墩下还垫有方形石板，然后才是地面。石柱和石梁是榫卯结构，仿木制作，殊非易事。梁有三架，第一、二层梁等长，第三层梁缩短，其上架设庑殿顶，斗拱、梁椽和"五脊六兽"等一样不缺，只不过全为石材而已。这样的庑殿顶共五个，构成五个主楼，对应下面的五门。此外还有六个小楼，间隔于主楼之间，它们宛若六个依偎在母亲身边的孩童。梁和额枋上都加雕饰。柱梁间的夹角也填充饰件。整体而言，这座牌坊在雕饰上并没有投入过多，给人简洁素朴之感，但非常大气，威严庄重。

二、孝陵龙凤门

孝陵龙凤门（图 5-24）位于孝陵神道石像生群的尽头，被视为通向天堂的门户。此为六柱三门，且上部不设楼，纯为柱梁框架，附以雕件而已。三座门也全是石材，石质洁白如玉。但其特别之处是有四面琉璃影壁墙与三门相交错。琉璃墙上罩琉璃瓦屋顶，墙面中心和四角浮雕龙凤纹等装饰，黄瓦、红墙、绿色雕饰等，在洁白石材的映衬下，光彩明艳，尽显皇家气派。这种琉璃墙与牌坊相搭配的设计，实属独一无二。整座龙凤门坐落在四个较高的须弥座台上。须弥座台全是由白石砌筑的，座面素朴，但白石中透着墨痕，像润泽的水墨效果，别有韵味。牌坊立柱底部的夹柱石，一前一后，成斜坡形，边缘造型优雅。石柱上部，以石板镂刻为一朵流云，通常视为火焰纹，穿柱而过；立柱顶端蹲坐威武石狮，其前肢直立，仰视苍穹，傲然不屈；顶梁的中部设有大型火焰宝珠圆雕，底梁之下，设置一排四个圆柱头，类似屋檐下露出的椽条头；两梁之间嵌入矮老等。所以，虽然结构简单，但布设精心，魅力独具。龙凤门的两端连接着墙壁，墙壁上覆黄色琉璃瓦为檐，墙面漆成红色，更加强了景观的色彩效果。浩瀚长空，辽阔山野，这样一道龙凤门，明丽而不浮艳，突显典雅庄重的韵味。

图 5-24 清东陵孝陵龙凤门

三、东陵裕陵牌楼门

裕陵是乾隆皇帝陵寝。牌楼门（图 5-25）在石像生后，为六柱五门五楼，由石

材和琉璃砖瓦构建而成。此牌楼与前述都不同，它的特别之处在于五楼镶嵌在六柱之间，而非架设在柱顶，属于冲天柱式。此外，楼顶覆盖黄色琉璃瓦，其下的梁枋和饰件为深褐色，在白净的石柱间，色彩愈发典丽。高耸的石柱顶上，雄狮昂首眺望，跃跃欲奔，活灵活现。柱下不设台座，别有秀颀、流畅之美。夹柱石除了边柱外，都是一前一后，巩固石柱的同时造型优雅，又是很好的装饰。

图 5-25 清东陵裕陵牌楼门

四、清西陵泰陵牌坊门

泰陵是雍正陵寝，建制仿东陵孝陵，与其大同小异。泰陵正门大红门之前，有三座石牌坊，分列入口处的南、东、西三面；一座居中，横跨神道，其他两座在其后，左右对列，和大红门组成了一个院落的格局。这三座牌坊大小、造型完全一样，且是仿孝陵大红门前的石牌坊建造，很可能是同一家石匠团队制作。格局也是五间六柱十一楼，跨度和高度也几乎不变，只是雕饰与一些饰件有所差异而已。门前布设三座石牌坊的建制，真是古今唯一。这样壮阔的白石牌坊（图 5-26）像森严列队的卫士，对帝陵起着拱卫作用。

图 5-26 清西陵泰陵白石牌坊

五、清西陵门户牌坊

清西陵门户牌坊（图 5-27）位于清西陵的最南端，是进入清西陵陵区的第一道大门。此牌坊为三门四柱，不设楼，冲天柱式，造型与孝陵龙凤门相近。将龙凤门的琉璃墙、须弥座台去除，然后对接在一起，就和这座牌坊没什么两样了。四块长

图 5-27 清西陵门户牌坊

条方石直立于地，简洁而大气。夹柱石如翻腾的云头，中嵌石鼓形，活泼美观。上中下三块额枋石与柱石榫卯相接，中间的一块凹入，并作浮雕几何形纹饰。其余两块则不作装饰。边门上有块额枋石已经掉落，只剩下一小截。每个立柱上端均有流云形雕件紧贴着额枋石穿柱而过，在两侧伸出，犹如官帽的帽翅。额枋顶的中部安设莲花须弥座，上托佛背光，背光浮雕火焰珠，居中一珠，烈焰环布。柱头上雄狮昂首挺胸，仰视苍穹，被称为“望天吼”（图 5–28），鬃毛猎猎与上翘的尾巴连在一起，勇猛彪悍，雄姿英发。雄狮挺立在柱头顶部雕刻的须弥座上，座上面还铺着一块雕饰的锦缎，四角下垂，使人顿觉情趣盎然。

图 5–28 “望天吼”石狮

六、北京琉璃牌楼

中国古建筑中还有一种牌坊，与西方的凯旋门更为接近，是由宽厚的墙壁组成，而非由单根的石、木柱梁构建。这种牌坊有的与院墙连在一起，充当真正的门户；有的就像凯旋门一样，独立存在。它们是具有牌坊构架造型特征的牌楼门。北京城现存多座这样的琉璃牌楼门，以琉璃贴面，光彩莹洁，赫奕生辉。卧佛寺琉璃牌楼门就是其中之一。

卧佛寺在北京西郊寿牛山南麓、香山东侧。卧佛寺琉璃牌楼（图 5–29）建于乾隆年间，为四柱三洞七楼。其门洞如同凯旋门一样阔深，像堡垒一样封闭和坚固，两侧连接院墙，若安设大门，就会成为一个密闭的空间。该牌楼门洞一主两辅，其上对应的三个楼顶也是分主次，高低大小有别；这三个楼顶的两侧辅以小楼，俯仰生姿、错落有致。七楼，三大四小，大的为庑殿顶，小的为硬山顶，楼顶均覆黄琉璃瓦。屋脊上雕有神兽，也都是琉璃制作。门楼的梁枋、斗拱、椽条等，均为装饰性配件，不承重，都是由黄、绿琉璃仿木制作。门洞为白石砌筑的拱形门，边缘饰以乳钉纹；牌楼下设高台座，为白石须弥座，座面有精美雕饰。门两旁有装饰性方形壁柱，共四列，它们稍凸出于墙面。这些壁柱均由黄、绿雕花琉璃砖拼贴。雕饰精美的黄绿两色琉璃，和大红的墙面、洁白的门洞相互映衬，华美富丽。正面额枋上有乾隆御笔“同参密藏”，背面题曰“具足精严”，

图 5–29 北京卧佛寺琉璃牌楼

都是白底红字，绿琉璃砖砌边，上刻有红色印章，十分醒目。

北京还有颐和园“众香界”琉璃牌楼、东岳庙琉璃牌楼、香山昭庙琉璃牌楼、北海公园西天梵境琉璃牌楼、北海小西天“极乐世界”大殿旁琉璃牌楼和国子监辟雍前琉璃牌楼等。其中多数都是独立存在，不与院墙连接，不起门户作用。这些琉璃牌楼门几乎都是同一造型，有些琉璃色彩也很相近，均烧造精细，华彩斑斓，成为建筑装饰的极品之作。

第五节　明清园苑设计的理论建树

一、计成《园冶》

计成，江苏润州（今镇江）人，明崇祯年间画家、园艺家，崇祯甲戌年（1634 年），撰成《园冶》一书。计成年少时即以绘画闻名乡里，他特别欣赏荆浩和关仝的山水画；青年壮游，北达于燕，南抵于楚；中年时回乡，卜居润州。润州一带，山水殊胜。他在润州曾为邻人堆砌假山，看到的人都由衷赞美“俨然佳山也”。因此一事，他的园艺才干在当地传播开来，他就不断受到邀请为人从事园苑设计。

《园冶》全书共分三卷，用四六骈体文写成。第一卷包括《兴造论》一篇、《园说》四篇，第二卷专论栏杆，第三卷分论门窗、墙垣、铺地、掇山、选石、借景。在《园说》篇中，计成提出两个规划设计的原则：一是景到随机；二是虽由人作，宛自天开。前者是说园林造景要适应地形特点，发挥其长处。后者是说人造景观，要能以假乱真，仿佛天造地设。在《借景》篇中，计成举五种借景的方式：远借、邻借、仰借、俯借、应时而借。他很重视园外之借景，认为是“林园之最要者”。

《园冶》着重指出了园林选址，山水树石的营建方法，以及如何达到天然之趣、令人宛游濠濮间。他还指出了一些不当做法，并与正确做法相对照，对园林设计尤其是私家小型庄园的建造，很有指导性。

二、文震亨《长物志》

文震亨，字启美，南直隶长洲（今江苏苏州）人，明万历十三年（1585 年）出生，清顺治二年（1645 年）绝食六日而亡。文震亨出身书香世家，是明代著名文人画家文徵明的曾孙。他能诗善画，多才多艺，对园艺也有一些独到的见解，并形成较为系统的认知，堪为当时文人园林观的代表。

《长物志》共十二卷，其中与造园有直接关系的内容为室庐、花木、水石和禽鱼等四卷。在“室庐”卷中，他把不同功能、性质的建筑以及门、阶、窗、栏杆、照壁等分为 17 节论述；“花木”卷分门别类地列举了园林中常用的 42 种观赏树木和花卉，详细描写它们的姿态、色彩、习性以及栽培方法；“水石”卷分别讲述园林中常见的水体和石料，水、石是园林的骨架，他提出了叠山理水的原则；“禽鱼”卷仅列举鸟类六种、鱼类一种，但对每一种的形态、颜色、习性、训练和饲养方法均有详细描述。

《长物志·卷三·水石》写道：“石令人古，水令人远。园林水石，最不可无。要须回环峭拔，安插得宜。一峰则太华千寻，一勺则江湖万里。又须修竹、老木、怪藤、丑树，交覆角立，苍崖碧涧，奔泉汛流，如入深岩绝壑之中，乃为名区胜地。”[1]

其余各卷也与园艺有或多或少的联系，“书画”“器具”“位置”“蔬果”“香茗”等卷，就涉及园林建筑的室内装饰、家具设置，园林中的蔬果栽培和与宾客在园中品茗应注意的问题等。

《长物志·卷十·位置》写道：“位置之法，烦简不同，寒暑各异。高堂广榭，曲房奥室，各有所宜，即如图书、鼎彝之属，亦须安设得所，方如图画。云林清秘，高梧古石中，仅一几一榻，令人想见其风致，真令神骨俱冷。故韵士所居，入门便有一种高雅绝俗之趣。若使前堂养鸡牧豕，而后庭侈言浇花洗石，政不如凝尘满案，环堵四壁，犹有一种萧寂气味耳。”[2]

文震亨出身名门，家富收藏，崇祯时官武英殿中书舍人，以善琴供奉。他琴棋书画无一不精，“贵介风流，雅人深致”（伍绍棠《长物志·跋》）。他闻见既广，尽阅“玉蹬金题、奇花异卉”（伍绍棠《长物志·跋》），所以他的园林设计中也就突出了深幽、古雅的韵味。

《园冶》和《长物志》这两部著作，侧重论述私家园林的规划设计艺术，探讨叠山、理水、建筑和植物配置，也涉及一些园林美学范畴，堪称家庭园林艺术方面的代表作，是对园林艺术实践的理论总结，对后世的园林设计与建设具有指导意义。

第六节　西方人士对中国古典建筑园林艺术及市政工程的评价

一、门多萨

赫德逊（G.F.Hudson）是英国研究东方与国际关系史的著名学者。他著有《欧洲与中国》一书。在这部书中，他转述了16世纪西班牙人门多萨对中国的评价。

当时来华的西方人盛赞中国的基础设施建设，“道路到处都很壮观，用四方石铺成，只有那些缺少石头的地方，才用砖铺；在这次旅途中，我们曾经走过一些山区，这里也铺了道路，许多地方铺的路不亚于平原地带。这使我们想到全世界上没

[1]（明）文震亨撰，陈剑点校：《长物志》，杭州：浙江人民美术出版社，2019年，第52页。

[2]（明）文震亨撰，陈剑点校：《长物志》，第135页。

有比中国居民更好的建筑工人了……泉州的街道同我们所见到的其他地方的街道一样，非常漂亮，既平坦又宽阔，令人惊羡不已……街道的宽度可容 15 个人宽敞地骑马并行。当他们乘马时，他们必须从横跨街道的许多高大的拱门之下经过，它们都是木制的，有着各种不同的雕饰，以精砖砌面；在这些拱门下面商人叫卖着小商品，站在那里可以避雨和不受日晒”[1]。门多萨记述：“公路遍布这个王国，是人们所曾见到的公路中铺得最好的和最华丽的，它们非常平坦，直抵山区，它们是用劳力和鹤嘴镐开辟的，以砖石铺成。”[2] 在当时的条件之下，能修建这样良好的道路，的确令人惊叹不已。而对于中国人的住宅，门多萨描绘：“他们的房屋都非常华美，像是罗马式样，通常在门前栽植树木，华丽整齐；树荫浓郁，使街道看来壮观。所有这些房屋内部都像牛乳一样洁白，好像是糊上了发亮的墙纸。地面都用四方石铺成，宽广而光滑；天花板用的是上等木材，装饰和描绘得非常精巧，好像金色的锦缎，极其好看。每一家都有三层庭院，花园中满饰各种名花异草，以供消遣。没有一家不修建鱼塘，虽然很小。”[3] 这样的居所，可以想见当时社会的文明程度之高。门多萨更赞叹：“不管条件如何，大家都让子孙读书写作，他们普遍地都会读会写。”“他们还有一件很好的事，使我们感到惊奇，即他们虽都是异教徒，而所有的城市中都设有慈善收养院，里边住满了人；我从未看见有穷人乞讨。因此，我们就询问这个原因，回答是每个城市都有一个很大的地方，盖了许多房子给穷人、盲人、残废人、年老行动不便，没有任何生活来源的老人居住……他们在这里喂猪养鸡，穷人赖此为生无需行乞。”[4]

需要指出的是，门多萨本人没有到过中国或亚洲其他国家，他的《中华大帝国史》是借助他人的见闻编写而成。该书 1585 年首版于罗马。而当时的中国张居正主政刚落幕，张居正去世于 1582 年，明朝正逢昌隆盛世，国富民丰，家给人足。

二、李明

法国耶稣会士李明（Louise Le Comte）1685 年离法来华。虽然中国有许多事物得到李明的赞美，但他对中国的建筑装饰和园林艺术却颇有微词。对于北京的皇宫，李明说：“当你来到皇帝的住处，这里确实有庄严的圆柱所支撑的门廊，白色大理石台阶引你升入内殿，镀金屋顶，雕工画饰，光彩夺人。室内地面用大理石或瓷砖铺成，但主要地还是它们所包括的大量建筑的组合，使观者眼花缭乱，看起来确实伟大，适合于一位如此之伟大的君王的庄严。但是，中国人对各种艺术的观念是不完整的，显示出它们有不可原谅的缺点。各种房间设计不当，装饰零乱，缺少我们宫殿所具

[1] [英]赫德逊：《欧洲与中国》，王遵仲等译，何兆武校，北京：中华书局，1995 年，第 222 页。

[2] [英]赫德逊：《欧洲与中国》，第 223 页。

[3] [英]赫德逊：《欧洲与中国》，第 223 页。

[4] [英]赫德逊：《欧洲与中国》，第 223 页。

有的美丽与方便的一致性。总之，在整体上仿佛有一种畸形，使外国人感到不愉快，稍有建筑常识的人一定会有反感。然而，有些叙述推崇它是艺术佳作；原因是写这些信的传教士们此外从未见过任何东西，不管我们多么不喜欢的东西，时间最后将会使之成为可以忍受的。”[1]

对于园艺，李明批评：“中国人的房舍整洁宜人，但并不美好。他们对于园艺似乎更不重视……中国人很少致力于庭园布置，讲究装饰，但他们也欣赏这些，也肯花钱；他们营建洞室，兴筑玲珑美丽的假山，用石头一一堆砌起来，但除了模仿自然而外并无进一步的设计。”[2]李明对中国画也不赞赏，“除了漆器及瓷器以外，中国人也用绘画装饰他们的房间。尽管他们也勤于学习绘画，但他们并不擅长这种艺术，因为他们不讲究透视法”[3]。

三、王致诚

法国耶稣会士王致诚，在1740年谈到这同一座宫殿时，与李明的看法全然不同。王致诚说：“宫中的一切都是伟大而且真正美丽的，无论是设计还是工程……对中国人在建筑方面所表现的千变万化，我要钦佩他们丰富的天才。确实，我不禁要认为与他们相比，我们是贫乏的，枯凝的。”[4]

王致诚1702年7月31日出生于法国多耳城，法文名让·德尼·阿蒂雷（Jean Denis Attiret）。其父是一位有名的画家。王致诚童年就深受父亲影响而酷爱绘画，在青少年时代就表现出了非凡的绘画天赋，并有机会到罗马学习了两年绘画。他学成归国，途经里昂，在此地小住了几天，画了几幅作品，博得了人们的一致赞誉，从此脱颖而出。1735年7月31日，王致诚在法国阿维尼翁加入了耶稣会，成为助理修士。乾隆三年（1738年）抵达北京，供职于内廷，受到皇帝恩宠，1768年卒于北京。他与郎世宁、艾启蒙、安德义合称“四洋画家”。

对建筑园林以及绘画、工艺等，不同的人有不同的看法与认识实属正常。有人善于发现事物积极的一面，以鼓励促进步；有人则偏向于找缺点与不足，以批评促改进。李明对清朝宫城的建筑外观和体量是钦佩的，他感到不满的是内部装饰和室内功能。当时的宫内装饰让他产生“畸形”的印象，这或许是因为建筑部件过多，装饰烦琐、奢丽，让他感到凌乱、不实用。但作为皇家，房间镶金嵌银是很普遍的现象。另一位来华的传教士蒋友仁（Michei Benoit）则认为“中国人对建筑和绘画全然不知……他们虽入迷于巧妙地描绘具有自然远近大小的风景画，却对构成画面

[1] [英]赫德逊：《欧洲与中国》，第254～255页。

[2] [英]赫德逊：《欧洲与中国》，第255页。

[3] [英]赫德逊：《欧洲与中国》，第255页。

[4] [英]赫德逊：《欧洲与中国》，第256页。

的技法一点也不去研究”[1]。而王致诚就表现出包容与理解，观点与之相左。在其《对于北京郊外中国皇帝御花园的详细描述》中，他对中国园林建筑的高度评价与李明、蒋友仁形成鲜明对比。李明认为中国人的房舍、庭院缺少设计，只是一味模仿自然。而更多的西方人士反而非常赞赏中国人遵依自然的园艺特色。1711 年意大利传教士马国贤（Matteo Ripa）受康熙皇帝之命把宫廷画家的 36 幅热河避暑山庄图雕版印制。这批画于 1712—1714 年被带往欧洲，并于 1724 年传入伦敦，引起了人们极大兴趣。[2] 西方人士纷纷效法，在建筑园林方面引发了一场变革。而中国画不采用西方的透视法，这正是国画的特色。关于中国画的技法问题，清宫廷画家邹一桂有一段广为流传的名言：

> 西洋人喜勾股法，故其绘画，于阴阳远近，不差锱黍，所画人物、屋树，皆有日影，其所用颜色与笔，与中华绝异。布影由阔而狭，以三角量之。画宫室于墙壁，令人几欲走入。学者能参用一二，亦具醒法。但笔墨全无，虽工亦匠，故不入画品。[3]

中国画的空间表现方法，同样引起一些西方艺术家的兴趣，他们以此变革西方画法，促进了西方现代派艺术的形成与发展。

中国建筑园林就像国画一样，与西方相比，各有特色，仁者见仁，智者见智。但艺术又是相通的，名家设计创造的优秀作品，会跨越民族与国界，收获更多的观众和评论。

拓展思考：元明清时期，西方人士对中国城乡建筑环境的主要认识和评价是怎样的？今天的建筑环境艺术设计应学习古人的哪些长处？

推荐阅读书目：［意］马可 · 波罗《马可波罗游记》。

---

[1] 转引自严建强：《18 世纪中国文化在欧洲的传播及其反应》，杭州：中国美术学院出版社，2002 年，第 126 页。

[2] 参见严建强：《18 世纪中国文化在欧洲的传播及其反应》，第 133 页。

[3] 郎绍君、水中天编：《二十世纪中国美术文选》上卷，上海：上海书画出版社，1999 年，第 577 页。

本章参考文献

[1] 周维权：《中国古典园林史》（第 2 版），北京：清华大学出版社，1999 年。

[2][意] 马可 · 波罗：《马可波罗游记》，陈开俊等译，福州：福建科学技术出版社，1981 年。

[3][意] 利玛窦、金巴阁：《利玛窦中国札记》，何高济等译，北京：中华书局，1985 年。

[4] 张复合主编：《建筑史论文集》第 11 辑，北京：清华大学出版社，1999 年。

[5] 许明龙：《欧洲 18 世纪“中国热”》，太原：山西教育出版社，1999 年。

[6][美] 丁韪良：《花甲忆记：修订译本》，沈弘、恽文捷、郝田虎译，上海：学林出版社，2019 年。

[7][西班牙] 门多萨撰：《中华大帝国史》，何高济译，北京：中华书局，1998 年。

[8][古罗马] 维特鲁威：《建筑十书》，陈平译，北京：北京大学出版社，2017 年。

[9] 魏克晶：《中国大屋顶》，北京：清华大学出版社，2018 年。

[10] 张斌、周晓冬、杨北帆：《中国古代建筑精粹　民间古堡》，杨彤、吴丹译，北京：中国建筑工业出版社，2012 年。

[11] 马霞：《陈廷敬与皇城村》，《中国地名》2017 年第 1 期。

[12] 王其钧：《中国传统建筑组群》，北京：中国电力出版社，2009 年。

[13] 潘谷西主编：《中国建筑史》（第 5 版），北京：中国建筑工业出版社，2004 年。

[14] 李晓丹：《康乾期中西建筑文化交融》，北京：中国建筑工业出版社，2011 年。

[15] 刘海翔：《欧洲大地的中国风》，深圳：海天出版社，2005 年。

[16] 苏山编著：《还原 30 个消失的建筑》，北京：北京工业大学出版社，2014 年。

[17] 吴晋编著：《中国最美的 308 个建筑》，北京：人民邮电出版社，2016 年。

[18] 林徽因：《爱上一座城》，北京：北京理工大学出版社，2016 年。

[19]（明）张岱著，苗怀明译注：《陶庵梦忆》，北京：中华书局，2020 年。

[20]（明）文震亨撰，陈剑点校：《长物志》，杭州：浙江人民美术出版社，2019 年。

[21][英] 赫德逊：《欧洲与中国》，王遵仲等译，何兆武校，北京：中华书局，1995 年。

[22] 严建强：《18 世纪中国文化在欧洲的传播及其反应》，杭州：中国美术学院出版社，2002 年。

[23] 郎绍君、水中天编：《二十世纪中国美术文选》上卷，上海：上海书画出版社，1999 年。

第六章
近代以来中国建筑环境的发展演进

本章导读 近代以来，中国社会发生了巨大震荡，产生了巨大变革。这种震荡与变革是全球震荡与变革的一部分，古老的封建帝国是在迫不得已的情况下实现新旧转换的。中国在西方社会变革大潮的巨力推动下，最终完成了自身的涅槃，经历了“三千年来未有之大变局”（李鸿章语）。随着欧洲工业革命的开展，建筑新材料、新机械、新技术的发明创造，简便、实用的新型建筑日益推广开来。钢筋混凝土和起重机的运用使建筑不断向高空发展，而玻璃幕墙的装饰给建筑披上了金碧辉煌的外衣。本章旨在剖析近现代建筑环境发展变革的历程，展示近代以来卓越建筑大师的成就，深入探讨中国建筑环境发生变革的内外动因，阐述中国现代建筑环境艺术设计家的成长历程，总结中国现代建筑环境设计的主要成就。

美国比较现代化学者布莱克曾经指出，人类历史上有三次伟大的革命性转变。第一次转变是原始生命经过亿万年的进化出现了人类；第二次大转变是人类从原始状态进入文明社会；第三次大转变则是世界不同地域不同民族和不同国家从农业文明或游牧文明逐渐过渡到工业文明。这第三次大转变实际上就是以近代化工业化为起点的世界现代化进程。

中国社会的现代化进程起初是在“欧风美雨”的强烈冲击下被迫而又自觉地缓慢推进的。清政府废科举、兴学校，开设新课程，接受西方铁路、电报等新事物，是一次大飞跃。中国近代以来的建筑环境艺术设计总体来说就是一个“西化”的过程。现代建筑尤其学习、追摹西方。这种现代化进程实则就是全球化进程。但在现代化、全球化背景下，中国建筑环境艺术设计者也一直在努力探索本土化、民族化，保持中国传统建筑环境艺术的精髓。

第一节 近代以来中国建筑环境发展概况

清政府从 19 世纪中叶起对外开放通商口岸，开辟租界。外国投资者在中国沿海城市建立商埠，并设立外国人居住区，他们建造洋行、栈房等新式建筑。发展到民国时期，就出现了1923年的上海汇丰银行和1927年的上海江海关大厦那样的现代建筑。清政府推行新政，建立了新式衙署、新式学堂以及谘议局等官办新式建筑。早期赴欧美和日本学习建筑的留学生，相继于20世纪20年代初回国，并开设了最早的几家中国人的建筑事务所，诞生了中国的建筑师队伍。1923年苏州工业专门学校设立建筑科，迈出了中国人创办建筑学教育的第一步。

在这样的历史背景下，中国近代建筑的类型大大丰富了。居住建筑、公共建筑、工业建筑的主要类型已大体齐备，水泥、玻璃、机制砖瓦等新建筑材料的生产能力有了明显发展。近代建筑工人队伍逐渐壮大，施工技术和工程结构也有了较大提高，相继采用了砖石钢骨混合结构和钢筋混凝土结构。中国新建筑体系逐步形成。

一、居住建筑

近代以来，中国的居住建筑可以大体分为三大类别：一是传统住宅的延续发展；二是从西方国家传入和引进的新住宅类型；三是由传统住宅适应现代城市生活需要，接受外来建筑影响而嫁接、演进的中西合璧式住宅类型。这三类住宅，第一类属于旧建筑体系，它保持着传统民居的基本形态，只是在应用玻璃和机制砖瓦等方面稍微产生变化。第二、三类都是近代出现的新住宅类型，其中第二类是外来移植的，第三类是本土演进的。

20世纪30年代以后，在国外现代建筑运动影响下，采用钢筋混凝土和大块玻璃等新材料、新结构的新式住宅在国内如雨后春笋般发展起来。这些新式住宅有些甚至装置了电梯、弹簧地板和玻璃顶棚等，建筑空间趋向通透、流畅。上海铜仁路颜料富商吴同文住宅（1935—1937年建）就是这类建筑的典范。[1] 它由匈牙利建筑师邬达克设计，建筑外观犹如一艘泊在港湾的大邮船。1948年上海淮阴路的姚宅，其造型与美国建筑师赖特的“流水别墅”颇有相似之处，其高低有致的体形配置与材料都表现出现代建筑风格的特点。[2]

二、公共建筑

20世纪20年代后，在国内大中城市出现了适配商业、金融、行政、会堂、交通、文化、教育、医疗、服务、娱乐等领域发展的公共建筑。如商业建筑中的大百货公司、综合商场，金融建筑中的银行、交易所，文化教育领域的大中小学、图书馆、美术馆、博物馆等建筑，交通建筑中的火车站、汽车站、航运站、飞机场，医疗领域的医院、康复中心，服务娱乐行业的歌舞厅、音乐厅、电影院等。这类建筑由于数量多、体量大，

---

[1] 参见潘谷西主编：《中国建筑史》（第5版），第326页。

[2] 参见薛娟：《中国近现代设计艺术史论》，北京：中国水利水电出版社，2009年，第82页。

美观、气派，且聚拢人群，所以在建筑中居于主体地位，具有引领作用，推动了建筑的现代化进程。上海汇丰银行、南京国民大会堂、北平燕京大学和上海国际饭店等，就是这类建筑中的代表。

三、工业建筑

近代以来我国工业建筑的发展基本上沿着两条途径：一是直接传入和引进国外现代工业建筑，二是沿用和改造传统旧式建筑。早期工业建筑中，无论是民办工业、外资企业，还是官办工业，都曾沿用传统的旧式建筑。创办于 1862 年的上海洋炮局就是设在松江的一座寺庙里，第二年迁到苏州，厂屋占用原太平军的王府。1867 年创建的上海江南制造局占地达 400 余亩（约 27 万平方米），厂房仍然停留于旧式建筑。进入 20 世纪以后，旧式建筑在大中型厂房中渐渐被淘汰。混凝土与钢筋混凝土应用于工业建筑，较早的两个例子是创建于 1883 年的上海自来水厂和创建于 1892 年的湖北枪炮厂。近代中国最早的一座钢框架结构多层厂房是建于 1913 年的上海杨树浦电厂一号锅炉间。

中国人办的营造厂与外商营造厂在建筑业市场竞争中表现出强大的活力。中国近代建筑工人和建筑技术人员很快掌握了新的一整套施工工艺、施工机械、预制机械、预制构件和设备安装技术，形成了一支庞大的、具有世界一流水平的施工队伍。1863 年，上海建筑工匠魏荣昌中标承建法租界公董局大楼，开创了中国建筑工匠由传统水木业走向近代承包营造业的先河。发展到 20 世纪 20 年代，除某些设备安装行业外，上海的施工行业已完全由中国人主导。[1]

第二节　中国现代城市建设

从 19 世纪中叶开始，中国迈出了现代城市化的步伐。城市的数量、分布、规模、功能、结构和城市性质都出现了明显的变化，古老的中国城市体系开始了现代转型的进程。中国近代城市转型，既受到西方资本主义的外力驱动，也有社会变革的内生动力。而通商开埠、工矿业发展和铁路交通建设是推动中国城市转型的主要动力。

一、中国现代城市的主要类型

近代以来中国城市的转型，既有新城的崛起，又有老城的更新。其主要类型分为开埠城市、交通枢纽城市和工矿业城市等。由于西方资本的注入发展迅速，开埠

---

[1] 参见潘谷西主编：《中国建筑史》（第 5 版），第 351 页。

城市现代化程度也最高。上海、广州、香港、天津、汉口等城市与国际接轨，高楼林立，街道宽阔，规模不断扩大。交通枢纽城市是因为铁路建设而发展起来，如河南的郑州、河北的石家庄、安徽的蚌埠、江苏的徐州、山东的兖州和陕西的宝鸡等。工矿业城市主要是由于采矿业而发展起来，如河北的唐山、河南的焦作、江西的萍乡、黑龙江的大庆等。

清末和民国时期在沿海和沿江开放的口岸城市中，上海有三国租界，天津有八国租界，它们以租界为中心逐步发展成现代化大都市。1848年起，上海成为全国最大的对外贸易海港。在市政工程设施和公用事业建设上，上海都领先全国其他城市。1865年11月，全国第一家煤气厂在上海投产供气；1882年，国内最早的发电厂在上海建成供电，此时电灯才不过发明3年时间；1883年6月，全国最早的自来水厂在上海建成供水；1870年，上海与香港开始架设海底电缆；1880年，中国自办的第一条陆上电报线从天津经清江浦、镇江通达上海；1877年，在贝尔发明电话后半年，上海已出现第一条电话线，1882年，上海装置电话亭，成为这一年继伦敦之后第二个通电话的城市。[1]

但新事物并不是顺利被接受的，实际上遇到了重重阻力。据美国传教士丁韪良记述，一个英国人在上海和吴淞之间建成了大清帝国的第一条电报线，但是一群无知的民众在害怕英国扩大势力范围的当局的默许下破坏了这条电报线。一两年后，一家英国公司在铺设有轨电车的许可下，于上海开通了中国第一条铁路。中国政府发现没有别的办法阻止这个创新，只好购买了这条铁路并立即将其拆毁。[2]如今看来这些做法有些荒谬，但与那个时代息息相关。不久后，情况就大为转变了。清人开眼看世界，意识到科技的重要性后，对新事物、新发明就不再那么排斥。

上海租界内集中了洋行、银行、商店、工厂、仓库、码头，以及教堂、教会学校、公园和娱乐设施等。从国外引进的欧式建筑，哥特式、巴洛克、新古典主义、文艺复兴、现代派等风格应有尽有，上海被称为万国建筑群。这些新式样影响当地建筑环境，形成中西风格融合的海派建筑。上海石库门里弄就具有这种特色。石库门住宅“总体布量采用欧洲联排式，单体平面及结构则脱胎于我国传统的三合院和四合院的形式”[3]。但在20世纪30年代的上海，更多的是欧式风格的花园里弄。这类建筑环境在走向现代化的中国城市中起到了引领作用。

当时还有些城市和口岸长期处于某一个列强的控制之下，青岛受控于德国，哈尔滨、旅顺和大连受控于俄国，法国人占据着广州湾。这些城市的建筑形态、色彩与环境规划都体现出侵略国建筑环境的某些风貌，呈现了鲜明的异国情调。

青岛城当时分中国区和德国区。德国区道路宽阔，绿化以灌木和花坛为主，住宅多为德国花园住宅，也有少数以4室和6室户单元组成的低层公寓建筑。而

---

[1] 参见沈福伟：《中西文化交流史》，上海：上海人民出版社，2017年，第543页。

[2] 参见[美]丁韪良：《花甲忆记：修订译本》，第231页。

[3] 薛娟：《中国近现代设计艺术史论》，第165页。

提督公署和警察署成为十分典雅的城市景观。[1] 警察公署形似欧洲的教堂。德国俱乐部内建有典型的欧式壁炉。这些建筑欧式风格十分鲜明。青岛在商贸发展的推动下，逐渐建成现代化的工商业城市，并配有休闲、避暑的幽雅环境设施。

20世纪上半叶，许多内陆城市也在缓慢转变，逐渐变为现代化的新城，济南、沈阳、重庆、成都、武汉、苏州、杭州、福州等就是这样。而历经辽、金、元、明、清几朝的北京，从20世纪开始，在外城逐渐出现一些西式建筑。1904年，北京城原来的土路开始铺上石渣，1915年内城有了沥青路面，1910年用上了自来水，1919年石景山发电厂兴建，供电有了很大转变，有轨电车1924年出现。在城市环境规划上，1913年拆除了大清门（中华门）内的宫墙，辟通了天街（天安门大街），故宫北面的景山也出现了东西干道。1915年北洋政府为解决正阳门交通堵塞问题，聘请德国建筑师罗克格·凯尔设计改建了正阳门道路，拆除了瓮城和闸楼等建筑，改造了正阳门的箭楼等。[2]1925年，紫禁城建筑群改为故宫博物院，其他皇家禁苑也陆续开放。1914年起，社稷坛、先农坛先后被改为公园，随后天坛、北海、颐和园作为园林对外开放。这座古蕴深厚的皇城自此焕发了现代生机。

二、中国现代城市发展特点

中国现代城市发展有一个特点，就是在城市建筑与街道类同化、同质化的同时，出现了南方与北方、内陆与沿海、东部与西部的同构差异，形成各自不同的城市面貌和特色。可谓每个城市都有自己的个性。

上海作为中国中部沿海城市，带有华东的地域特色。上海在清末成为通商口岸，西方列强在上海建立租界，其西化进程不仅开启很早且发展迅速。上海的发展主要得力于海上贸易。黄浦江西岸的租界地带高楼林立，出现了新式的花园洋房、里弄；同时，在相当长时期内存在居住条件简陋的棚户区。从20世纪80年代开始，上海加快了发展步伐，尤其是对浦东开发区的建设，使城市面貌变化日新月异。在改革开放中，上海一直是前沿城市、龙头城市，在全国城市建设中发挥着领跑作用。南京与上海相距不远，同样是江南城市，但南京古典气息浓郁。苏州介于南京和上海之间，以其粉墙黛瓦而秀美独具。杭州也做过都城，但和南京又不同，和苏州的情调也有别，是在西湖浸润下的典丽潋滟。京津冀等北方城市，西安、洛阳、郑州、济南等中西部城市，武汉、长沙、成都、重庆、昆明等西南部城市，广州、深圳、南宁、桂林等南方城市，等等，各因其地理位置、气候物候、历史文化、风俗民情和政治地位等形成自身独特的面貌和城市气质。

---

[1] 参见沈福伟：《中西文化交流史》，第544页。

[2] 参见薛娟：《中国近现代设计艺术史论》，第50页。

三、中国城市规划与城市建设

规划推动城市环境向着符合人们愿景的方向发展，前瞻性思考将在时间长河中得以验证，优秀的规划设计往往受到赞赏，福泽后世。为人津津乐道的成功规划范例能举出很多，比如，美国芝加哥市沿密歇根湖绵延 23 英里（37 公里）的公园，缘于 1909 年芝加哥城市总体规划中包含了这一内容；南卡罗来纳州查尔斯顿市保存至今的辉煌的南北战争遗迹，是由于 1931 年颁布的区划方案。[1]

习近平同志在正定任职期间就很重视规划工作。而在古建筑和文物保护方面，更体现了他的远见卓识。在当时，老百姓缺乏保护意识，县城的很多城墙都被破坏了，他们把墙砖拆回家修房子、垒猪圈。正定县城里的建于隋代的隆兴寺年久失修，还有一个临济寺，比隆兴寺还早 46 年，只剩下一座佛塔了。习近平同志及时拨款、款，修复隆兴寺，恢复了临济寺。[2]30 多年后的今天，隆兴寺、临济寺等文物古迹，不仅拉动正定旅游经济的发展，而且成为正定这座千年古城的标识和文化名片。

中国现代城市规划起步于民国时期。1929 年 10 月，国民政府公布了《首都计划》。该计划由孙科和林逸民负责，聘请美国建筑师墨菲和工程师古力治主持编制，由吕彦直等建筑师襄助。孙科曾留学美国，在加利福尼亚州立大学和芝加哥大学学习市政、规划、政治与经济学等课程。林逸民 1927 年在哈佛大学研究城市规划。《首都计划》“皆为百年而设，非供一时只用”，而且“此次设计不仅关系首都一地且为国内各市进行设计之倡。影响所及，至为远大”。[3] 其出台前后，南京兴起了持续十年的建设高潮。规划从宏观到微观，涉及城市生活的方方面面，对建筑的形制、颜色，路面的材料、砌筑方法等都有十分详尽的规定。但该计划是以南京 200 万人口数为限定的。国民政府在南京建都后，人口由 36 万增至 49.7 余万。而上海人口从 1872 年的 25 万，至 1928 年，经过 56 年，已增至 260 余万。《首都计划》规划者预测百年后南京人口为 200 万，这一估算和今天近千万人口的南京而言，相差太大。

虽然有此不足，但《首都计划》不失为一部具有先进设计理念的规划；作为民国首都建设的纲领性文件，从一个方面反映了南京乃至中国城市开始走向现代规划、建设的历史。

新中国成立以来，中国城市的规划与建设可分为四个阶段：第一，城市建设的恢复与城市规划的起步（1949—1952 年）。随着国内战争逐渐平息，党和政府致力于恢复生产和建设，整修城市道路，改良城市环境，投资市政建设等。1952 年 8 月，建筑工程部成立，9 月全国第一次城市建设座谈会召开，城市规划与建设走向有序化、制度化。第二，城市规划的引入与发展（1953—1957 年）。这是我国第一个国

---

[1] 参见 [美] 亚历山大 · 加文：《美国城市规划设计的对与错》（原著第 2 版），黄艳等译，北京：中国建筑工业出版社，2009 年，第 1 页。

[2] 参见中央党校采访实录编辑室：《习近平在正定》，北京：中共中央党校出版社，2019 年，第 128 页。

[3] 参见国都设计技术专员办事处编：《首都计划》，南京：南京出版社，2018 年，第 2、3 页。

民经济五年计划时期，国家急需建立城市规划体系，国家要求完全新建的城市与工业建设项目较多的城市，要在 1954 年完成城市总体规划设计。至 1957 年，全国共计 150 多个城市编制了规划。第三，城市规划的动荡与中断。这一时期社会政治运动影响了经济发展,城市规划处于停滞状态,但有两个城市制定了较系统的总体规划。一个是攀枝花钢铁基地的总体规划,一个是由于地震而进行重建的新唐山总体规划。第四，城市规划及建设的迅速发展（1978 年至今）。“文化大革命”结束后，特别是十一届三中全会之后，城市规划和建设回归科学、系统、法治的轨道。1978 年第三次全国城市工作会议召开，会议要求认真编制和修订城市总体规划和详细规划。1980 年 10 月，提出“控制大城市规模，合理发展中等城市，积极发展小城市”的城市发展建设方针。[1]1984 年颁布了新中国第一个城市规划法规《城市规划条例》；1989 年全国人大通过了《城市规划法》。全国及各省、市均设立了城市规划设计院。新中国成立以来，城市建设、城市面貌、历史文化保护、环境保护、小城镇建设等，取得了世界瞩目的成就。

第三节　近代以来中国建筑环境艺术设计名家及其代表作品

从 20 世纪 20 年代初开始，陆续有从国外学习建筑回国的留学生和国内学习土木工程毕业的学生开始创办建筑设计事务所。其中有 1921 年由美国康奈尔大学建筑系学成回国的吕彦直与过养默、黄锡霖共同组建的上海“东南建筑公司”。随后，吕彦直独自创办了“彦记建筑事务所”。几年后，上海“华海公司建筑部”“华东同济工程事务所”“庄俊建筑事务所”等如雨后春笋般兴办起来。这些建筑公司基本上是由 20 年代留学欧美和日本的建筑师开设的。他们构成了我国第一代建筑师群体。从 20 世纪 30 年代初期开始，我国陆续有了国内大学建筑系的毕业生，同时还有 20 世纪 40 年代回国的留学生。他们构成了我国第二代建筑师群体。中国建筑师的出现和成长，对我国近代以来的建筑变革与发展做出了重大贡献。

一、吕彦直与中山陵

吕彦直，字仲宜，又字古愚，安徽滁州人，生于天津。1913 年，吕彦直公费赴美留学，进入康奈尔大学。先攻读电气专业，后改学建筑，五年毕业。毕业前后，吕彦直作为美国著名建筑师亨利 · 墨菲（Henry Killam Murphy）的助手，参与金陵女子大学和燕京大学校舍的规划设计，同时描绘整理了北京故宫大量建筑图案。1921 年，吕彦直回国途中转道欧洲考察西洋建筑。回国后寓居上海，开办建筑公司，

[1] 潘谷西主编：《中国建筑史》（第 5 版），第 411 页。

从事建筑设计，以设计花园洋房为主。他开办的“彦记建筑事务所”是最早的中国私人建筑事务所之一。他参与组建了中国建筑界第一个学术团体“中国建筑师学会”。1925 年和 1927 年，他分别主持设计了中山陵和广州中山纪念堂、纪念碑，从此蜚声海内外。

1925 年 5 月，筹备处向海内外征集中山陵设计方案，规定“祭堂图案须采用中国古式而含有特殊与纪念之性质者，或根据中国建筑精神特创新格亦可”[1]。在 40 多种设计方案中，吕彦直的设计脱颖而出，被评为第一。中山陵于 1926 年奠基，1929 年建成。这是中国现代建筑师第一次规划设计大型纪念性建筑组群的重要作品。

中山陵位于紫金山南麓，周围群山连绵，松柏苍郁，开阔宏美。陵园顺着地势依山而建，坐落在苍翠林海之中。总体布局沿中轴线分为南北两大部分。南部包括入口石牌坊和墓道，北部包括陵门、碑亭、石阶、祭堂、墓室等。陵区两侧围以钟形陵墙。主体建筑——祭堂融中西建筑风格于一体，平面近方形，高 29 米，长 30 米，宽 25 米。屋顶为中国传统建筑歇山顶，上覆蓝色琉璃瓦。牌坊和其他附属建筑顶部均为中国古建筑形制，屋顶也都覆以蓝色琉璃瓦，色彩统一，与周围翠色和谐，显得宁静、肃穆、庄严、洁净。

作为纪念性陵墓建筑，中山陵总体规划借鉴了中国古代陵墓以少量建筑控制大片陵区的布局原则，也揉入了法国式规则型林荫道的处理手法，没有拘泥于传统陵园的固有格局，选用了传统陵墓的组成要素而加以简化。[2] 比如，传统帝王陵的神道石像生就弃而不用。通过长长的逐渐向上攀升的墓道、大片的绿化和台阶上的间隔不远的一个个平台，把各处的单体建筑连接成恢宏的整体。台阶 392 级，平台 8 个。石牌坊、陵门、碑亭沿用清式的基本形制而加以简化，运用了新材料、新技术，采用了纯净、明朗的色调和简洁的装饰，使得整个建筑组群既有庄重的纪念性，浓郁的民族韵味，又呈现近代的新格调，成为古典与现代完美结合的一个最为成功的范例。

吕彦直在中山陵的设计上充分展示了他对中西建筑知识的融会贯通，展现了他宽广的视野、深厚的底蕴和高雅的审美品位。中山陵是中国现代建筑师在中华大地上矗立起的一颗璀璨的建筑明珠。

二、梁思成、林徽因与人民英雄纪念碑设计

北京天安门广场上的人民英雄纪念碑是新中国成立后首个国家级公共艺术工程，也是中国历史上最大的纪念碑，汇聚了梁思成、林徽因、郑振铎、吴作人和刘开渠等一大批当时中国最优秀的文史专家、建筑家和艺术家的智慧和才干。

1949 年 9 月 30 日，中国人民政治协商会议第一届全体会议决定，在首都北京建立人民英雄纪念碑。纪念碑兴建委员会成员中包括著名建筑家梁思成，他担任副

---

[1] 潘谷西主编：《中国建筑史》（第 5 版），第 376 页。

[2] 参见潘谷西主编：《中国建筑史》（第 5 版），第 376 页。

主任。到 1953 年，在全国范围内共征集了 240 多种设计方案，委员会从中精选出 8 种，但大家意见纷纭。梁思成向当时的北京市市长彭真详细阐述了自己的设计意图，最终委员会确定使用梁思成的方案。

梁思成在给市长的信中针对当时的主流意见，主要阐述了以下设计要点：（1）纪念碑必须是与天安门完全不同的另一种形体，矗立峋峙，坚实，根基稳固；若把它浮放在有门洞的台基上，显得不稳定，不自然。（2）台基过大将使广场促狭，不通透。（3）碑是主题，台是衬托。衬托过大，主题就吃亏了。（4）台基开三个门洞，既无实际用途，结构上又不合理，实在无存在的理由。（5）避免做成一块拼凑而成的“百衲碑”，那样很不庄严。

当时分歧最大的是碑顶的造型问题，是选用歇山式宝顶还是塑立英雄群雕，意见不统一。梁思成设计的宫殿式宝顶最终被采纳。这个小屋顶不仅是很好的装饰，而且像是顶小帽，起到保护碑身的作用，也显得很稳固。若是安设雕像，尺寸大就不稳固，尺寸小就看不到，显然不合适。这个碑顶的设计使得纪念碑具有了民族特色，既增添了古典韵味，又与纪念碑完美融合，非常和谐。

林徽因设计了纪念碑的两层须弥底座。上层须弥座四面刻有牡丹、荷花、菊花、垂幔等八个花环，以示对烈士的崇敬之情。下层大须弥座束腰部位镶嵌着十幅巨大的汉白玉浮雕，其中八幅作品反映了中国近现代史上的革命事件。

纪念碑没有立在伟人奠基的位置，而是挪动到了广场中轴线略微偏南的位置。这为后来建设的人民大会堂和革命历史博物馆留有余地，使得这三个建筑物与天安门之间形成菱形关系，并且都有非常好的观赏视角。

碑身的朝向也进行过调整，由朝南改为朝北，正面面对北面的天安门。这一举措对后来广场的扩建，特别是毛主席纪念堂的面向问题，起到了决定性作用。

梁思成和林徽因夫妇还为中国古建筑的普查和保护作出过极大贡献，1932 年，他们夫妇还担负了北京仁立地毯公司的建筑设计。1930 年，梁思成参与创办了中国营造学社，作为一个民间学术团体，营造学社对中国传统建筑的研究和保护作出了巨大贡献。1936 年 4 月 12—19 日，上海举办了中国历史上第一次规模盛大的中国建筑展，这次展览会就是由中国营造学社和上海市建筑协会、中国建筑师学会联合主办的。

三、冯纪忠设计上海松江方塔园

冯纪忠是我国著名建筑学家、建筑设计师和建筑教育家，中国现代建筑的奠基人，也是我国城市规划专业以及风景园林专业的创始人，我国第一位美国建筑师协会荣誉院士。

他出生于河南开封的一个书香世家，祖父是清代翰林。1934 年，冯纪忠进入上海圣约翰大学学习土木工程，与贝聿铭同班；1936 年赴奥地利维也纳工科大学学习建筑专业，1941 年毕业，是当时两个最优等的毕业生之一，并获得德国洪堡基金会奖学金。1946年冯纪忠回国，1949年起在同济大学任教。

上海松江方塔园原址是一个宋代的古塔。20世纪70年代，上海市政府开始对损毁严重的方塔园进行修缮和建设。冯纪忠负责总体规划。他改建方塔园的核心思想是“与古为新”，力求保持这块地方的原貌。规划以方塔为主体，塔是核心，塔要有被托着的感觉。冯纪忠认为，被托着的东西才显得珍贵。冯纪忠用现代园林的组合方式将古塔、宋代石桥、明代大型砖雕照壁等古建筑和七株古树很好地结合在一起。他又从园外迁建明代楠木厅、湖石五老峰和美女峰等七块峰石、清代天妃宫大殿等。整个地形改造仿松江区有名的“九峰三泖”地势。九峰，指的是松江区呈东北—西南走向的九座小山峰；三泖，指的是松江区三处湖泊。他的设计是在园中堆九个土丘，开挖河池，并点缀亭榭，保留原有的大片竹林，以草皮和主体树木统一全园底色。整个园子分为草皮空间、水面空间和广场。这些空间隔而不断，是自由流动的。规划的目标是要建成一个自然、空旷、幽静、以观赏文物为主的园林。

此外，冯纪忠还用竹子和茅草等简朴的材料搭建了一个供观光者休憩的“何陋轩”。这个何陋轩成了方塔园画龙点睛的一笔。这个由立柱支撑起的棚屋，采用大屋檐，屋顶为中国传统建筑歇山顶的变形。它将古典与现代风格融合在一起。

1981年全国文物普查时，有关专家认为方塔是1949年以来国内古建筑修复最好的实例之一。方塔园的古文化风采，不仅吸引了众多访古探幽的游客，还吸引了许多影视工作者。《西厢记》《牡丹亭》《窦娥冤》《聊斋》《济公》《封神榜》等10多部影视剧都曾在园中取景。

在中国现当代建筑界有“北梁南冯”之称，“北梁”指居住在北京的梁思成，“南冯”即指定居在上海的冯纪忠。冯纪忠的父亲曾任徐世昌的秘书。冯纪忠3到11岁时曾在北京外交部小学读书。那时冯家和梁家都曾住在东堂子胡同的一个院落。

冯纪忠设计的武汉东湖客舍是毛主席在武汉的驻地，这个客舍受到了主席的赞赏。

四、贝聿铭奉献给祖国的设计作品

苏州贝家是颜料巨商，贝聿铭出身于这样一个名门望族。其叔祖贝润生曾任上海总商会协理、全国商联会副会长，投资创办多家钱庄，捐资兴办幼儿园、职业学校等。1917年，贝润生购得苏州狮子林，整修后，园林之胜冠盖苏州，1949年后捐赠给了国家。

20世纪30年代，贝聿铭赴美留学，先后在麻省理工学院和哈佛大学学习建筑。在哈佛大学，他师从包豪斯第一任校长格罗皮乌斯（Walter Gropius），取得硕士学位后，他留校任教，受聘为设计研究所助理教授。不久，他辞去教职，担任一位房地产开发商的建筑师，后自立门户，成立自己的建筑公司。他设计的著名建筑有美国肯尼迪图书馆、华盛顿国家艺术馆东馆、巴黎卢浮宫金字塔入口和卢浮宫内部的改建、北京香山饭店、日本美秀美术馆、香港中银大厦和苏州博物馆新馆等。他的建筑作品具有鲜明的现代主义风格，善用钢材、混凝土、玻璃与石材等。

1979年，美国建筑界宣布该年度为“贝聿铭年”。贝聿铭先后获得美国建筑学会金奖、法国建筑学金奖、日本帝赏奖、美国普利兹克奖，以及里根总统颁发的自由奖章等。

1. 北京香山饭店

1979年，贝聿铭受聘设计香山饭店。他以一贯认真细致的作风，多次到香山勘察地形，探察周围环境，不辞劳苦走访北京、南京、扬州、苏州、承德等地，考察各地的建筑和园林，拿出了一套设计方案。该方案主要是采取一系列不规则院落的布局方式，使香山饭店与周围山水林木融为一体，初看貌不惊人，实则秀美异常，高雅出众。

香山饭店融中国古典建筑艺术、园林艺术、环境艺术于一体，既有古典建筑的韵味，又有现代简朴的造型，呈现出特有的“简古”特色。在这件作品上，贝聿铭不以高度、体量取胜，不做成香港中银大厦那样的摩天大楼，而是以“秀”取胜；也不做成玻璃幕墙那样的现代气息浓郁的建筑，而是选用苏州城粉墙黛瓦那样的“古”雅格调。它看上去是“古”的，但实际上是“新”的，亦古亦新，虽古实新，是真正的一座现代风格的建筑，近似于包豪斯时期的建筑风格，是块面的、直线的、简洁的，没有复杂的梁椽斗拱结构，都是规整的几何形体。同时，它对块面的装饰性分割使其具有了古典韵味。这是一座融古于新、装点古意的现代风格建筑。香山饭店坐落在风景秀丽的香山公园内，与周围环境和谐一致，四时不同的自然美景映托着建筑之美，而它本身也化为公园美景的一部分。

香山饭店成功地将江南园林和民居的抹灰墙及漏窗、宫灯、月洞门、砖饰等元素与现代化的功能分区、结构设计融合，特色鲜明，韵味悠长。

2. 苏州博物馆新馆

新馆建设是苏州市重点项目之一，85岁高龄的贝聿铭欣然接受苏州市的盛情邀请，亲自设计苏州博物馆新馆。该项目于2002年4月30日签订协议，2006年10月新馆建成。新馆设计仍然不向高空发展，不以雄伟取胜，而是做成院落格局，一组房舍围着院落铺展开来，与周围环境相协调。

在整体布局上，新馆巧借水面，与紧邻的拙政园、忠王府连在一起，成为这些建筑环境的延伸。它们互相借景，互相辉映。新馆化用古典风格而推陈出新，有古的感觉而实际上是新式样。屋顶设计的灵感来源于苏州传统屋顶，但舍弃斗拱飞檐，也不用梁椽屋瓦，演化为规整、平面的几何效果，材料也是新型建材，所以似古而实新。

新馆实则是一个个几何方块建筑，玻璃屋顶与石屋顶相互映衬，使自然光进入活动区域和博物馆展区，光线的层次变化使馆内如诗如画。其外观大面积的粉白墙壁，镶以灰色边框，就像一张张屏幕将自然风光摄入其中，妙不可言。

贝聿铭曾说："中国的建筑要有自己的面孔，要贴近生活。" "中国的建筑要看中国的历史、文化。"[1]苏州博物馆新馆好比是一座扩大了的中国庭院，一座新式园林，它非但没有对周边历史古迹造成妨碍，而且水乳交融，相得益彰。新馆不仅是建筑环境设计的杰作，也体现了人文关怀。

拓展思考：近代以来，中国城乡环境发生了怎样的变革？中国早期现代建筑师和施工团队是如何成长起来的？

推荐阅读书目：[法]柯布西耶《走向新建筑》、[英]约翰·罗斯金《艺术十讲》。

[1] 转引自薛娟：《中国近现代设计艺术史论》，第85页。

本章参考文献

[1] 潘谷西主编：《中国建筑史》（第 5 版），北京：中国建筑工业出版社，2004 年。

[2] 薛娟：《中国近现代设计艺术史论》，北京：中国水利水电出版社，2009 年。

[3] 沈福伟：《中西文化交流史》，上海：上海人民出版社，2017 年。

[4][美] 丁韪良：《花甲忆记：修订译本》，沈弘、恽文捷、郝田虎译，上海：学林出版社，2019 年。

[5][美] 亚历山大 · 加文：《美国城市规划设计的对与错》（原著第 2 版），黄艳等译，北京：中国建筑工业出版社，2009 年。

[6] 中央党校采访实录编辑室：《习近平在正定》，北京：中共中央党校出版社，2019 年。

[7] 国都设计技术专员办事处编：《首都计划》，南京：南京出版社，2018 年。

下编

第七章 古代埃及、巴比伦、希腊、罗马和欧洲中世纪建筑园苑

本章导读 西方古代建筑环境艺术设计研究的范围是古代埃及、巴比伦、希腊罗马和欧洲中世纪的建筑环境艺术设计的主要成就和作品特色。这是西方文明早期和中期阶段呈现的建筑环境艺术风貌。它奠定了建筑环境艺术设计的基础，对后世影响深远。保留至今的建筑杰作和园苑遗址，令世人惊羡古人的卓越设计能力和非凡智慧。本章结合古埃及金字塔、亚历山大城、古巴比伦王城、帕特农神庙、万神殿、哈德良离宫、圣索非亚大教堂和中世纪后期的哥特式建筑环境等具体作品，深入探讨西方建筑环境的艺术特色，并通过与中国古代建筑环境艺术的对比，领会中西不同地域民族在建筑环境设计领域展现的卓越成就和非凡的创造才华。

第一节 古埃及金字塔、方尖碑、神庙、迷宫与亚历山大城

一、金字塔、方尖碑、神庙与迷宫建筑设计

在埃及尼罗河下游，散布着 90 余座大小不一的金字塔遗迹。考古专家认为应有 137 座，现发现 95 座。[1] 其中胡夫金字塔在埃及首都开罗郊外的吉萨（图 7–1），最为高大，最初高 146.5 米，现高 138.8 米，方锥体造型，底基每边长 230.4 米，共用约 230 万块石块砌成。起初金字塔的外部覆盖了一层套石，使外部看上去平滑，后来套石剥落，露出内核结构。在英国林肯

图 7–1 吉萨金字塔群

[1] 参见段武军：《探寻埃及》，北京：中国画报出版社，2005 年，第 100 页。

大教堂建成之前，它一直是世界上最高的建筑物，林肯大教堂约建成于1300年，教堂塔尖高度是160米。

在大金字塔身的北侧、离地面13米高处有一个用4块巨石砌成的三角形出入口（图7-2）。这个三角形用得很巧妙，因为如果不用三角形而用四边形，那么100多米高的金字塔本身的巨大压力将会把这个出入口压塌。用三角形就使顶部的受力面降到最低，两个斜面则化解了重力。其根本在于三角形所占空间远小于四边形，而这样的空间并不影响人出入。在4000多年前对力学原理有这样的理解和运用，能有这样的构造，也是很了不起的。

图7-2 吉萨大金字塔入口

金字塔内部结构复杂，甬道布局巧妙。其中大甬道以26度的斜度向上延伸，内壁用巨大磨光石灰岩板紧密接合而成，其上方承受着百万吨的重量。建筑技巧如此惊人，以至于关于金字塔的建造出现外星人建造、地球前一次高度文明社会所建等多种假说。而且有人经过实验，认为金字塔内部构造能够产生一种无形、特殊的能量，它有防腐保鲜作用，被称为“金字塔能”。[1]

1866年访问欧洲的清廷官员斌椿一行，在途经埃及时曾参观金字塔。那是农历的三月十一日。斌椿记述：“登岸，雇驴六头，行甚驶，奔马不及也。又十余里，至古王陵。相连三座。北一陵极大，志载基阔五里，顶高五十丈，信不诬也。方下锐上，皆白石垒成。石之大者，高五六尺，阔七八尺不等。北向有石洞一，蛇行人，土人篝灯前导。窄处仅容一人，曲折上下，穷极幽险。中有石槽一，叩之作磬声，云古石棺也。洞口高十余丈。横石刻字，计十行，约百余字，如古钟鼎文，可辨者十之二三，余则苔藓剥蚀不可识。洞之上下两旁，有石刻，皆泰西文字。山下有方池，石砌未竟。旁竖巨石，凿佛头如浙江西湖大佛寺像，洵称巨观。”[2]斌椿一行不仅观览了金字塔的外部，而且走进了金字塔，参观了它的内部。他记述金字塔高五十丈，这和实际高度相差不大，而洞口高十余丈，则和13米高相差甚大。他所记巨型佛头，毫无疑问是狮身人面像。

其随行人员张德彝也记载了此次埃及游历：“抵彼岸弃舟，乘驴驰驱，奔马不及，行二十余里，见晨光熹微，树林阴翳，鸟鸣山上，牛卧水中，田间麦高三尺。复行五六里，则一望荒沙，人迹疏绝。后至一古埃及之王陵，其陵三尖形，周一百八十丈，高四十九丈，皆巨石叠起。相传前三千数百年建造，天下第一大工也，其次则

[1] 参见段武军：《探寻埃及》，第115页。

[2] （清）斌椿：《乘槎笔记》，北京：商务印书馆、中国旅游出版社，2016年，第16～17页。

属中国万里长城矣。正面一洞，高约八丈，上有埃及文一篇，字如鸟篆，风雨侵蚀，模糊不复辨识。明偕德善与法民司朴纳二人，缘洞口而进。初极暗，才通路，有土人秉烛导引。入门有陡路极狭，左右上下皆大石长一丈四五尺、高五六尺者，纵横累叠。一步一跌，时虞颠扑。上时须曲身如蛇行而进，不敢仰视，后则如猿猴蹲行，再则足扳手摸，援石之棱而上。有时石震有声，神魂失倚，险甚。其路径曲弯，行则趋前失后，退后迷前，虽有土人指示，亦若眩晕。绕行时许，陡然光开，引至阔处，宽约半亩，内一石棺无盖，形如马槽，击之铿然，放于壁角。看毕盘桓数处，四肢不克自主矣。在内约三时，出则一身冷汗矣。迄今思之，为之神悸。并邀登陵顶一观，恐力不济，乃辞。”[1]张德彝又名张德明，文中“明偕德善与法民司朴纳二人”中的“明”即指他本人。张德彝的记述更为详尽，但他和斌椿所记在数据上有些出入。他记洞高约八丈，同样和实际相差甚远。而对于金字塔底座的周长，斌椿记为五里，比实际多出很多，而张德彝记为一百八十丈，又比实际长度少了很多。张德彝还写道：“王陵大小共三座，此大者居其中。前一大石人头，高约四丈，宽三丈许，耳目清晰。或云此古时蚩尤之头，在此已化为石矣。语殊妄诞不经，吾未之敢信。又有大石沟极深，土人云系古时太阳庙。盖此国民，皆礼拜三光之回人也。”[2]斌椿和张德彝所记金字塔旁的狮身人面像，都只描述了人面，而未言及狮身。

徐继畬，清道光年间任福建巡抚，他与美国传教士雅裨理等人有交往，著有《瀛寰志略》一书。该书中记述了埃及金字塔：“都城外有古王冢数处，皆基阔顶锐，棺内贮香油，尸数千年不腐，有一冢基阔五里，高五十丈，顶似峰尖，中有洞，深三丈四尺，阔二丈七尺，内藏石棺一，不知何代何王所造，西土以为异观。南怀仁《宇内七大宏工》记有此冢。”[3]1848年，《瀛寰志略》在福州初刻问世，1866年总理衙门重刻，并把它作为同文馆的教科书，后来它甚至成为清末驻外使节人手一册的“出国指南”。斌椿一行赴欧之前，不会不详阅此书。中文文献对金字塔的描述，此当是最早之一。但无论是徐继畬还是斌椿、张德彝，都没有称它为“金字塔”，而是称之为“王冢”或“王陵”。金字塔的名称是后来才产生的。《瀛寰志略》一书中称埃及为“麦西”，书中对埃及地理环境作了如下记述：“地本沙碛，有尼罗河从南方发源，沿红海之西岸，北流入地中海，两岸涂泥淤为良田。”“近河之地阡陌云连，户口繁密，而去河稍远则平沙浩浩，旷无人烟。地少阴雨，沙漠熏灼，炎气逼人。”[4]埃及南为撒哈拉大沙漠，东部也多沙碛，民众沿蜿蜒的尼罗河一带定居，“无地可扩，无险可守，故波斯、希腊、罗马诸大国兴，麦西恒为之臣”[5]。在这样平沙浩浩的旷野之中，金字塔就是人造大山。也只有这样的环境背景，才适合金字塔，才使它

[1] （清）张德彝：《航海述奇》，北京：商务印书馆、中国旅游出版社，2016年，第30～31页。

[2] （清）张德彝：《航海述奇》，第31页。

[3] （清）徐继畬：《瀛寰志略》，第248页。

[4] （清）徐继畬：《瀛寰志略》，第242页。

[5] （清）徐继畬：《瀛寰志略》，第249页。

独具雄风。

古埃及金字塔体积庞大，外观简朴，粗犷强悍，威武雄壮，与自然环境相协调。风沙漫漫，烈日炙烤之下，小巧玲珑的木构建筑根本无法长久存在。而木材本身就缺乏。在当时的自然条件下，金字塔是神赐给生民的珍贵礼物。它穿越茫茫历史风烟，向世人无声倾诉并高度礼赞远古先民以无比顽强的意志和自然较量、致力于改变生存环境的斗争精神。阿拉伯谚语："人们怕时间，时间却怕金字塔。"这位"巨人"大气磅礴，雄视古今，抚爱万民。它的美是崇高美、力量美和精神美。它的设计与建造，体现了埃及人的原创智慧。

除了金字塔之外，方尖碑也是发端于埃及。埃及历代国王竞相制作独块的红色花岗岩方尖碑，把它献给太阳神。方尖碑象征着太阳的光辉。拉美西斯二世在位时期占领了特洛伊，他建的一座方尖碑，高 230 罗马步（1 罗马步相当于成人两步的距离）。他建的另一座方尖碑高 200 罗马步，每边宽 17 罗马步。据说，有 12 万人从事这项工作。更为惊人的是，当树立这座方尖碑时，他让工人把自己的儿子绑在碑顶上，为了确保王子的安全，工人们万分小心。托勒密·菲拉德尔福斯在亚历山大城建的方尖碑，高约 120 罗马步。它被安放在取自同一个采石场的六块花岗岩基座上。亚历山大城另外两座方尖碑高 63 罗马步。奥古斯都大帝在罗马圆形大竞技场也建了一座方尖碑，连基座总高 85 罗马步。罗马战神广场的方尖碑，比之约短 10 罗马步，有一个镀金的铜球在其顶部。这座方尖碑具有特殊的用途——投射阴影和记录昼夜的长度。[1]

古埃及人建筑了许多壮观的神庙，其中卡尔纳克神庙遗址至今保留巨型圆柱，阔如桥墩，密布如林，令人叹为奇迹。其圆雕、浮雕技艺高超，形神兼备，苍拙遒劲，风采奕奕。雕刻的细部还隐见彩绘，可想见当初的富丽堂皇。庙宇中也保留着古老的方尖碑，上面镌刻着铭文（图 7-3）。埃及人还建造了一些迷宫建筑。埃及的赫拉克利奥波利斯（Heracleopolis）有一座迷宫，普林尼在《自然史》中说建造时间在3600 年前。这座迷宫将埃及各个行政区域缩微其中，总共包含 21 个。每个行政区都有一个巨大的大厅作为代表，当一些厅的大门打开的时候，会发出令人毛骨悚然的雷声。迷宫里还有 40 座诸神神庙，有斑岩的圆柱、诸神的雕像、历代国王的塑像和怪兽雕像，还有几座金字塔，每座高约 60 罗马步，基座为 4 罗马亩（1 罗马亩约合 2500 平方米）。

图 7-3 卡尔纳克神庙巨柱与方尖碑

[1] 参见 [古罗马] 普林尼：《自然史》，第 376 ~ 378 页。

迷宫的小径两旁有许多阁楼。迷宫的道路盘旋曲折，多数处于阴暗中；宫中设有由许多地下长廊组成的地下室。在迷宫的区域之外还有大型建筑，形成了希腊人所说的“厢房”。[1]

在希腊神话中，克里特国王建造了一座迷宫以困住他妻子生下的一个半人半牛的怪物弥诺陶洛斯。这座迷宫是希腊最有名的工匠代达罗斯设计建造的。代达罗斯堪称西方木匠的鼻祖，相当于中国的鲁班。代达罗斯设计的这座迷宫，通路和死胡同混在一起，还造了许多歧路，把人的视线引向错误的方向，连他自己也几乎找不到通向入口的路了。[2] 传说雅典王子忒休斯来到克里特岛，赢得了国王女儿阿里阿德涅的爱。为了帮助他走出迷宫，公主交给他一个线团，教他把线团的一端拴在迷宫的入口处，然后跟着滚动的线团一直往前走，最后，忒休斯找到并战胜了怪物，又顺着线团钻出了迷宫。

中国南朝的梁武帝曾修建了一座迷宫，目的是考验高僧昙鸾的智慧，昙鸾顺利走出“诘曲重沓二十余门”的千迷道，令梁武帝大为惊讶。宫中侍者来往也常疑阻而不知所措，而昙鸾被侍者引领走了一遍之后，自己就能独自走出，可见他的记忆力超常。

迷宫建筑因特殊目的而建造，体现了人类高超的设计智慧和建造才能。

二、亚历山大城

埃及古代有座名城——亚历山大城。它位于埃及地中海海岸，在现在的首都开罗西北约 208 公里处。埃及的尼罗河向北流入地中海，亚历山大城就位于尼罗河三角洲地带。该城于公元前 332 或公元前 334 年，由亚历山大大帝始建，即以亚历山大名字命名，主建筑师是狄诺克莱特斯（Dinocrates，又译迪诺克拉蒂斯、迪诺克拉底，马其顿人）。该城是古代第一座以在世人而非神的名字命名的城市。[3] 亚历山大征伐埃及，发现此处港口有天然防护之利，市场繁荣兴旺，尼罗河水灌溉的麦田生机勃勃，便命他的同乡人狄诺克莱特斯以他的名义规划亚历山大里亚城（图 7–4）。该城位于尼罗河卡诺珀斯河口的一个近海岛屿上，此地易于防守，有极佳的海港，通过尼罗河可进入富饶的内地。而且，尽管此地纬度很低，却常年刮着有益于人体健康的习习凉风，凭此知名

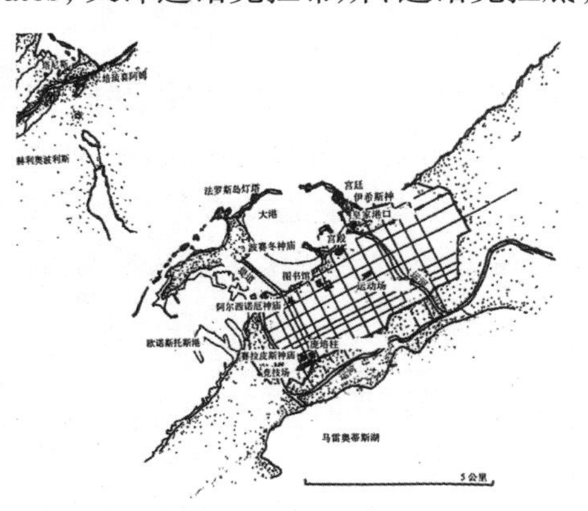

图 7–4 《建筑十书》中绘制的亚历山大城规划图

[1] 参见 [古罗马] 普林尼：《自然史》，第 381 页。

[2] 参见 [古罗马] 奥维德：《变形记》，第 210 页。

[3] 参见 [古罗马] 维特鲁威：《建筑十书》，第 275 页。

于世。[1]该城当时是马其顿帝国埃及行省的总督所在地，后发展成为埃及王国的首都，成为希腊化时期最大的城市之一，“在各个方面都是希腊化世界最辉煌最成熟的城市”[2]，规模和财富仅次于罗马。该城面积是雅典城的3倍以上，6公里长的一条大街东西横贯整个城市。该城主要街道据说有100英尺宽（约合30米）。[3]这是一座颇具现代感的城市，不仅商业繁华，商城鳞次栉比，而且有体育馆、娱乐场和完备的城市供水系统等。该城被誉为“地中海女皇”。亚历山大去世后，由托勒密二世将其迁葬该城。古罗马最著名的几何学家欧几里得是这里的公民。该城文化教育事业兴盛、重视文明成果的保护与传承，标志之一就是落成的亚历山大城图书馆。

公元前332年，亚历山大大帝率军东征，先攻占埃及的尼罗河下游地区，后又征服波斯，饮马印度河。公元前323年，他年仅33岁就病逝。亚历山大曾在一次宴会上为所有民族的和谐及马其顿和波斯联邦而祈祷，可以说“亚历山大是第一位超越民族界限的人，他认为人类的友爱（尽管不完美）不存在希腊人或是巴比伦人之分”[4]。他还曾宣称“所有人类都是一个圣父的子孙”[5]。亚历山大还在许多方面为知识的增长提供材料，包括植物学、动物学、地理学、民族学、水文地理学，使得真正的科学在其死后的几代人中间发展迅速。[6]亚历山大建立的横跨欧非亚三洲的大帝国，在其谢世后不久即为他的部将所分治。其中托勒密于公元前305年在埃及宣布为王，埃及法老王的统治至此终结，托勒密王朝由此发端。亚历山大城是托勒密王朝的都城。托勒密和其子托勒密二世统治时期，亚历山大城发展迅速。他们父子仿效古希腊，开始修建博学园和图书馆。博学园相当于大学，是当时的学术中心，博学园附近修建的图书馆提供研学所需图书文献。公元前3世纪，亚历山大图书馆建成。据说，该馆不仅图籍搜罗宏富，古典文献应有尽有，而且管理运营体系完备、科学有效，被誉为人类文明世界的太阳。亚历山大图书馆具有现代图书馆的性质。中国古代国家收藏图书有“汉武创置秘阁，以聚图书；汉明雅好丹青，别开画室。又创立鸿都学，以集奇艺，天下之艺云集”[7]的记载。秘阁和鸿都学是中国两汉时期国家书籍和艺术品的收藏之所。但这样的皇家收藏不可能对外开放。到公元前1世纪，亚历山大图书馆的藏书增加到约70万卷。[8]据称，当时有各国船只携带书卷为该馆提供图书。掭勒密三世还曾以15塔兰特（塔兰特是当时的货币单位，1塔兰特约在20～40千克）重金从雅典借抄古希腊埃斯库罗斯、索福克勒斯和欧里庇得斯

---

[1] 参见[古罗马]维特鲁威：《建筑十书》，第275页。

[2] [古罗马]维特鲁威：《建筑十书》，第275页。

[3] 参见[英]威廉·塔恩：《希腊化文明》，陈恒、倪华强、李月译，上海：上海三联书店，2014年，第324页。

[4] [英]威廉·塔恩：《希腊化文明》，第79～80页。

[5] [英]威廉·塔恩：《希腊化文明》，第376页。

[6] 参见[英]威廉·塔恩：《希腊化文明》，第307页。

[7] （唐）张彦远：《历代名画记》，第4页。

[8] 参见[英]威廉·塔恩：《希腊化文明》，第280页。

三大悲剧诗人的原作，结果留下了原本，将制成的副本还给雅典。图书馆和博学园吸引了大批希腊化世界的文学家、史学家和自然科学家，一时学者云集，学术氛围浓厚，成果丰硕。天文学、地理学、力学、几何学和医学等都得到长足发展。欧几里得就是在博学园里完成《几何原本》，并将该书献给托勒密王。阿基米德也曾于公元前 3 世纪末来到亚历山大城，在此进行他的固体几何和力学研究。斯忒西比乌斯在此发明了水钟和压力泵。而亚历山大城的医院在解剖和外科手术方面很出名。[1]托勒密王朝创造了辉煌的文明成就。

托勒密对文教事业具有非比寻常的热情，他举行纪念缪斯和阿波罗的竞赛，设立丰厚的奖金，奖励那些在学术和文艺创作方面做出突出贡献的人才。就像为运动员颁奖那样，国王为竞赛中获胜的作家颁发奖金和荣誉勋章，这在帝国中是莫大的荣耀。在一次比赛中，国王聘请了七位评委，其中之一是阿里斯托芬（Aristophanes）。阿里斯托芬一心治学，废寝忘食，夜以继日地阅读，依次浏览了图书馆的每一本藏书。比赛中，诗人们被带进场内朗诵自己的作品。观众们若认可某个作品，便向台上的评委示意，评委们会参照公众的意见进行评判。比赛结束，七位评委中的六位都要将一等奖颁发给那位他们注意到的最讨观众喜欢的诗人，但唯独阿里斯托芬不同意，他主张一等奖应授予那位最不受观众欢迎的诗人。国王和在场的所有人对这一提议表示强烈的不满。[2]但当阿里斯托芬表明自己的理由后，他不仅荣获了国王赏赐的许多礼物，还被任命为图书馆馆长。阿里斯托芬告诉国王和众人，其他人朗诵的都是别人的诗句，他选择的是唯一一位真正的诗人。在他看来，裁判所关注的应该是原创作品，而不是剽窃之作。[3]这件事充分表明国家对文艺人才使命担当的重视程度。文艺工作者必须奉献给社会有足够分量的原创作品。

亚历山大图书馆建于托勒密一世（约前 367—前 283 年）时期，在托勒密二世、三世时藏书达到鼎盛，是世界上最古老的图书馆之一。馆内曾收藏了公元前 400 年至公元前 300 年时期的名人手稿和古籍。昔兰尼的厄拉多塞（Eratosthenes of Cyrene），在公元前 255 年左右曾担任该图书馆的馆长。他被称为西方古代最伟大、博学的人之一，第二个最有学问的人。[4]他是测量地球周长的第一人，晚年双目失明，绝食而亡。公元 272 年，亚历山大图书馆因战火被毁，最后关闭，连一个石块的实物也没有留下，今天只能从历史文献的零星记载中去遐想。

而亚历山大城经战争、海啸和多次地震，到奥斯曼帝国末期已沦为一个仅 4000 人口的小渔村。

亚历山大古城留存至今的唯一建筑是被称为“城徽”的骑士之柱，一根粉红色花岗岩石柱，是古希腊和古埃及最重要的神灵塞拉皮斯（Sarapis）庙宇的一部分。

---

[1] 参见许海山：《古埃及简史》，北京：中国言实出版社，2006 年，第 361 页。

[2] 参见 [古罗马] 维特鲁威：《建筑十书》，第 158 页。

[3] 参见 [古罗马] 维特鲁威：《建筑十书》，第 158 页。

[4] 参见 [古罗马] 维特鲁威：《建筑十书》，第 240 页。

该庙宇最初建于托勒密三世时期，不久便被毁了，只有石柱保存下来。石柱由柱基、柱身和柱顶三部分组成，总高度为 26.85 米，重约 500 吨。柱身呈圆柱形，上部直径 2.3 米，下部直径 2.7 米，柱身全长 20.75 米，由一整块红色花岗石凿成。柱顶为古罗马科林斯式。十字军将士称其为“庞贝柱”（图 7–5）。据他们叙述，古罗马大将庞培（又译庞贝，前 106—前 48 年）被恺撒击败，逃到埃及，被埃及人杀死，其骨灰存于柱顶骨灰罐里。

图 7–5 亚历山大城庞贝柱

在亚历山大城北约 1400 米的海岛上有座灯塔，名叫亚历山大灯塔（图 7–6）。它与埃及金字塔都位列西方世界七大奇迹工程之中。金字塔不仅居首，且是七大奇迹中唯一保存至今的。而亚历山大灯塔已不复存在。古埃及的地中海海岸十分平坦，那里根本不存在可以用来进行航海指示的地标，因而在港口建造一座标志性的建筑就很有必要。而一场大悲剧直接促进了灯塔的建造。传说公元前 280 年秋的一天，月黑风高，一艘埃及的皇家迎亲船在驶入亚历山大港时触礁沉没，船上的皇亲国戚及从欧洲娶来的新娘全部葬身鱼腹。悲剧震惊了埃及朝野，国王托勒密二世下令修建导航灯塔。塔楼由古希腊建筑师索斯特拉图斯（Sostratus）设计，上有一个索斯特拉图斯的灯室十分独特。经过40年的努力，宏伟的灯塔矗立在法洛斯岛的东端石礁上，因而它的全称为“亚历山大法洛斯灯塔”。塔高 135 米（一说近 400 英尺高，约合 122 米[1]），仅次于胡夫金字塔的高度。灯塔是一个逐渐缩小的三层塔楼。第一层正方形结构，高 60 米，有房间和洞孔 300 多个，作为燃料库、机房和工作人员的寝室；第二层八角形结构，高 30 米；第三层圆形结构，上面用 8 根 8 米高的石柱支撑着灯楼，其形状是一个冲天塔。灯楼上面，矗立着 7 米高的海神波塞冬的青铜雕像。夜晚工人们点亮燃料，燃烧松脂树形成篝火，光线通过凸面镜聚焦（一说是凹面金属镜[2]），然后反射出去照耀大海。白天依靠太阳光反射。据说灯光能照射到 56 公里外的海面。塔内有一个升降梯可以上下，减

图 7–6 考古学家赫尔曼·蒂尔施（Hermann Thiersch）绘制的亚历山大灯塔图（1909 年）

[1] 参见 [英] 威廉·塔恩：《希腊化文明》，第 326 页。

[2] 参见苏山编著：《还原 30 个消失的建筑》，第 13 页。

轻了工人们输送燃料的劳苦。整个灯塔的面积约930平方米，由石灰石、花岗石、白色大理石和青铜铸成，巍峨大气。公元700年，亚历山大城发生地震，灯室和波塞冬立像塌毁。880年，灯塔修复。1100年，灯塔再次遭强烈地震的破坏，仅存一部分，成了一座瞭望台。1303年和1323年的两场地震彻底摧毁了灯塔。

公元1480年，为防止土耳其入侵，埃及国王卡特巴用灯塔遗址的石料在灯塔原址修筑城堡，并以自己的名字为其命名（图7–7）。城堡占地2万平方米，是一座长方形阿拉伯式建筑，每个角都有一个圆柱形的炮楼，造型优美，气势巍峨。从这里可以欣赏到现代亚历山大城和地中海绝美的景色。[1]

图7–7 亚历山大城灯塔遗址上的卡特巴城堡

亚历山大城的城市建筑、设施和规划，以及在科学文化方面的卓越建树，曾令它在人类文明史上谱写了光辉灿烂的一章。今天在其原址上一座现代化的亚历山大城正蓬勃发展。但消失在历史风烟中的古城，曾是地中海第一大港口，商贾云集，万帆辐辏，衽帷汗雨，其繁华富庶极一时之盛，在人类历史上留下了极为煊赫的一页。

第二节　古巴比伦王城与所罗门王圣殿及花园

一、古巴比伦王城

古巴比伦国在两河之间，即底格里斯河和幼发拉底河之间，其东部为波斯帝国。在公元前500年左右，即中国春秋时期，古巴比伦国都建有一座超乎寻常的大城。这座城池，“高三十五丈，厚八丈七尺，上设塔二百五十，城门一百，以铜为之，周回一百八十里”[2]。耶稣会传教士南怀仁（1623—1688年）曾记世界七大奇迹工程，古巴比伦城即是其中之一。城高三十五丈，以今天的比率来折算就是城高100多米，厚八丈七尺，厚度就接近30米了。一说城高十九丈，厚四丈八尺，周围二百里。[3]杨衒之在《洛阳伽蓝记》中记述的洛阳永宁寺佛塔“高九十丈”，上面还有高十丈的金刹，通高一百丈，也就是一千尺。这样的高塔“去京师百里，已遥见之”。可

[1] 参见张树德：《埃及十日游（一）亚历山大城自费游》，2019年12月14日，https://www.meipian.cn/2kthhp6p。

[2] （清）徐继畬：《瀛寰志略》，第172页。

[3] 参见[比利时]南怀仁集述，宋兴无、宫云维等校点：《穷理学存》，杭州：浙江大学出版社，2016年，第399页。

凭这些数据来估量古代“丈”“尺”的长度。《营造法式·总释上》引东汉郑司农注云：“六尺曰步，八尺曰寻，九尺曰筵。”[1] 寻，相当于伸展开两臂的长度，“展臂曰寻”。一步等于六尺，一寻等于八尺。秦汉时期的一尺比现在的少十余厘米。城高百米，有城门一百座，这样高大的城池，真是人类工程的奇迹，令人难以置信。清朝官员徐继畬感叹：“当其初建，縻膏血而供版筑，自以为子孙万世之业，然居鲁士兵来，曾不血刃而克之，金城千仞果足恃乎？巴庇伦再叛，大流士恶其城垣之高，拆毁其半，至今犹存遗址，在土耳其东土美索不达迷亚境内。”[2] 居鲁士和大流士都是波斯国国王。居鲁士率军攻打巴比伦城是在中国周景王八年（前 537 年）。大流士攻打巴比伦城是在中国周敬王年间（公元前 519—前 476 年）。两次战争皆攻克了巴比伦城。这样的金城汤池在两次大战中都没有抵挡住攻城的来犯之敌。

百米高的城墙，墙厚 30 米，其稳固性无可置疑。商纣王的鹿台“其大三里，高千尺”，其高度又远超巴比伦城池之高。当然它们的功用不同，材质和架构也不同，但它们都创造了人类建筑工程的高度之最，分别成为有史记载的人类文明史早期最高的城墙和楼台。由此可以推知在距今两三千年前的往古，人类在建筑环境设计、建造方面所达到的技术水平，以及所创造的辉煌成就。

据说古巴比伦王城建有“悬空园”，它依附在巴比伦城墙之上。[3] 这座悬空花园规模应该很大、很壮观，否则不会为后世所称道。这座奇迹般的空中花园，表明古巴比伦人已经在工程学方面取得了卓越的成就。而在这样一座大花园中浇灌花木，单凭人力运水显然不行，于是古巴比伦人设计了巧妙便捷的供水系统。19 世纪末，一位德国考古学家考察古巴比伦城遗址时，发掘出了一口带有三个水槽的水井。这三个水槽一个是正方形，另外两个是椭圆形。这位考古学家认为他发掘的地方可能就是空中花园的遗址。[4]

图 7–8 南怀仁《穷理学存》书中描绘的古巴比伦城“悬空园”

南怀仁在《穷理学存》一书中记载巴比伦城：“城楼上有园囿、树木景致接山水，涌流如小河然。造工者每日三十万。”[5] 既然空中花园与附近山水相接，供水当不是从城内的井中抽取，而是从城外的山涧流入（图 7–8）。

古巴比伦城有个别称——“冒犯上帝的城

[1] （宋）李诫著，梁思成注释：《梁思成注释〈营造法式〉》，第 35 页。

[2] （清）徐继畬：《瀛寰志略》，第 172 页。

[3] 参见 [日] 针之谷钟吉：《西方造园变迁史——从伊甸园到天然公园》，第 21 页。

[4] 参见苏山编著：《还原 30 个消失的建筑》，第 124 页。

[5] [比利时] 南怀仁集述：《穷理学存》，第 399 页。

市”。这是因为该城曾建有一座非常特殊的建筑——通天塔。它的建造触怒了上帝。《圣经·旧约》记载该塔为巴别通天塔。人们希望建造一座能直接通往天堂的高塔，结果建到一半的时候，上帝使原本讲同一语言的人开始讲不同的方言，由于无法沟通思想，只好各自散去。但尼布甲尼撒二世重建了通天塔。它由许多层巨大的高台奠基，底层的高台一共分作八层。塔基每一边的长度约为 90 米，塔的高度也约 90 米。[1] 这座高塔据称毁于波斯人的入侵。居鲁士后的一位波斯国王薛西斯下令摧毁了巴比伦城和城内的通天神塔。[2]

二、所罗门王圣殿及花园

所罗门（Solomon）是以色列第三代君王，生于耶路撒冷，是大卫王的小儿子，其母为拔士巴。所罗门有非凡的智慧，他统治了邻近的所有民族，同时还致力于建筑事业。在首都耶路撒冷，他建造了黎巴嫩林宫、圆柱大厅、御殿、法郎公主之宫及神庙，还建设了其他要塞工程及仓库城、战车城、骑兵城等。在所罗门主持建造的所有建筑中，最有名的是为奉祀犹太教主神耶和华所建造的一座圣殿。它坐落于耶路撒冷高崇的摩利亚山上，于公元前 935 年竣工。圣殿坐西朝东，平面为长方形，融巴勒斯坦与叙利亚建筑风格为一体。整座建筑崇闳壮丽，装饰极其精美，主色调为金色，所以看上去金碧辉煌。据称，所罗门圣殿的一些最华美雕刻来自对棕榈叶和石榴的模仿。[3] 圣殿周围有一道椭圆形的石头围墙。后来圣殿被入侵者摧毁，犹太人重建了圣殿，但又为另外的入侵者焚毁。如今圣殿遗址上幸而还有一道石墙留存至今。这就是耶路撒冷闻名于世的哭墙。

在建造宫室观宇的同时，所罗门也热衷于造园。在国王的著作《传道书》中记载：“我于是扩大我的工程，为自己建造宫室，栽植葡萄园，开辟园圃，在其中种植各种果树，挖掘水池以浇灌生长中的果木。”[4] 从这些记述中可以看到约 3000 年前的耶路撒冷地区在园圃规划和建设方面所取得的成就。尽管记述简略，无法确知这些建筑园林的规模、形制和架构等，但对各类城池和果木繁盛的园圃的描绘也能令人感受到所罗门王治下城市和园林建设的繁荣。

---

[1] 参见苏山编著：《还原 30 个消失的建筑》，第 130 页。

[2] 参见苏山编著：《还原 30 个消失的建筑》，第 133 页。

[3] 参见 [英] 约翰·罗斯金：《艺术十讲》，张翔、张改华、郭洪涛译，北京：中国人民大学出版社，2008 年，第 123 页。

[4] [日] 针之谷钟吉：《西方造园变迁史——从伊甸园到天然公园》，第 9 页。

第三节 古希腊罗马建筑环境艺术设计

一、希腊环境风貌和建筑成就

希腊地处欧洲东南角，三面环海，属于半岛国家，“地形如臂入地中海，其尽处槎桠似人掌”，“疆土褊小，海湾缭曲，汊港四通，洲屿星列”[1]。希腊是丘陵地貌，几乎没有平原，岩石遍布，五分之三的土地不宜种植，“其地关山迴隔，九曲盘绕，群峰竞秀，望若列屏，名胜甲于西土”。[2] 希腊境内多山，锦翠如屏，连绵不绝，境外海水潋滟，烟波万里，风光无限。其风景美如图画，“海水光艳照人，岩石环绕有如图画的框子，镂刻精工。当地的风景全是斩钉截铁的裂痕，如一幅笔力遒劲的白描。空气的纯净使事物的轮廓更加凸出”。希腊的环境还有一个特点是“境内没有一样巨大的东西，一切都大小适中，恰如其分，简单明了”。希腊人信奉奥林匹斯山上的神明。神示箴言：“勿过度。”希腊人“天赋优厚，又爱学习，永远是精明、巧妙、机智的头脑”，“感觉精细，善于捕捉微妙关系”，“认为宇宙是一种秩序，一种和谐”。自然的结构影响了希腊人，给他们的民族精神留下了印记。普林尼说：“全身赤露是希腊人特有的习惯。”这一定也与环境分不开，希腊气候“温和宜人，没有酷热严寒，每隔二十年才结一次冰，使人精神变得活泼与平衡”。[3] 这个民族曾出现过苏格拉底、柏拉图、亚里士多德、毕达哥拉斯、伊壁鸠鲁等大哲学家，阿基米德这样的大数学家，荷马、埃斯库罗斯等不朽的诗人，希罗多德和修昔底德等杰出的历史学家，以及菲狄亚斯和宙克西斯这样卓越的艺术家。古罗马建筑师维特鲁威说，苏格拉底是世上最聪明的人。[4] 美好的环境曾赐予希腊人非凡的天分，古希腊人谱写了辉煌的古代文明。

伏尔泰在其《路易十四时代》中写道：世界历史上只有四个时代值得重视，这四个兴盛昌隆的时代，文化技艺臻于完美，人类精神崇高伟大，因而它们是划时代的后世典范的时代。而这四个真正享有盛誉的时代中的第一个，伏尔泰将之归为菲利浦和亚历山大的时代，或者说是伯里克利、德谟斯提尼、亚里士多德、柏拉图、阿佩尔、菲狄亚斯和普拉克西泰尔一类人生存的时代。[5] 伏尔泰说这种荣誉只局限于希腊的疆域之内，他认为世界当时已为人所知的其他地区还处于野蛮状态。第二个伟大的时代，伏尔泰认为是恺撒和奥古斯都的时代，这个时代是罗马辉煌的时代。

---

[1] （清）徐继畬：《瀛寰志略》，第 174 页。

[2] （清）徐继畬：《瀛寰志略》，第 175 页。

[3] [法] 丹纳：《艺术哲学》，傅雷译，桂林：广西师范大学出版社，2000 年，此处引文均出自该书第四编“希腊的雕塑”。

[4] 参见 [古罗马] 维特鲁威：《建筑十书》，第 104 页。

[5] 参见 [法] 伏尔泰：《路易十四时代》，吴模信、沈怀洁、梁守锵译，北京：商务印书馆，1982 年，第 1 页。

卢克莱修、西塞罗、李维、维吉尔、贺拉斯、奥维德、瓦龙和维特鲁威是这一时期的名家。[1] 维特鲁威的《建筑十书》明确表明是献给奥古斯都的。希腊和罗马人对西方古代文明的贡献是极为卓著的。

希腊和罗马人虔信奥林匹斯山上的诸神会福佑他们，为此建造了很多神庙来奉祀神灵。这些神庙中，有一些历经无数风雨，至今尚风神灼烁。

在建筑艺术方面，于公元前 438 年落成的帕特农神庙，即便今天它只剩下一副嶙峋残骸，依然难掩其高迈古今的神俊风骨。

帕特农神庙（图 7–9）位于雅典卫城最高处，是长方形围柱式建筑，三级台基，人字形坡顶，多利克柱式。从现存的遗址中，这些外观特征都还能清晰感受到。雅典卫城同时还有奈基神庙和厄瑞克特翁神庙等，但帕特农神庙高踞各神庙之首，显得最为巍峨壮观。当时有一位天才的雕刻名家菲狄亚斯，他是那时的政治家伯里克利的朋友。通常认为，菲狄亚斯受伯里克利的委托，作为总监工指导和监督帕特农建筑上的雕刻的制作。[2] 菲狄亚斯本人完成了雅典娜女神的黄金象牙巨大神像。帕特农神庙是祭祀雅典城保护神雅典娜女神的庙宇。当时各个城市都有自己奉祀的保护神，例如，特洛伊城的保护神是太阳神阿波罗。荷马史诗《伊利亚特》曾描述：“来自雅典的兵勇们，那座城市城墙坚固，是豪勇的厄瑞克修斯管辖的领地。宙斯的女儿雅典娜，保护着富饶的土地和健壮的儿男，在富足的雅典的神庙里，雅典的儿子们年复一年用雄牛和公羊献祭，以此得到她的庇护。”[3] 可见雅典城自古就建有奉祀雅典娜女神的庙宇。伯里克利主政时期雅典城所建女神庙当最为杰出。现代建筑名家柯布西耶认为正是菲狄亚斯设计建造了帕特农神庙。他在《走向新建筑》中写道：“菲狄亚斯建造了帕特农神庙，至于伊克蒂诺斯和卡里克利特这两位官方承认的帕特农神庙的建筑师，曾经建造过其他陶立克庙宇，在我们看来冰冷而缺乏吸引力。充满激情、大气和高贵等各种各样的优点都深深镌刻在几何形的轮廓上——它们都是按照精确比例关系放置在一起的形体。是菲狄亚斯，伟大的雕刻家菲狄亚斯，创造了帕特农神庙。”[4] 在此柯布西耶推翻了官方的认可，他不认为帕特农神庙的建筑师是伊克蒂诺斯和卡里克利特。他认为这两位官方认可的建筑师的作品冰冷而缺乏吸引力。而对菲狄亚斯的

图 7–9 雅典帕特农神庙

[1] 参见 [法] 伏尔泰：《路易十四时代》，第 2 页。

[2] 参见 [英] 苏珊 · 伍德福特：《剑桥艺术史》（一），罗通秀译，北京：中国青年出版社，1994 年，第 90 页。

[3] [古希腊] 荷马：《荷马史诗 · 伊利亚特》，赵越译，哈尔滨：北方文艺出版社，2012 年，第 41 页。

[4] [法] 勒 · 柯布西耶：《走向新建筑》，杨至德译，南京：江苏科学技术出版社，2014 年，第 170 页。

作品，柯布西耶赞誉为“充满激情、大气和高贵等各种各样的优点都深深镌刻在几何形的轮廓上——它们都是按照精确比例关系放置在一起的形体”[1]。柯布西耶在《走向新建筑》一书中多次盛赞帕特农神庙。他写道：“任何地方、任何时代的建筑，没有可以与帕特农神庙相提并论的。帕特农神庙的造型是毫无瑕疵、不可更改的。它的严谨超出了我们的习惯，或者说超出了人类的一般能力……帕特农神庙为我们带来了确定的事实：崇高的感情和数学的秩序。”[2]

柯布西耶还将帕特农神庙和汽车拿来相比。他对轮船、飞机、火车、汽车等现代机械文明高度欣赏、倾心赞誉。他说：“从不同领域精选出的两件作品，一件达到了巅峰水平，而另一件正在发展变化着。”[3] 他此处所言两件作品，一件是指帕特农神庙，另一件是指汽车。柯布西耶视帕特农神庙为巅峰之作。他还写道：“帕特农神庙在我们看来就是一个富有生命力的作品，处处体现着高度的和谐。它那无懈可击的构件组成整体，表明了一个能够全神贯注于一个已明确阐述的问题的人可以达到的完美境地。这种完美如此不同凡响，以至于帕特农神庙的形象在如今只能跟我们在非常有限的范围内的感觉协调一致，并且，非常出乎意料的是，与那些机械的感觉协调一致；它与机器——那些巨大的、带给人深刻印象的、我们所熟悉的、作为现代人类活动最杰出成果的、堪称我们的文明仅有的真正成功产品的东西——协调一致。菲狄亚斯恐怕会喜欢生活在这种标准化了的时代中。他应该会承认这种可能性，甚至这种成功的必然性。他将会在我们的时代中见证他的劳动带来的最终成果。不久之后他就会复制帕特农神庙的成功经验。”[4]

这位现代建筑大师将帕特农神庙的建筑艺术成就提升到古往今来一切建筑艺术之上，帕特农神庙成为他心目中建筑艺术的最高典范。在柯布西耶看来，该神庙如同现代精密的机械一样完美和谐。

和建筑融为一体的帕特农神庙的雕刻，每一件都是当之无愧的神品之作。位于东山墙的《命运三女神》像（图7-10），极其生动地展现了女性人体的丰腴、饱满。那柔和起伏和富有弹性的躯体，似乎是活的人体，散发着生命气息。三位女神坐着的姿势，随着墙的三角形趋势而变化，规划得十分巧妙，装饰得恰到好处。该作现藏于伦敦大英博物馆。在神庙所有应该装饰的地方都

图 7-10 帕特农神庙东山墙《命运三女神》雕像

[1] ［法］勒·柯布西耶：《走向新建筑》，第 170 页。

[2] ［法］勒·柯布西耶：《走向新建筑》，第 172 页。

[3] ［法］勒·柯布西耶：《走向新建筑》，第 110 页。

[4] ［法］勒·柯布西耶：《走向新建筑》，第 113～114 页。

有类似的雕刻，各种各样的浮雕和圆雕遍布神庙建筑中，其中有表现节日游行场景的浮雕带。帕特农神庙萃集了大量稀世艺术珍宝，堪称人类造物的绝世创造。直到17世纪，帕特农神庙还保存较完好，但随后迭遭兵燹，神庙遭炮击，雕刻被拆分。其中1801年英国勋爵额尔金拆走剩下的雕刻，带到了英国伦敦。如今历经沧桑的帕特农神庙的骨架像一位劫后余生的老人，在浩瀚长空下，展现着自身的厚重。

英国艺术评论家约翰·罗斯金（John Ruskin）著有《建筑的七盏明灯》和《威尼斯之石》，他不赞赏希腊建筑，他褒扬罗马建筑。他说，希腊建筑体系仅仅是作为一个建筑物来考虑，与罗马建筑相比是脆弱而且野蛮的。[1] 他指出古希腊建筑的特征以及由此衍生出来的所有特征，都取决于它通过从一端到另一端横置一整块石头来覆盖一个空间，而罗马建筑及其所有的衍生特征，都取决于它用圆拱顶来覆盖空间。他认为古希腊建筑体系是由水平过梁衍生出来，要建造古希腊式的方方正正的门和窗子，就需要一整块又大又长的石头充当横梁。而古罗马的那些输水道和大型公共浴场上宏伟的圆拱顶，还有圆形剧场上大量粗糙的石拱券门，在他看来，充分表达了强大的意志和力量，真正展现了罗马精神。[2] 同时，罗斯金也特别崇尚哥特建筑，因为哥特建筑用尖拱和（尖顶两边的）山墙来覆盖空间。他认为尖拱不仅最坚固而且也是建造窗户和门楣的最美的形式。他以树叶为例，叶片都类似尖拱的形状，而一片方方正正的叶子则会显得很丑。所以他认为尖拱结构是门窗顶部可以采用的最好形式。埃及的金字塔、印度和中国的宝塔、土耳其的尖塔，以及基督教的钟塔，在他看来都是高耸的尖顶建筑，展示了人类的骄傲。罗斯金说他断言尖拱结构是最适合作为人类永久考虑的形式之一，它是无论被重复多少遍都不会令人厌倦的一种形式。[3]

而一个显著的事实是，在今天的城市建筑中，哥特式的尖拱造型已经几无余痕。格罗皮乌斯、柯布西耶、密斯·凡·德·罗、沙利文和赖特等所推动的现代主义建筑运动已经彻底抛弃了古典建筑的传统形制，简洁方直的建筑立面一统天下。现代社会注重的是效率和功用，一个高耸入云的尖拱没有实用价值。而且现代建筑的装饰形态足以满足公众的审美需求，不需要复杂的拱形填补精神所需。同样，中国古建的飞檐斗拱和雕梁画栋也不再适合现代社会。既然不再需要“上栋下宇”的檐架结构，与其并行的装饰也就没有存在的必要。人们欣赏古建筑，钦佩古代的能工巧匠，但除非有特殊需要，现在很少有人会复兴古建筑。

二、罗德岛青铜巨像

罗德岛是希腊第四大岛，位于爱琴海东南部。该岛曾有一座巨大青铜人像（图

---

[1] 参见［英］约翰·罗斯金：《艺术十讲》，第13页。

[2] 参见［英］约翰·罗斯金：《艺术十讲》，第13页。

[3] 参见［英］约翰·罗斯金：《艺术十讲》，第27页。

7-11），被认为是古代西方世界七大奇迹之一。这座铜像是利西普斯（Lysippus）的学生，林都斯的查尔斯（Chares）制作的，用时12年。利西普斯是古希腊最多产的雕刻家，他对青铜雕刻艺术贡献卓著，他是对雕像毛发进行细致处理的第一人。[1] 罗德岛铜像高约105罗马步。由于地震，这座巨像在矗立66年之后倒下了。据称，很少有人能够用双臂抱住它的大拇指。它的四肢破碎的地方，露出了巨大的洞口，里面有许多巨石，这是当初用来固定巨像的。[2] 另一种说法是，罗德岛铜人高三十丈，海中筑两台支撑其双足，风帆直过其胯下，一指可容一人直立。铜人手掌中托起盛放着燃料的铜盘，夜间点燃以导航。[3] 铜人内空，从足到手有螺旋梯可供攀登者为铜盘补充燃料，维护灯盏。据称，铸造的12年间，每日有千余工人参与其中。[4]

图7-11 南怀仁《穷理学存》书中描绘的罗德岛青铜巨人像

爱琴海南端与地中海相连。罗德岛的这座青铜巨像实际是一座灯塔，为在海上航行的船只提供导航作用。灯塔为一个巨人的形象，并且用青铜浇铸而成，在波澜壮阔的海面上，金光闪耀，晚上火光映照，极为壮丽。其位列世界奇迹工程，当之无愧。

三、古罗马的城市、道路建设与著名建筑

紧随古希腊之后，古罗马人创造了辉煌的文明，并且绵亘直至近代，历史极为久长。古代欧洲学者向来以游学意大利为时尚。就像中国人在近现代崇尚留学海外一样，到意大利参观学习曾经是欧美学人的必备之课。这种游学蔚然成风，被称为"大旅行"（Grand Tour）。法国人崇慕意大利文化，文艺复兴时期的国王弗朗索瓦一世作为一些艺术品的最大主顾，热心支持发展文艺事业，鼓励意大利艺术家来法国，达·芬奇就应邀前来，并在国王的怀抱中去世。这是非常感人的一幕，是艺术史上的一段佳话。1666年，国王路易十四在罗马建立法兰西学院，选拔法国才俊授予罗马大奖，派往意大利学习三到五年。他也是一心想振兴法国文艺事业。法国画家西蒙·武埃（Simon Vouet）、普桑（Poussin）、洛兰（Lorrain）、勒·布伦（Le

[1] 参见［古罗马］普林尼：《自然史》，第339页。

[2] 参见［古罗马］普林尼：《自然史》，第336页。

[3] 参见［比利时］南怀仁集述：《穷理学存》，第363页。

[4] 参见［比利时］南怀仁集述：《穷理学存》，第400页。

Brun）等，都曾到意大利学习艺术。这还是罗马大奖设立之前的事。普桑和洛兰后来都定居罗马。

罗马建于公元前8世纪，最初只是台伯河畔的一个小村落。罗马人追溯他们的祖先来自特洛伊。据称，古希腊联军攻破特洛伊城，有位名叫埃涅阿斯（Aeneas）的特洛伊英雄率领部分族人逃出，在海上漂泊，历经艰险，到意大利定居下来。埃涅阿斯的后人中有一个叫罗慕路斯，他被母狼哺育，后成为首领，建立了国家。在罗马的神庙中供奉着母狼的雕像，狼图腾是罗马人的谱系特征。罗马共和国建立于公元前509年。奥古斯都时代的史学家李维（Livius）在其书中援引卡米卢斯（Camilus）的演讲时说："今年是罗马建城的第三百六十五年。"[1] 由卡米卢斯上推365年就是罗马建城的初始时期。那时的罗马还是一个小城邦。恪守严肃、虔敬、质朴美德的罗马人逐渐强大起来，东征西讨，到奥古斯都时期建立了一个疆域广大的古罗马帝国。但他们被古希腊文化所征服，对古希腊文化倾心吸收，并为此自豪。奥古斯都时期的诗坛领袖维吉尔（Virgil），在其史诗《埃涅阿斯纪》（*Aeneis*）中赞颂：

> 毫无疑问，别人
> 会把青铜像铸造得精美无比，
> 会把大理石刻得栩栩如生，
> 在法庭诉讼上说得头头是道，
> 会用规尺计量天体的运行，
> 会预告星辰的升起。
> 但你们，罗马人呵，
> 却要牢记以威力统辖天下万民。
> 这正是你的天才所在——
> 在世界推行和平之道，
> 对顺服者宽宏大量，
> 对桀骜者严惩不贷。[2]

这几行诗虽以赞美罗马的雄强和仁政为旨归，但显然流露出征服者对古希腊艺术、修辞、天文、数学等领域辉煌成就的倾慕。

随着延揽人才，倾心学习，古罗马的文化事业日益蓬勃发展起来。

帝国初期，罗马城如火如荼地规划建设，面貌一新。奥古斯都立志要把砖土的罗马变成大理石的罗马。首先，罗马朝野致力于把罗马广场建成帝国的橱窗。奥古斯都是恺撒的继承人，为了纪念恺撒，在广场最显眼的入口处建了一座恢宏的恺撒神庙。改建后的罗马广场庙宇林立，拱廊连绵，又有纪念柱、纪念碑、凯旋门相配合，布局巧妙，规划合理，为意大利各城市仿效，帝国橱窗名副其实。罗马广场成为罗马城最重要的建筑工程。其次，续建恺撒广场，其中心神庙和四周拱廊都按最高规

---

[1] 朱龙华：《意大利文化》，上海：上海社会科学院出版社，2004年，第109页。

[2] 朱龙华：《意大利文化》，第28页。

格完成。最后，新建奥古斯都广场。广场中心的神庙是献给战神马尔斯的，神庙供奉着战神和罗慕路斯。罗慕路斯是战神的儿子。罗马历史上拥有“奥古斯都”至尊之号的只有两人。一位是罗马的开国者罗慕路斯，一位就是罗马帝国的创建人屋大维。广场上众多的廊庑则供奉罗马历代英雄。据帝国后期4世纪时的一份统计资料，当时罗马的纪念性公共建筑包括11个广场，36座凯旋门。除了这些纪念性建筑之外，罗马城有自来水泉（附雕像池座装饰）1152处，公共图书馆28座，赛马场2处，圆形竞技场2处，剧场3座，浴场11座等。[1] 众多宏伟建筑都用雕像加以装饰，广场和神庙中雕像云集，且历史事件通常以浮雕形式加以表现以示纪念。到了屋大维奥古斯都之后的尼禄王朝，罗马遭遇大火，火后重建时，官方要求“建筑物的高度也有限制，留出空地，在公寓的楼前加筑柱廊”[2] 等。在奥古斯都颁布的《罗马城建筑规章》中，就对于建筑物的高度与材料做了规定，该法律提出要对“想入非非的建造者兴建危险的多层住房加以限制”[3]。法规中还有对损害排水沟、往街道倾倒垃圾等行为的惩治措施。当时的建筑名家维特鲁威提到，建筑师还必须对付“空气权”或采光权等。[4] 这样的建筑工程标准，可以说达到了现代城市建设的要求。《中华人民共和国民法典》第二百九十三条规定：“建造建筑物，不得违反国家有关工程建设标准，不得妨碍相邻建筑物的通风、采光和日照。”由此可见罗马帝国时期对城市规划的重视程度。

关于城市的供水问题，维特鲁威在《建筑十书》中提出了输水道的三种类型，分别为砖石砌筑、铅管和陶管。关于第一种，他写道：水渠的砖石结构要砌筑得尽可能坚固，输水道的底部应有一定的斜度，每一百足起坡不小于半足；砖石结构的上部应砌成拱形，尽量使太阳光照不到水等。关于第二种，他写道，如果用铅管导水，首先应在水源处筑一座蓄水池，管道的直径应根据供水量大小而定；在转折处，管道不能做成膝盖那样的直弯，而应平缓，否则的话，接缝处就会破裂，水就会向外喷溅；在下坡的地方，要尽可能拉长落差，尽可能和缓，在谷底处，不要将其架高，而是做成一个“腹”，有了这样一个长长的“腹”，水压便会逐渐增加，水就会被推上坡顶。但维特鲁威也提到，“从陶管流出的水比铅管的更有利于健康，因为铅似乎有毒，铅所产生的铅白据说对人体有害。如果从铅中产生的东西是有害的，那么铅本身无疑也是有害健康的”[5]。他还提到制铅工人面色苍白，因为倾倒铅水时铅挥发出来，蒸汽沉浸于铅工的四肢，日复一日夺去了他们血液中的活力。因此，他建议尽量不要用铅管导水，要用陶管导水，陶管流出来的水味道较好。他还以烹饪为例，一些人的餐桌上堆满了银制餐具，但还是用陶器来烹饪，为的是保持上好

---

[1] 参见朱龙华：《意大利文化》，第130页。

[2] 朱龙华：《意大利文化》，第131页。

[3] [古罗马]维特鲁威：《建筑十书》，第238页。

[4] 参见[古罗马]维特鲁威：《建筑十书》，第238页。

[5] [古罗马]维特鲁威：《建筑十书》，第186页。

的口味。这些记述能令人感到古罗马人对生活的讲究，和今人相比，几乎没有什么差别。关于陶管，维特鲁威除了论及陶管导水有利于健康之外，还写到制造和安装陶管的方法，“制造陶管，管壁厚度不少于两指，但管子的一端要做成舌形，以便可以套入另一根管子相互接合起来。其接缝处应用油调和生石灰勾填”等。这三种类型的输水道，在维特鲁威的家乡马其顿肯定都采用过，他只有亲身经历过，才能描述得如此详尽。当时的罗马城有自来水泉 1152 处，其导水法必然出自维特鲁威所论的三种之列。普林尼认为从溪流输水的最好方式是使用陶管，但如果水要送到高处，就必须使用铅水管。[1] 中国古人就采用陶质管道。考古发现先秦时期的二里头文化遗址淮阳平粮台城门口有铜渣和陶排水管道。[2] 这种陶管道既可以用来排泄污水，也可用作输送清泉。陶管道的铺设提升了城市环境质量。罗马城人烟稠密，采用架设高渠的方式往城里供水，渠长六十里，接远山之水。[3] 罗马城中有大山，名曰玛山，地势较高，给供水带来困难。渠水穿山越岭，流进城内的房舍、花园和高大的公共建筑，被赞誉为“这是世界上最伟大的奇迹”[4]。罗马城不仅供水系统完备，且有周密的排水管网，被称为“用支柱撑起来的城市”[5]。据称，人们可以在这座城市的地下水道中划船。该城市的下水道设施又被认为是它所有成就之中最伟大的成就。[6]

维特鲁威书中还讲述了过滤水的方法，就是将输水管道连接以两或三个为一组的贮水箱，这样就可以连续进行过滤，使水更加卫生、味道更好。他说：“因为若浮于水中的泥能在一处沉淀下来，水会变得更清而没有异味。否则，就必须加盐过滤水。”[7] 由此可见，那时的人对生存环境质量的追求已经相当高了，人类再也不是茹毛饮血的状态了。

罗马的道路建设举世闻名。筑路要求坚固牢实，无惧雨雪风暴。路基分四层：最下一层垫基石，接着一层是石块与灰土混合铺筑，再上一层是混凝土（或石灰），最上层全以凿刻平整、接缝严密的石块铺成，而且路面中间高，两侧稍底，便于排水。路两边竖石条保护，两旁挖排水沟。[8] 按照这样的标准，罗马修筑了南北主干道，又建了多条平行的支线。奥古斯都统治时期，罗马条条大路畅通南北东西，为世赞誉，遂享“条条大路通罗马”之美誉。海路方面，海港码头多用水泥筑就，且建立灯塔，港口设施标准一致。帝国时期，水泥在建筑中普遍使用。那时的水泥一部分是以火

---

[1] 参见 [古罗马] 普林尼：《自然史》，第 300 页。

[2] 参见张光直：《中国青铜时代》，第 40 页。

[3] 参见 [比利时] 南怀仁集述：《穷理学存》，第 366 页。

[4] [古罗马] 普林尼：《自然史》，第 385 页。

[5] [古罗马] 普林尼：《自然史》，第 382 页。

[6] 参见 [古罗马] 普林尼：《自然史》，第 382 页。

[7] [古罗马] 维特鲁威：《建筑十书》，第 187 页。

[8] 参见朱龙华：《意大利文化》，第 48 页。

山灰合成的。火山爆发产生的高温高压熔化了坚硬的石块，这一过程类似人工混凝土那样的化学反应。这种水泥凝固效果和现代水泥几乎一样，被称为天然水泥。

在建材方面，古罗马人掌握了陶砖、陶瓦和石灰的烧制技术。维特鲁威曾有过这样的描述："如果计划在罗马城外用泥砖砌墙，问题在于如何保证墙体长久不开裂。在墙体的顶端，屋瓦下方，应做一足半高的陶砖墙体并向外挑出，像上楣一样，这样就可避免此种类型的墙壁会出现的缺陷。当屋瓦破裂或被风吹落时，在水顺瓦流下来的地方，赤陶保护层可使泥砖免受损害。"[1] 由此看来，古罗马人的住房屋顶也是覆盖瓦片的。维特鲁威建议在这种房屋的屋檐下，砌筑约三四十厘米高的一段陶砖墙，这段墙还要挑出一些，以保护下面的泥砖墙（图 7-12）。泥砖在当时被广泛使用。但这种泥砖规格非同一般，使用要求很高，"乌提卡（Utica）人在砌墙时只用完全干燥的、五年前制的砖，而且要经过行政长官的鉴定和认可"[2]。在乌提卡地区，泥砖制成后要搁置五年才能使用。维特鲁威说，砖彻底干燥需要两年时间，因此两年之前制的砖最合用。他还提到西班牙等一些地方的人们制作并干燥的砖头如投入水中可以漂浮起来。他分析是因为砖土中含有浮岩，那种砖一旦被风干固化，就不再吸收水分，它们质轻而多孔，不允许水分渗入，将它们用来筑墙，既轻又不会在暴风雨中分解。但那毕竟是一种特殊材质的砖，罗马地区没有。但泥砖，包括陶砖都不属于上等的建材，上等的建材是石料，尤其是大理石。这从维特鲁威下面的记述中可以得到验证："所以像这样强大的国王都没有轻视泥砖墙体建筑，他们有赋税和战利品，用碎石或方石结构甚至大理石建造是完全能办得到的。所以我觉得自己不应轻视砖砌结构的建筑，只要这些建筑能正确加盖屋顶。"关于陶瓦和陶砖的使用，他写道："关于陶瓦本身，不能立马判断将它用作结构材料是好是坏——只有将它置于屋顶，经受风雨和岁月的检验，才知道它是否结实。如果陶砖不是用上等黏土制的，或焙烧不充分，一旦砌入墙体并经受冰霜，便会显

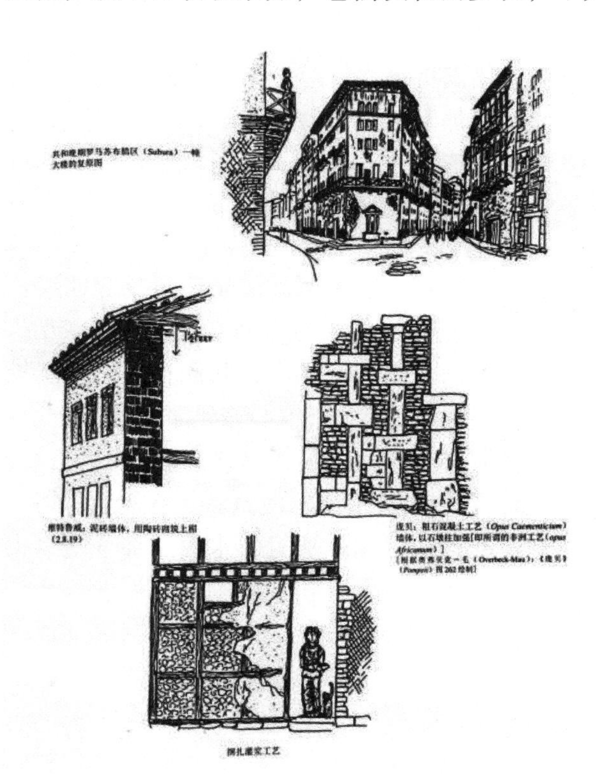

图 7-12《建筑十书》中绘制的泥砖墙体，用陶砖砌筑上楣

[1] [古罗马] 维特鲁威：《建筑十书》，第 97 页。

[2] [古罗马] 维特鲁威：《建筑十书》，第 90 页。

露出缺陷。所以，不能经受置于屋顶检验的陶砖，用来砌筑墙体亦不能稳固地承载负荷。”[1] 泥砖、陶砖、陶瓦、石材、木材构成了古罗马时期的主要建筑材料。维特鲁威《建筑十书》在第二书第九章专辟一章谈论木材问题。

维特鲁威提到，作为黏结材料的混凝土，与灰浆混合的沙子中不能有任何泥土掺入。沙子的纯度要达到若将沙子抛在一块白布上再将其抖落，不弄脏白布，白布上不留下土屑的程度，这才是合用的沙子。可见混凝土中是不会有泥土掺入其中的。那么拌和沙子的材料，只可能是焚烧石块制成的材料。对此，维特鲁威写道：“既已说明了沙的供给，接下来我们就必须留意石灰，无论这石灰是用一般石灰石还是silex（硬石灰石）烧成的。用于结构部分的石灰要用较硬的石头烧制，而多孔石头烧制成的石灰则可用作抹墙灰泥。石灰烧熟后，就加入沙。如果用矿砂，就将三份沙和一份石灰倒在一起；若用河沙或海沙，则两份沙配一份石灰。这样的混合比例才恰当。此外，若用河沙或海沙，就得将碎砖瓦片粉碎过筛，取三分之一份掺入，这会使灰浆更好用。”[2] 由此可知，古罗马建筑所使用的混凝土，其黏合力是很强的。

关于火山灰材料，维特鲁威也有论述，“还有一种粉末能天然地发挥奇特效能，它出产于巴亚（Baiae）地区的乡村，那里归维苏威山周边的市镇管辖。将这种粉末与石灰及碎石搅拌在一起，不仅可增加各种构造物的强度，而且（采用这种粉末筑起的）海堤可以在水下凝固”[3]。可见，火山灰是一种特别优越的建筑黏结材料。但将火山灰长途外运，在当时的条件下显然是不易办到的。所以古罗马城的建筑估计主要还是靠人工烧制的石灰制成混凝土用于黏合。

尼禄王朝时期，罗马城大火后重建的公寓楼房属于水泥砖石结构。从保存较好的罗马港口城市奥斯提亚（Ostia）的公寓建筑遗迹可知，当时的居民楼往往是四五层的平顶建筑，临街的底层通常用作店铺，楼群设有广场和绿地，且一排排窗户间插以阳台，和现代建筑形制非常相近。奥斯提亚城与罗马城联系十分密切，一般认为此城建筑是直接仿照罗马城的样式而建。经过考察，目前“学术界公认这些以罗马、奥斯提亚为代表的意大利水泥砖石建造的公寓已达到古代大规模民居建筑的最高水平”[4]。但四五层高的楼房墙体尤其是骨架中是否使用钢筋以保证坚固，且两层间的楼板是何建材呢？一般而言，增加墙体厚度，不用钢材也是可以达到承重要求的，至于楼板很可能是木构。奥斯提亚公寓建筑能保存至今，足以说明当时的水泥等建材质量之上乘，甚而至于超过今天的水泥强度。中国古代也有高层建筑。商纣王焚身的鹿台，据《新序》记载：“其大三里，高千尺。”[5] 一些多层古塔也有相当的高度。但塔和台都非民居建筑。主要是因为古代民居不需要向高空发展，若需要的话，古

---

[1] ［古罗马］维特鲁威：《建筑十书》，第97页。

[2] ［古罗马］维特鲁威：《建筑十书》，第91页。

[3] ［古罗马］维特鲁威：《建筑十书》，第92页。

[4] 朱龙华：《意大利文化》，第134页。

[5] （汉）司马迁：《史记·殷本纪》（第2版），第105页。

代的能工巧匠建设高层建筑当不成问题。

维特鲁威在《建筑十书》中谈及了顶棚的建造方法。奥斯提亚公寓楼顶的建造也可能与之有关联。他说将耐腐的柏木直板条排列成圆拱形，其接合部用一道木链牢牢固定住，或用铁钉将其牢牢钉在屋顶之下。木板条固定好之后，用一条西班牙金雀化纤维编织的绳索，将敲打过的希腊芦苇捆在这些板条上，如果找不到希腊芦苇，可将狭窄的沼泽芦苇扎起来代替。顶棚安装和编织起来之后，就在朝下的一面抹上灰泥，撒上沙子，然后用白粉或大理石粉磨光。[1] 据维特鲁威所写，那时的房顶用木板条和芦苇覆盖，圆拱形，板条之间的连接采用的不是中国古人擅长的榫卯结构，而是用木链、铁钉固定。屋顶内部抹灰并抛光。屋顶外部是否还要处理，如何处理，维特鲁威没有论及。但他在一些章节中也提到屋瓦。所以屋顶外部覆瓦的可能性较大。当时屋顶的做法未必都如此，材料和形制都会具有多样性。在《建筑十书》中，美国学者 T.N. 豪维（T.N.Howe）评注并插图的三角形坡形屋顶，就可作为见证。[2] 这些屋顶（图 7–13）以木材横梁、檩、椽架构，以瓦覆盖，屋檐伸出一些，和中国传统民居很相近。

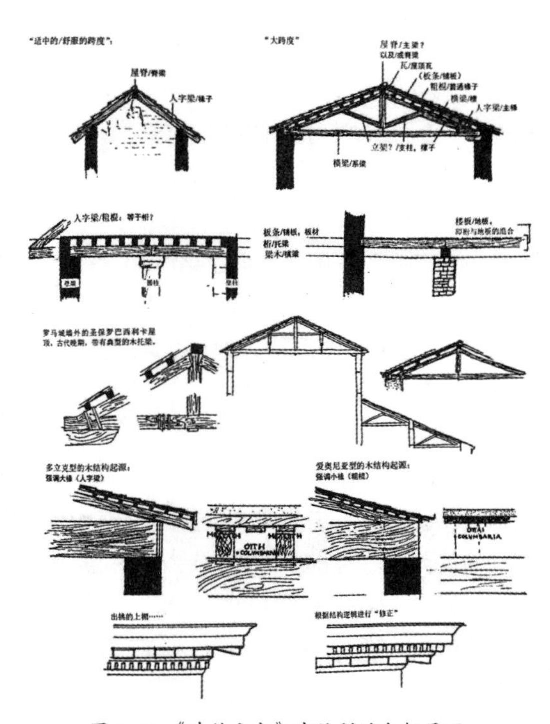

图 7–13《建筑十书》中绘制的木架屋顶

对于墙面的处理，维特鲁威提出要以三道砂浆和三道大理石粉进行加固，才不至于出现裂纹和其他瑕疵；如果只抹一道砂浆和一道大理石细泥，灰泥层就太薄了，易于破损，经不住打磨。他说那就像一面贴了银箔的镜子和固态合金做成的镜子的差别，后者能以强力打磨得很光亮。在这种层层抹灰的压实的墙面上作画，将颜色仔细画在潮湿的灰泥上，颜色就不会晕散开来，而是永久地留在那里。画在薄底子上的湿壁画不仅会开裂，而且很快便会褪色。而那些厚实的湿壁画，由于画在结实的砂浆与大理石泥浆的底子上，并下功夫打磨，所以既有光泽，又会有良好的反射效果。维特鲁威说，希腊能工巧匠据此创作了经久不衰的绘画作品，外观效果十分动人。[3] 如何加工大理石粉呢？维特鲁威说各地出产的大理石类型都不一样，

[1] 参见 [古罗马] 维特鲁威：《建筑十书》，第 163 页。

[2] 参见 [古罗马] 维特鲁威：《建筑十书》，第 331 页。

[3] 参见 [古罗马] 维特鲁威：《建筑十书》，第 164 页。

有些地方的岩块含有明亮的颗粒，像盐粒一样，将这些岩石击碎磨成粉末，对抹灰工程极有用；而在没有这些资源的地方，可将石匠加工时丢弃的边角料击碎，磨成粉末并过筛然后使用。他还提到一些地区可以挖掘到现成可用的大理石粉，这些粉末很精细，不需要研磨和过筛。[1]

在西方世界，古罗马人创造了辉煌的文明。据南怀仁《穷理学存》记载，罗马城奇观甚多，有一名苑，中造流觞曲水，机巧异常，有铜铸各类飞禽，拨动机关能鼓翼而鸣，各具本类之声。[2] 房舍建筑分三等，上等纯以石砌，中等砖为墙体、木为栋梁，下等土为墙、木为梁柱。房瓦用铅、轻石板、陶瓦、砖石等，历千年不坏。国尚文学，广设学校，所读之书，皆古圣贤所著，学而优则仕。国内遍设贫院、幼院、病院等，孤苦伶仃者受到特别眷顾。[3] 上古时期，罗马帝国和东方中华帝国虽相距迢遥，绝少往来，但两大文明并无多少悬隔。

中国享有礼仪之邦的美誉，同样，罗马人也被认为是全世界具有高尚道德的民族之一。[4] 普林尼在其《自然史》中提到，在全世界，在整个苍穹之下，意大利是所有国家之中最美丽的，它具有赢得大自然王冠的所有东西，意大利是世界的统治者和第二个母亲，具有卓越的天才，优越的地理位置，健康而又温和的气候，土壤肥沃，牧场富饶，艺术和工艺品上乘。[5]

古罗马帝国时期的科洛西姆竞技场、万神殿和哈德良离宫等是举世闻名的建筑杰作。

1. 科洛西姆竞技场

科洛西姆竞技场建成于罗马帝国初期提图斯（Titus）统治之时，历时 12 年（70—82 年），始建于提图斯父亲主政之时，他们父子是尼禄之后的罗马国君。尼禄王在罗马大火之后，建筑了富丽堂皇的金屋皇宫，其前面的池塘宽阔如海，池边遍布亭台楼榭。科洛西姆竞技场就坐落于尼禄金屋前的池塘位置。将池塘水排干建起了这一举世闻名的建筑。这是一带有高大围墙的露天竞技场，外观略呈椭圆形，竞技中心场地也是椭圆形。这时的王朝被称为弗拉维王朝，因此该建筑也被称为“弗拉维露天剧场”。中央舞台地面长径 85 米，短径 57 米。舞台下设有供角斗士和斗兽等待的地下室。据说，舞台地面还可以灌水成湖，在其中表演水上竞技。

其观众席由里向外环绕椭圆逐层升高并逐渐向外扩展。最接近舞台的是贵宾专座，由贵宾专座到顶层的群众普通座，共有座席 40 排之多，全场可容观众 5 万。[6]

---

[1] 参见 [古罗马] 维特鲁威：《建筑十书》，第 167 页。

[2] 参见 [比利时] 南怀仁集述：《穷理学存》，第 366 页。

[3] 参见 [比利时] 南怀仁集述：《穷理学存》，第 364 页。

[4] 参见 [古罗马] 普林尼：《自然史》，第 106 页。

[5] 参见 [古罗马] 普林尼：《自然史》，第 403 页。

[6] 参见朱龙华：《意大利文化》，第 135 页。

一说可以同时容纳 87000 多人。[1] 据说开幕那天，罗马市民全部放假观看，当天角斗杀死的野兽竟达到 5000 多头。[2] 该建筑外墙高 48.5 米，间隔成四层，并配以连续的拱门立柱，形成镂空效果，虚实相映，厚重而不沉闷，其造型古今独步，以其原创性而闻名于世。这四层，底下两层用淡黄色巨石砌成，三层、四层用水泥浇筑，墙体厚度向上递减。下面三层每层有支柱 80 根，每两根柱子之间开一拱形门，每层共有拱门 80 拱。底层拱门是观众出入的通道，内部有 50 余座楼梯，可供观众步入各层座位。据说数万观众不出十分钟便可完全退场。这四层的列柱设计尤为匠心独运，是古希腊柱式的经典荟萃，古希腊古典三大柱式分层排列，最下一层为多利克柱式，第二层为爱奥尼亚柱式，第三层为科林斯柱式。第四层墙面无拱门，只开有若干小窗，以古罗马新创的科林斯式方倚柱分隔墙面，形成节奏韵律感（图 7–14）。维特鲁威在《建筑十书》中对这三种柱式的美感作了经典概括。他评价多利克柱式为“没有装饰的赤裸裸的男性姿态”，“在建筑物上开始显出男子身体比例的刚劲和优美”。[3] 他评价爱奥尼亚柱式为“窈窕而有装饰的均衡的女性姿态”[4]。而科林斯柱式他则认为是豆蔻年华的少女，和爱奥尼亚柱式相比，“要是用作装饰，就会得到更优美的效果”[5]。多利克柱式好比是富有阳刚之美的健壮男性，在科洛西姆竞技场墙体中用作底层以筑牢根基。爱奥尼亚立柱柱头有涡卷形装饰，且柱身颀长，显得秀丽灵巧，用在墙体二层，恰到好处，装饰效果突出。科林斯的柱头更加华美，像一个花篮，如少女花枝招展，用在外墙三层，在适当的高度更便于展示迷人的风采。最上层墙体趋向闭合状态，为增强一些庇护感充实感，柱子化圆为方。每层柱子都支撑着突出于墙体的附加框缘。框缘也分几层，有的更为突出，就像固缚物体的轮箍一样。这些轮箍实际上完全是出于装饰目的才这样设计。下面三层为半圆柱，第四层为科林斯方形壁柱，柱子和墙体一起承重，不起立柱的独立支撑作用，旨在装饰。这类壁柱除了装饰效果外，还有另外两个方面的作用：第一，令人记起古希腊建筑的特征，表明古罗马人对希腊文化的欣赏。第二，化整为零，将庞大的建筑物分隔，从而使其更好地接近人而不削弱

图 7–14 科洛西姆竞技场外墙（局部）

---

[1] 参见 [美] 房龙：《人类的艺术》，周亚群译，北京：中国友谊出版公司，2013 年，第 44 页。

[2] 参见 [美] 房龙：《人类的艺术》，第 44 页。

[3] 朱龙华：《意大利文化》，第 69 页。

[4] 朱龙华：《意大利文化》，第 70 页。

[5] 朱龙华：《意大利文化》，第 72 页。

图 7-15 科洛西姆竞技场内部构造

其巨大规模。[1] 这样巧妙的设计使这一庞大的环形墙形成音乐般的旋律，由坚实质朴到轻巧富丽，乐章各有不同，而又和谐统一，节奏变化而韵味丰富。当数万人涌进科洛西姆竞技场观看比赛，这在遥远的古代是何等盛况。古罗马人为自己的娱乐消遣贡献了流芳千古的建筑（图 7–15）。

南怀仁《穷理学存》书中也记述了这一建筑，称之为“公乐场”。书中描述该建筑：“体势椭圆形，周围楼房异式，四层，高二十二丈余，俱用美石筑成。空场之径七十六丈，楼房下有畜养诸种猛兽多穴，于公乐之时即放出，猛兽在场相斗，观看者坐团圆，台级层层相接，高出数丈，能容八万七千人座位，其间各有行走道路，不相逼碍。此场自一千六百年来，至今现存。”[2]

2. 万神殿

万神殿（图 7–16）和科洛西姆竞技场一样，都是圆形建筑，但和后者的开放、露天不同，万神殿是闭合很严实的殿宇建筑。万神殿是在圆形的墙上接圆顶，且除了一主门和天窗外，再无其他门窗，整体上就像一硕大的蒙古包。万神殿建于罗马皇帝哈德良统治时期，并奇迹般地完好保存至今。据说设计师也是皇帝本人。哈德良皇帝是罗马帝国第十四位皇帝，有较高的文化修养，尤其热爱建筑并擅长设计。他还喜欢绘画，而且据说很有天赋，自谓建筑师。传统的神庙建筑是长方形式，著名的帕特农神庙就是如此。万神殿，顾名思义，用于供奉天庭众神，尤其是日月星辰七位神灵，因而模仿天宇设计为球形。而据说哈德良热衷于圆顶结构。万神殿的穹顶半球平稳地置于充分宽大的圆柱形墙壁之上，形成一个类似天地的球状空间。日月星辰在此穹顶上可以各居其位。日神为阿波罗，月神为戴安娜，金星神是维纳斯，木星神是朱庇特，火星神是马尔斯，土星神是萨冬，水星神是墨丘利。这个圆形大殿，穹顶顶点到地面的高度为

图 7–16 古罗马万神殿

[1] 参见 [英] 苏珊·伍德福特：《剑桥艺术史》（一），第 171 ~ 172 页。

[2] [比利时] 南怀仁集述：《穷理学存》，第 405 页。

43.4 米，地面的直径也是 43.4 米，半球直径也就是地面直径，半球的高度与圆柱形墙体的高度相等，各为 21.7 米。不过，从外观上来看，感受不到球体结构，内部则十分明显。这是外部的圆柱体加高所致。内部这样开阔的空间中，没有一根立柱，显得很空旷，举目四望，感觉这就是一个真正的空心球。之所以能不用支撑物，是因为穹顶是水泥砂石的混凝土结构，且设计巧妙。穹顶内壁（图 7–17）被整齐划分为 5 排 28 格，每一格皆被雕凿凹陷，且格中套格，形成“回”字结构，且是多个回字套在一起。整个穹顶形成四方连续的回形图案，而且呈发射渐变状，像光芒一样向外发散，像音乐的旋律一样美妙。而顶上的圆形天窗，直径 9 米，也是唯一的采光窗口，使人置身室内，可以仰视天宇，令人感到通达舒畅。而光线由此射入，映出一个光的圆盘，朝夕变化，绚丽生辉。据说回字内心曾嵌镀金铜质星徽。140 个大大小小的镀金铜徽辉映日光月色，可想见其光效魅力。关键是这样的设计还有助于减轻穹顶的重量。万神殿墙厚 6 米，足以承重，而穹顶厚度逐渐减小，由底部 6 米递减到顶部的 1.5 米。不过，万神殿的入口仍保留了传统式神庙的柱廊门面。这一长方形的门廊共由三排科林斯立柱组成，前排有立柱 8 根，后面两排各为 4 根。这 12.5 米高的 16 根花岗岩石柱支撑着上面的檐板、横梁和坡形屋顶，显得十分气派壮观。这一门廊是公元前 27 年至公元 25 年奥古斯都的女婿阿戈利巴所建长方形神庙的遗物。这座方形神庙毁于公元 80 年的一场大火，仅仅余下现存的长方形柱廊。万神殿就是在其遗址上建造的。据说这种方圆嫁接的新创构造在当时极受欢迎，在各地被仿造，风靡一时。但保存至今的只有这座原创建筑，并且依然很牢固，堪称建筑史上的奇迹。但这座万神殿早就名实不符了，它奉祀的不再是上古时代的古希腊罗马诸神。其门廊前正中位置高耸的方尖碑上一个十字架凌空而立，赫然醒目。它从 609 年起就被赠予教皇而改为天主教堂了。若非如此，在中世纪基督徒大肆扫除异教文化、捣毁异教神庙中，它有可能不能幸免。如今这座古老的建筑已近 2000 岁高龄了，依然精神矍铄。这座建筑方圆结合，多样统一，质朴灵巧，端庄秀美，简明深邃，充分发挥了古典美学的辩证统一原理，体现了古典文化尊天法地、天人合一的理想，见证了人类伟大非凡的创造力。

图 7–17 万神殿内部穹顶

3. 哈德良离宫

哈德良皇帝热爱艺术，他对建筑尤其偏爱。他在位期间，巡游各地，见到喜爱的建筑，就在帝都附近仿建，最终形成了一片称为哈德良离宫 (Villa of Hadrian)（图 7–18）的建筑群。哈德良离宫位于距罗马城 24 公里的蒂沃利，处于两条河流的交汇点上，占地 120 万平方米，是一片心形的美丽建筑群，镶嵌在丰润的河湾旁。建筑物的恢宏、优雅、精致，像耀眼的明珠，令这一区域熠熠生辉。离宫中有宫殿、庙宇、浴场、图书馆、剧场、敞廊、亭榭、鱼池等。这座建筑群实际上是一系列规模巨大、结构复杂的宫观林苑的组合，园中有园，宫外有宫，帝国境内的建筑佳构、名胜古迹无不仿建其中。人们也称之为西方的万园之园，像汇集了江浙一带园林美景的中国圆明园一样。此处有柏拉图在雅典授课的有名的“柏拉图学园”，也有埃及尼罗河入海处的卡诺普斯运河。不过，这个运河只是以浓荫中的一池绿水代之。这个建筑群既有盆景式缩微建筑，更不乏崇闳的大型架构。其中尤以黄金广场廊亭、海岛别墅厅房和卡诺普斯运河的柱廊（图 7–19）最为杰出。黄金广场位于西北角，实际上是个花园，建有喷泉水池，种着奇花异草，四周以柱廊隔断。柱廊中建有亭阁，亭阁以圆顶圆厅组成，以混凝土浇筑，其圆弧曲线波浪起伏，富于韵律，显示了水泥材质的优势。海岛别墅位于全园中心，周围有图书馆、宴会厅、远望楼等建筑。它置于一片圆形湖泊的中心，像是海中小岛，故被称为海岛别墅。建筑从整体到局部都以圆形为指归，设计新奇，景色秀丽，出奇制胜，成为古代水泥建构的又一杰作。卡普诺斯柱廊（图 7–20）使用古典拱柱结构，圆拱与立柱结合，每两个科林斯柱上架一个半圆弧，形成拱门，两个拱门之间以横梁相接，如此连续排列，环绕运河，就像一个美丽的花环，并有诸多古典雕像点缀其间。哈德良别墅的建筑造型中大量运用了拱券结构，这些拱券现在虽已残缺不全，但正如断臂的维纳斯一样，不仅不减损其美，反而更令人驰情入幻。

图 7–18 哈德良离宫复原图

图 7–19 哈德良离宫遗址中的柱廊

图 7–20 哈德良离宫遗址中的拱廊

建筑的精巧结构布局与碧水绿树相映，如同童话般的瑶池阆苑。水在这个建筑群中的作用很突出。据考证，这里有 30 个单嘴喷泉，12 个莲花喷泉，10 个蓄水池，6 个大浴场，6 个水帘洞，以及 35 个水厕等。据说，为了满足离宫用水，哈德良不惜动用了一条专给罗马供水的管道。水从别墅群的南端引入，再通过一个由水塔和管道组成的复杂系统，畅通地供到别墅的各个角落。这个系统，就像一个人身上的血管和脉络那样周密流畅。

哈德良离宫位于高原之上，能俯瞰周围乡野的优美景色。夏日凉风吹拂，远离罗马的闷热喧嚣，犹如世外桃源、人间仙境。这片高原有广阔的空间让哈德良铺张他的建筑狂想。这里除了图书馆、浴场、神庙、健身房、体育场、剧场等之外，还有一系列为迎接远方来宾而设计的接见与居住的客舍，此外，有大量精美的古典雕刻散布其间，它们无一不是艺术珍品。它的主体建构园林亭榭池沼更是美不胜收。现在的离宫遗址断壁残垣、斑痕累累，但仍然宽广深幽，别有洞天；关键是水泥和石材历经 2000 年的风雨剥蚀，斑驳散落千疮百孔，但豪华落尽见真淳，尽显风骨峭拔的沧桑之韵。一代帝王的雅好兴致、奇思妙想，成就了建筑史上的一曲美妙乐章。

第四节　欧洲中世纪建筑环境艺术特色

在古罗马帝国之后到来的一段漫长历史岁月，被称为欧洲的“中世纪”。罗马帝国随着君士坦丁大帝于 330 年迁都拜占庭，逐渐东西分化。公元 395 年帝国开始分治，公元 476 年西罗马帝国灭亡。但东方的罗马帝国继续存在，也称拜占庭帝国，延续了 1000 多年，直至 1453 年被土耳其人所灭。而古罗马帝国通常是指以罗马为都城的帝国，而到 476 年则意味着这个帝国的灭亡，也就标志着中世纪的开启。这一时期的建筑环境艺术都是以基督教为中心，为教会服务，具有浓厚的宗教色彩。教会利用强大的势力在欧洲和中东各地大力兴建教堂。巍峨壮观的教堂建筑是欧洲中世纪极为辉煌的造物成就。

建筑是综合艺术，集建筑、绘画、雕塑于一体，教堂尤其如此。基督教闻名于世的大教堂，无不极装饰之能事，雕塑和绘画琳琅满目，层出不穷，其中不乏艺术珍品。

一、圣索非亚大教堂

在东罗马帝国的都城君士坦丁堡，有座闻名于世、千年不衰的明星建筑——圣索非亚大教堂（图 7–21）。它始建于君士坦丁大帝在位时期，是在拜占庭异教神庙基础上建成，后来残破颓圮。529 年，查士丁尼大帝下令重建圣索非亚大教堂，于 537 年落成。该教堂采用罗马式圆顶，但是使之立于方形的建筑之上，同时墙壁较罗马建筑薄，石柱较细，增加了内部的面积与光线。圣索非亚大教堂的圆顶比罗马万神殿的圆顶稍小一些，直径 33 米，万神殿圆顶直径 43.4 米；但圣索非亚大教堂

图 7-21 圣索非亚大教堂

比万神殿要高很多，高约 60 米，万神殿高 43.4 米。万神殿是在圆形围墙上加盖，而圣索非亚大教堂则是在方形的墙体上加盖而成。中世纪拜占庭史学家普罗柯比曾如此赞美这个圆顶："这座教堂的穹顶看起来好像没有基座，而是靠一条金链悬挂在天堂上。"[1] 他显然是置身大厅内仰视时产生的这种感觉。从他的评价中，足见这座建筑之高擎入云。该教堂结构系统复杂而条理分明。除了覆盖主要空间的高耸的中央主穹顶之外，前后左右还有多个错落排布的小穹顶与之映衬，构成美妙的节奏韵律。外部附设的建筑层次、形制乃至色彩多样而统一，层层环抱，结构复杂而紧凑；而主门入口处的设计尤显匠心，敦厚、大气、和谐、美妙，体现出原创智慧。1453 年，土耳其人攻占君士坦丁堡后，又在这座建筑外围的四角修建了四个高耸的清真寺尖塔。这些尖塔不仅没有破坏教堂的和谐，反而像四个坚毅的卫士，增加了建筑的威武之感。

外部如此，内部的空间和装饰更令人赞叹不已。中央大厅面积达5000多平方米，大厅之外的部分有多层有序的空间分隔，一道道拱门，一排排拱柱，有机划分空间；天顶的结构大穹隆连着小穹隆，穹隆四周墙壁嵌以半圆拱，构成多层空间结构，而非一览无余的平坦空旷。在主穹顶的底部一周密排着 40 个采光窗口，不但透气透光，使空间不显得沉闷，而且是很有韵味的装饰。这恰像中国苗族姑娘衣袖袖口的一圈花边。苗族姑娘服装的精彩之处就在于衣领、袖口、衣摆和衣襟等处的花边。穹顶的这个镶边，无论从外部还是从内部来看，都不可或缺，设计得再恰当不过，阳光透窗而入，光线辉映，穹顶犹如悬在空中一般，牵人精神飞升。除了这 40 个小拱形窗之外，教堂其他部位也开有很多门窗，并且装潢十分精致考究。教堂内部（图 7-22）的墙壁、柱墩，全部用彩色大理石贴面，柱头、柱础镶以金箔，束以铜箍。用彩色玻璃、宝石、黄金嵌成的人物花卉镶嵌画，华美而庄重，再加上优美的浮雕、东方式的图案、琉璃屋瓦、彩色石柱等，使这

图 7-22 圣索非亚大教堂内部

[1] 冯慧娟编：《拜占庭文明》，长春：吉林出版集团有限责任公司，2015 年，第 135 页。

座建筑富丽堂皇。教堂祭坛上放满用纯金制造的荷花，祭坛周围还用象牙、琥珀以及香柏等制造了一道美丽的屏风。一位史学家感叹："一个人到这里祈祷时，立即会相信这不是人力，也不是艺术，而是上帝的恩惠造成的奇迹，他的心飞向上帝，飘飘荡荡。"[1]

二、圣马可教堂

在西欧也有一座和圣索非亚大教堂形制相近似的教堂，即意大利威尼斯的圣马可教堂。它始建于830年，976年遭焚毁，1042年或1063年开始重建，1085年竣工。威尼斯人专门聘请了拜占庭建筑师和工匠前来指导施工，该教堂具有鲜明的拜占庭风格，最突出的就是模仿了圣索非亚大教堂的穹顶，一个主穹顶和陪衬在四面的四个稍小一些的穹顶。这些穹顶都立在圆柱形的鼓座上，鼓座下面是方形的建筑。不过，这些穹顶的弧度很深，像五个盖住脑袋伸到脖颈的头盔，反而显得沉闷；再加上它们大小差别不大，又严格对称，就不如圣索非亚大教堂穹顶那种大小不一、错落有致的排列富有韵味。而且该教堂外部构件也过于复杂，显得烦琐、凌乱、碎化。正面的主拱门，拱中套拱，竟然达到七层之多。门旁列柱纷繁，令人眼花缭乱。它又于15世纪增添了哥特式尖拱门，17世纪又加入了文艺复兴时期的装饰，更增强了这种感觉。装饰之过度，真是无以复加。据统计，大教堂内外有400根大理石柱子，内外有4000平方米的马赛克镶嵌画。和外部相比，内部空间（图7-23）则更像圣索非亚大教堂，且装饰极为奢华富丽。墙壁贴以彩色岩石，地面用大理石和玻璃铺饰，镶金嵌银，五彩晃耀，目不暇接。它享有"世界上最美的教堂"之誉。[2]第四次十字军东征（1202—1204年）时，从拜占庭掠夺而来的大量艺术珍品就收藏在该教堂。这次东征就是在威尼斯集合，并由威尼斯舰队输送。该教堂大门上方著名文物四匹奔驰骏马的青铜雕像（图7-24），就是那时从拜占庭掠夺而来的。如今该教堂也是一座收藏宏富的博物馆，它成为基督教世界最负盛名的大教堂之一。它是古罗马艺术、东方拜占庭艺术、中世纪末哥特式艺术和文艺复兴艺术等多种风格的混生综合。它以繁丽取胜，不尚俭素。这大概是威尼斯人的审美心理。著名的威尼斯画派确实就是这种风格。其代表人物提香的绘画就非常美艳富丽。圣马可教堂所在的圣马可广场，曾

图7-23 圣马可教堂内部

[1] 冯慧娟编：《拜占庭文明》，第137页。

[2] 参见冯慧娟编：《拜占庭文明》，第138页。

被统兵来此的拿破仑称赞为“世界上最美的广场”[1]。

图 7-24 圣马可教堂主门上方装饰（弧拱上有四匹铜奔马）

三、哥特式教堂

哥特式（Gothic Style）建筑最初出现在12世纪的法国北部，随后遍布欧洲各地。约翰·罗斯金说：“我认为在12世纪和13世纪法国是世界上最强大的国家。法国人不仅发明了哥特式建筑，而且使之达到尽善尽美的境界，自那以后再没有其他国家能够企及。”[2]这位19世纪的英国艺术评论家、艺术和手工艺运动的倡导者，对哥特式的突出特征“尖拱和带山墙的尖屋顶”垂爱之至，称之为“两种伟大的哥特形式”[3]，认为它们像树叶一样美丽和自然。但对这种建筑样式，在最初阶段，人们的态度不一，分歧较大，因为“哥特”一词意为“野蛮”，是贬义的称呼。意大利文艺复兴画家、艺术史家瓦萨里（Giorgio Vasari）曾说：“这些哥特人完全不知道古典文化，却制造了一堆乱七八糟的东西。什么大尖顶啦，什么小圆尖顶啦，还有那些奇怪的装饰和多余的花边，对于以简朴为美的古典艺术来说完全是多余的。”[4]但后来人们对它普遍认可，对代表这一风格的建筑杰作赞叹不已。人们态度变化之大，甚至走向了另一个极端，“许多人（包括建筑师）只要一提到教堂和学校，都会想起哥特式，这些人坚持认为如果不按照14世纪、15世纪牛津和剑桥大学那样修建教堂的建筑，那么教堂将不成为教堂，学院也将不成为学院了”[5]。牛津大学源自在巴黎大学的英国留学生自巴黎撤回后自行组织的学习机构，出现于12世纪末；剑桥大学又源于牛津大学的一部分学生脱离牛津而自行组织的学习机构，出现于13世纪初。到了14世纪末，欧洲各国已拥有40多所大学。巴黎大学组建于12世纪，以神学、文学著称。牛津和剑桥大学最初都没有自己的校舍，都是租房授课和住宿，后来在皇家和教会的支持下，逐渐有了自己的建筑，14和15世纪发展得很快，建设了一批哥特式明星建筑。剑桥大学的国王学院礼拜堂就是其中之一，而该礼拜堂由约翰·沃斯特尔（Juhn Wastell）设计的扇形穹顶（图7-25）美丽异常，尤为出众。

哥特式教堂从建筑造型上来看，首先在高度上创造了新纪录，德国的科隆大教

[1] 冯慧娟编：《拜占庭文明》，第139页。

[2] [英]约翰·罗斯金：《艺术十讲》，第43页。

[3] [英]约翰·罗斯金：《艺术十讲》，第51页。

[4] [美]房龙：《人类的艺术》，第67页。

[5] [美]房龙：《人类的艺术》，第67～68页。

图 7-25 剑桥大学国王学院礼拜堂扇形穹顶

堂正厅内部高 43 米，德国乌尔姆大教堂的钟塔高达 162 米；其次是形体具有拔地而起的上冲态势，轻灵的垂直线直贯全身，教堂主厅尤其是钟塔往往尽可能向高空发展，并逐渐化为流线型，而且顶上都有锋利的、直刺苍穹的小尖顶，整个教堂处处充满向上的冲力。这种以高、直、尖和具有强烈向上动势为特征的造型风格是教会弃绝尘寰的宗教思想的体现，也是城市显示其蓬勃生机的反映。如果说罗马式以其坚厚、敦实、不可动摇的形体来显示教会的权威，形式上带有复古、继承传统的意味，那么哥特式则以游牧民族的粗犷奔放、灵巧、上升的力量体现教会的神圣精神。它的直升的线条，奇突的空间推移，透过彩色玻璃窗的色彩斑斓的光线和各式各样轻巧玲珑的雕刻的装饰，综合地形成一个“非人间”的境界，给人以神秘感。如果说罗马式建筑是地上的宫殿，那么哥特式建筑则是天堂里的神宫。哥特式教堂的结构变化形成一种火焰式的冲力，把人们的意念带向“天国”，成功地实现了教化目的。随着向上升起的尖塔，瞻仰的信众会油然而生一种接近上帝和天堂的感觉。这时心灵圣洁，精神飞扬，俗念顿去。哥特式建筑的另一显著特征是墙体不再像罗马式建筑那样作为主要的承重构件，而是以墩柱和外接的飞扶垛承重。这样墙壁不仅厚度变薄，而且可以增设大窗。哥特式教堂不再是城堡式的封闭幽邃，而是较为通透开敞。其彩色玻璃窗不仅展现了五颜六色的绚丽色彩，而且是以圣经人物和圣经故事情节绘制而成。光线将这些圣像投映出来，哪怕不识字的信徒也能分辨出圣徒，讲述他们的事迹，明白其中的道理。同时，人们在教堂中不仅对基督、圣母、圣徒无限缅怀、敬仰，还能体会到这些彩窗的装饰美感。而彩窗透射的彩色光线辉映在如此高耸的空间中，更会使人产生一种精神升华、心向天国的虔诚神圣的宗教情感。

哥特式教堂被誉为来自天堂的建筑。它神圣庄严，高耸入云，触发人们对天国的向往。在宗教昌盛的中世纪，教堂成为城市的明星建筑。各地教会无不力推建设。那些闻名于世的哥特式大教堂，当然也不排除其他大教堂，其建设往往延续数世纪，甚至十几个世纪，需举几代人乃至十几代人之力方可完成。工程浩大、所费无赀，也只有教会这样严密的组织体系才能接续下去。

时移世易，“哥特式”贬义的色彩为后世逐渐淡忘，如今人们提起“哥特式”，联想到的是欧洲大教堂的恢宏气势。

法国巴黎圣母院、夏特尔大教堂和兰斯大教堂，德国科隆大教堂，意大利米兰大教堂等，都是举世闻名的哥特式建筑。

1. 巴黎圣母院

图 7–26 巴黎圣母院（靠近塞纳河的南侧）

巴黎圣母院（图 7–26）是法国巴黎著名地标建筑，也是建筑年代最早、规模最大的哥特式教堂之一，谱写了人类建筑史上的一曲辉煌乐章。这座教堂于 1163 年开始兴建。当时的巴黎主教毛里斯 · 德 · 苏立（Mauricede Sully）决心建一座与巴黎地位相配的大教堂。1160 年巴黎成为法国首都。教堂于 1345 年建成，总共历时 180 多年。但另有一说，认为其落成于 1272 年。教堂东西长 130 米，一说长达 150.2 米[1]，南北较短（48 米宽），主厅高 35 米，一说高 32.5 米[2]。教堂朝西的正立面有一主两辅的三座大门，门上方有多个凹进墙体的尖顶拱相套为饰。门左右和上方，雕刻着大量圣经人物；两拱之间，依着弧形走势，也排布着浮雕人像。拱上方为一横贯立面的雕像带，雕刻着真人大小的近 30 位圣像。再往上，中间有一个圆如巨轮的“玫瑰花窗”，中央是圣母抱圣婴的彩色玻璃镶嵌画。正立面左右两侧升起了没有塔尖的平顶钟楼，高度约 70 米。这两座钟楼设计一样，均衡对称。雨果小说《巴黎圣母院》的主角加西莫多，在小说中的身份就是钟楼的敲钟人。这座教堂的尖塔耸立在教堂中部，正处于十字形的交汇点上。尖塔高 96 米，为木结构，橡木材料，顶端装十字架，它直插云空，雕饰玲珑精美。2019 年 4 月 15 日 18 时 50 分的一场大火，正是从尖塔所在的中部起火，结果尖塔被拦腰烧断。巴黎圣母院采用的是传统巴西利卡的十字形造型。纵横厅堂的外顶为人字形坡顶，而内部则为肋拱支撑的穹隆形。东西走向的主厅内部由两组 24 米高的柱子隔成三个空间，柱顶支撑着肋拱，因而形成狭窄而高峻的空间，在描绘圣经故事的彩色玻璃花窗绚丽光彩和教堂内摇曳烛光的辉映之下，让人感到极为庄严肃穆的宗教气氛，产生向天国接近的幻觉。教堂内陈列着许多宗教器物、壁画、雕塑和已去世的主教雕像，还有关于巴黎圣母院的历史图片资料等大量珍贵文物。遗憾的是，一场大火造成了艺术珍品的空前浩劫。

巴黎圣母院规模巨大，可容纳近万名信众，设计优美匀称，它尤其不同凡响之处在于新技术方法飞扶垛的引入。用外接的飞扶垛承重，墙体的厚度就可以大为变薄，使整个建筑变得犹如骨架般精干轻灵。巴黎圣母院作为最早一批哥特式教堂，在建筑史上具有开创性意义。它结构上的创新使过去那种城堡式的教堂变得轻盈优雅，同时更显神圣庄严。高大对称的钟楼、高耸的尖塔和传统十字形架构，组合成新型

[1] 参见 [英] 苏珊 · 伍德福特：《剑桥艺术史》（一），第 259 页。

[2] 参见 [英] 苏珊 · 伍德福特：《剑桥艺术史》（一），第 260 页。

有机整体；绚丽迷人的玻璃花窗、应有尽有的传神雕刻，无声诉说着曲折动人的圣经故事，同时又有很好的装饰效果。这座哥特式教堂蕴含深厚艺术底蕴，是中世纪基督教审美理想的充分展现，也是中世纪造物的旷世杰作。假依着塞纳河的这座全部由石材建造，因而被雨果誉为“石头交响乐”的巴黎圣母院，在蓝天碧波的映衬下，显得特别灵秀圣洁。

2. 德国科隆大教堂

德国的科隆是阿尔卑斯山以北的著名城市，有“北方的罗马”之称。科隆大教堂（图 7–27）是该城的标志性建筑，是全市也是德国人的骄傲。科隆在国际上的知名度，多归功于这座建筑。人们往往是先知道有这么一座大教堂，然后才知道有科隆。科隆大教堂是欧洲北部最大的教堂，无论从建筑细部还是从整体来看，它都堪称哥特式美学特征的完美典范。这座教堂的总体造型和上述几座教堂没有多大差别，都是十字形结构，屋顶为屋脊陡峭的人字形坡顶；且像巴黎圣母院一样，在十字交叉点上升起尖塔，这个尖塔高 109 米；正立面有对称的两座钟楼，就像夏特尔大教堂那样，是设计成高耸尖塔的钟楼。钟楼很高，约达 157 米，比中央的那个小尖塔高出许多。两座钟楼看上去完全对称，实际上高度相差几厘米，就像人的左右手。在基本形制上，该教堂没有多少突破，哥特式主特征一以贯之。其不同之处主要在于两座钟楼向内缩进，像人耸立缩向脖颈的双肩，似乎将主门空间逼仄成条状，以形成团抱之势，但即便如此，它的正面之大还是居所有教堂之首，这主要是钟楼宽阔宏伟所致，钟楼南北宽约 86 米，几乎是巴黎圣母院的两倍，而它的内宽居世界第三，中厅宽为 45.19 米（含两侧过道）。其两侧过道各有两排，竖起立柱以支撑世界哥特教堂中最高之一的穹顶。主厅内高 43.35 米，比巴黎圣母院高出近 10 米。厅内列柱如林，挺拔向上，将人的精神引向天国（图 7–28）。

图 7–27 德国科隆大教堂

图 7–28 科隆大教堂内部空间

资料显示，在 1880—1884 年，科隆大教堂是世界上最高的建筑，1884 年被美国华盛顿纪念碑超越。乌尔姆教堂的钟塔比它高，但落成时间是 1890 年。科隆大教堂于 1248 年 8 月 15 日奠基，1880 年 10 月 15 日竣工，历时 600 余年之久。其外部装饰，雕饰之繁，像花边一样华丽，和法国兰斯大教堂相比，有过之无不及。相比之下，巴黎圣母院和夏特尔大教堂的外部则显得较为素朴、平和。科隆大教堂的立柱、箭头和小尖塔非常多，据统计，周身遍布有 1.1 万座小尖塔，看上去犹如一顶顶的王冠和大量管风琴的组合叠加。科隆大教堂也装有大量绚丽缤纷、表现圣经故事的彩色玻璃窗，圣经人物雕刻也不逊于任何一座哥特式大教堂。这些窗画和雕刻足以让艺术爱好者流连忘返，叹为观止。而更为神圣之处在于该教堂珍藏着装有东方三贤圣骨和衣物的一个镀金圣箱。这也是该教堂最为珍贵的文物。东方三贤即“麦琪的崇拜”（the Three Magi）中来自波斯帝国的东方三圣。这吸引了很多信众前来朝圣。参观者络绎不绝，据说每天能达 2 万人。

走进这座东西长约 144 米的科隆大教堂，不得不惊叹，人类的技艺竟然能把坚硬厚重的石块化成如此轻盈玲珑之物。设计师和能工巧匠们如变戏法似的，将这些大理石塑成森然罗列的石柱、高耸的尖塔、深邃的穹隆和大量美不胜收的雕刻。它如此宏伟，如此卓绝，令人惊叹。

3. 意大利米兰大教堂

意大利米兰大教堂（图 7-29）建于 1386—1485 年，后又有所增建，堪称哥特式建筑的巅峰之作，哥特式构件无处不在，得到最大程度发挥，最为充分实现。整座建筑就像一座军械库，戈戟森严罗列，尖顶直插云空，消解了建筑墙体的块面感。其实这座建筑的形制还是传统巴西利卡的十字架构，但和上述教堂相比已有诸多创新。其最大突破在于教堂的

图 7-29 米兰大教堂

正面不再设为左右对称钟楼的结构，没有建制这样的钟楼，不再是两侧高耸中央低平的“井”字形，而是自中点向两侧斜下的山形。这个山形的两个斜边布满了小箭头，远看类似升腾的火焰。火焰似的正立面，可谓前所未有。不仅如此，该正面底部宽达 93 米，比科隆教堂的 86 米又宽出不少。其正面设置一主四辅五门，皆装设铸有浮雕的铜制门扇。门上方的装饰也不再是深凹墙体内的环环相套的拱形，而是设在表面的单一一个蘑菇形或伞形的装饰，形内设置浮雕群像。门之外的上层墙面设置若干拱形窗。这个表面还有一个醒目装饰是用方形壁柱分隔巨型墙面，壁柱有双列有单列，四双两单，将墙面分成五个块面，所有门窗都装设在这些块面内。五道大铜门就分属于这五个块面。壁柱单双结合，这不仅是出于实际需要，更是为了美观。没有这些壁柱，墙面就会显得单一。壁柱上端突出于墙顶，且化方为圆，像皇冠一样，雕饰繁富，玲珑剔透，上缩为尖顶，顶上设置大理石圣像。每个尖顶上都有圣徒雕像。

圣徒高居尖顶之上，这是米兰大教堂的独出心裁。整个正立面按中轴线完全对称。教堂的十字中心升起尖塔，高达 109 米，为建筑最高点，这与巴黎圣母院相同，但其顶点装的不是十字架而是镀金圣母像（图 7–30）。这座圣母像在阳光下闪着金光，但实在太高，故只能约略识其形。不过游客可以走上主厅的顶部近距离观赏。这座教堂东西长 158 米，主厅宽 59 米，中间拱顶最高 45 米，可供 4 万人举行宗教活动，且外观全为白色大理石，被誉为“大理石山”。美国作家马克·吐温赞其为“大理石之诗”，但墙体内层使用了一些砖块。教堂外部共有 135 座尖塔，每个塔尖上都有神像。教堂内外共有雕像 6000 多个，数量居所有教堂之首。教堂的彩色玻璃花窗有 24 扇，高约 20 米，而东端的三个拱形彩窗每个宽约 8.5 米，高约 21 米。这些彩窗的图案像中国的年画一样精美绚丽，由于其透光性而更显瑰丽，仿佛将圣经故事搬上了荧屏一样，在连续播映。科隆大教堂的彩窗也是这种效果。米兰公爵特请德国和法国的建筑师来设计、监造，所以对德、法两国教堂必然有所借鉴、模仿。但教堂外部的飞扶垛与巴黎圣母院等教堂不同，其跨度更大，更壮阔，排布更为密集，且周身布满小尖顶，部件繁富，像悬空的铁索桥一样，令人联想到“复道行空，不霁何虹”的画面。

图 7–30 米兰大教堂侧面，最高处为镀金圣母像

米兰大教堂是所有哥特式教堂中最大的。这座大理石教堂以厅廊众多、雕饰繁密著称，它体现的宽广与装缀之美，和一般拥有高大钟楼的哥特式教堂有别。这座教堂的设计者既有继承，更有创新，他们施展才情和智慧让大理石唱出了新的华美乐章。

哥特式建筑是中世纪基督教文明的辉煌成就。在某一人口集中地，建设一座大教堂，就要尽可能多地吸纳信众，其建筑空间和雕刻、彩窗、壁画等室内外装饰都十分考究。对基督教世界而言，一座哥特大教堂实则是城市的地标，文明的象征。这种建筑的诞生，一定程度上是城市间，甚至国家间的争比荣誉的结果，所以易于集中财力、物力和人力。建设米兰大教堂的初衷，就是“米兰公爵力求在他的首府搞个哥特式的杰作，本有和文艺复兴中心佛罗伦萨唱对台戏的意味”[1]。这种主旨十分鲜明的宗教建筑，因为雕饰和彩绘极其丰富而成为造型艺术的宝库，集中世纪艺术之大成。其高耸入云的尖塔，挺拔如林的列柱，陡峭的屋脊，周身遍布的尖顶，环环相套的拱门装饰，彩绘玻璃花窗，琳琅满目的叙事性群雕和单体雕刻，以及由支撑墙体的飞扶垛而形成的外露的骨架等，构成了哥特式建筑的突出特点。美国学者房龙认为，“哥特式”在欧洲语言中，其实就是“尖拱风格”[2]。哥特风格的建

[1] 朱龙华：《意大利文化》，第 187 页。

[2] ［美］房龙：《人类的艺术》，第 71 页。

筑师创造了一种独特的尖顶，从而改变了罗马式教堂的空间结构，垂直感强烈，引人精神飞升；采光条件也有了很大改变，彩色玻璃窗占据了大块的墙面；发明了飞扶垛，支撑墙体，分担了屋顶的压力。罗斯金说："那些让你感到奇特和兴奋的词语总是与哥特式建筑相关联——举例来说，穹顶、拱券、尖顶、小尖塔、城垛、碉堡、门廊，以及无数其他这样的词语，它们的每次出现都充满诗意和力量——它们是最真实确凿的证据，证明了对于你们来说这些事物本身是令人愉快的，并且会一直这样下去。"[1] 哥特式建筑的崇闳令人震撼、倾慕，但是这种轻盈而高耸的哥特大教堂的坚固性，看来得不到保证。据说在 15 和 16 世纪，各地上演了很多次教堂坍塌的惨剧。其中就有"1486 年的万圣节惨剧，再比如 1571 年的主显节惨剧：当时由于暴雨剧烈，导致部分教堂的屋顶坠落下来，砸到了正在表演的合唱团以及几百名会众的头上，导致了众多生命的陨灭"[2]。但这种情况很可能别有原因，因为任何一位建筑设计师和工匠们再明白不过的道理就是建筑首先要确保其坚固性，舍此，其余一切都毋庸论及。而巴黎圣母院等欧洲名教堂，乃至济南洪家楼天主教堂，这类哥特式建筑的坚固性，肯定也毫不令人怀疑。

哥特式建筑艺术在西方起初何以会被冠以贬抑的"哥特"称谓？对这种建筑艺术的情感态度，西方人又是如何逐渐转变的？这从德国大文豪歌德的体验中，或可觅得答案。歌德起初附和公众，人云亦云，贬低哥特式建筑，但当他来到法德之间的边境城市斯特拉斯堡，亲身参观了那里的大教堂之后，他的看法彻底转变了。他开始为哥特式建筑辩护。这在他 24 岁时发表的一篇短文《德国的建筑艺术》中有详尽阐述。他在文中写道，当他动身参观那座大教堂之前，他受道听途说的影响，竭力反对混乱任性的哥特式装饰。歌德说他把他所能想到的一切不适当的同义词都归在"哥特式"名下，"不明确的，紊乱的，不自然的，一堆零碎，千疮百孔，负担过重"；他说："我就像一个把全世界都叫做'蛮族'的人一样不聪明，把一切不适合我的心意的东西都叫做哥特式的。"[3] 在那次参观途中，他预想要看到的将是一个畸形的、鬃毛耸起的怪物，他感到不寒而栗。由此可见，因循的成见是多么深，哥特式建筑起初在歌德心目中是紊乱、零碎、不自然、畸形、负担过重的。百闻不如一见，耳食和亲见，判若云泥，他对哥特式建筑的成见很快涣然冰释。歌德说：

> 当我站在那座建筑物面前，看到那令人惊叹的景象时，我的感受又是那么出乎意料。我的灵魂中充满了一种伟大而完备的印象。这个印象由于是无数和谐的细节所组成的，因而是我所能品味和欣赏的，但是，却完全不是我所能理解和解释的。我又多么经常回去享受那种宛若置身天堂的愉快，去从我们老大哥的作品中领会他们那种巨人似的精神呀！[4]

---

[1] [英]约翰 · 罗斯金：《艺术十讲》，第 49 页。

[2] [美]房龙：《人类的艺术》，第 73 页。

[3] [英]鲍桑葵：《美学史》，第 279 页。

[4] [英]鲍桑葵：《美学史》，第 279 ~ 280 页。

展现在歌德面前的哥特式大教堂，绝不再是他设想的“紊乱”“混乱”的样子，取而代之的是“和谐”，他简直是置身于天堂的妙境，而一再前往观赏。他由衷赞美这种建筑：

> 在我的眼前，无数零件融合成为完整的部件，这些部件质朴而又伟大地站在我的灵魂面前。我的禀赋都马上欣然起来享受和理解。我愉快地观察着那些巨大的和谐的部件。这些部件的无数细小的零件，直到最小的纤维，都像永恒的自然作品一样，充满了生气，全部都多姿多态，全都同整体有关。这座庞大的、基础巩固的建筑多么轻快地升到空中去啊！
>
> 因此当德国艺术学者听了满怀嫉妒的邻国人的话，把自己的长处加以抹杀，用不可理解的“哥特式”一词来贬损这作品的时候，我真不该对他们生气。他们应该感谢上帝使他们能够大声宣布：“这是德国的建筑，我们的建筑，同意大利人没有关系，同法国人更没有关系。”如果你们不愿享受这个特权的话，就请你们证明哥特人真的修建过像这样的建筑物吧。你们一会儿感受到这个伟大整体的不可抵抗的力量，一会儿又会指责我是一个梦想家，说我在你们只看见气魄和粗犷的地方看到美。[1]

“哥特”的本意是野蛮，但歌德眼中真实的建筑却是如此优雅和谐，达到了永恒的自然机体的程度，富有生机，凌空高昂，多姿多彩。贬低哥特式建筑的人，通常只看到这种建筑的宏大的体量，震撼于它的气魄和粗犷，而歌德则认为它的细处也是完美的，像有机体一样和谐，其缤纷的装饰并不过分。歌德还谈及哥特建筑是德国的专利，不属于意大利和法国，也不属于哥特人。晚于歌德 70 年出生的英国学者约翰·罗斯金也是哥特式建筑的狂爱者，他说法国人发明了哥特式建筑，而且使之达到尽善尽美的境界，其他国家都不能企及。[2] 哥特式建筑源于且盛于法国，应已是不刊之论。

拓展思考：东西方古代建筑在建材和形制方面有何异同？西方古代多层和高层建筑是如何架构的？

推荐阅读书目：[古罗马]维特鲁威《建筑十书》、朱龙华《意大利文化》。

---

[1] [英]鲍桑葵：《美学史》，第 280 页。

[2] 参见[英]约翰·罗斯金：《艺术十讲》，第 43 页。

本章参考文献

[1] 段武军：《探寻埃及》，北京：中国画报出版社，2005 年。

[2]（清）斌椿：《乘槎笔记》，北京：商务印书馆、中国旅游出版社，2016 年。

[3]（清）张德彝：《航海述奇》，北京：商务印书馆、中国旅游出版社，2016 年。

[4]（清）徐继畬：《瀛寰志略》，上海：上海书店出版社，2001 年。

[5][古罗马]普林尼：《自然史》，李铁匠译，上海三联书店，2018 年。

[6][古罗马]奥维德：《变形记》，杨周翰译，上海：上海人民出版社，2016 年。

[7][古罗马]维特鲁威：《建筑十书》，陈平译，北京：北京大学出版社，2017 年。

[8][英]威廉·塔恩：《希腊化文明》，陈恒、倪华强、李月译，上海：上海三联书店，2014 年。

[9]（唐）张彦远：《历代名画记》，杭州：浙江人民美术出版社，2011 年。

[10] 许海山：《古埃及简史》，北京：中国言实出版社，2006 年。

[11] 苏山编著：《还原 30 个消失的建筑》，北京：北京工业大学出版社，2014 年。

[12] 张树德：《埃及十日游（一）亚历山大城自费游》，2019 年 12 月 14 日，https://www.meipian.cn/2kthhp6p。

[13][日]针之谷钟吉：《西方造园变迁史》，邹洪灿译，北京：中国建筑工业出版社，1991 年。

[14][比利时]南怀仁集述，宋兴无、宫云维等校点：《穷理学存》，杭州：浙江大学出版社，2016 年。

[15][英]约翰·罗斯金：《艺术十讲》，张翔、张改华、郭洪涛译，北京：中国人民大学出版社，2008 年。

[16][法]丹纳：《艺术哲学》，傅雷译，桂林：广西师范大学出版社，2000 年。

[17][法]伏尔泰：《路易十四时代》，吴模信、沈怀洁、梁守锵译，北京：商务印书馆，1982 年。

[18][英]苏珊·伍德福特：《剑桥艺术史》（一），罗通秀译，北京：中国青年出版社，1994 年。

[19][古希腊]荷马：《荷马史诗·伊利亚特》，赵越译，哈尔滨：北方文艺出版社，2012 年。

[20][法]勒·柯布西耶：《走向新建筑》，杨至德译，南京：江苏科学技术出版社，2014 年。

[21] 朱龙华：《意大利文化》，上海：上海社会科学院出版社，2004 年。

[22] 张光直：《中国青铜时代》，北京：生活·读书·新知三联书店，2013 年。

[23]（汉）司马迁：《史记·殷本纪》（第 2 版），北京：中华书局，1982 年。

[24][美]房龙：《人类的艺术》，周亚群译，北京：中国友谊出版公司，2013 年。

[25] 冯慧娟编：《拜占庭文明》，长春：吉林出版集团有限责任公司，2015 年。

[26][英]鲍桑葵：《美学史》，张今译，北京：中国人民大学出版社，2010 年。

第八章

西方文艺复兴、巴洛克、洛可可时期的建筑环境艺术

本章导读 欧洲在中世纪之后开启了辉煌的文艺复兴篇章，然后承继的是巴洛克、洛可可风格的时代，从 15 世纪至 18 世纪，前后相沿 400 余年。文艺复兴时期涌现了布鲁内莱斯基、多纳泰洛、布拉曼特和米开朗琪罗等杰出的设计大师。他们为建筑环境艺术作出了卓越贡献。欧洲 17 世纪盛行的是巴洛克艺术，瑞士学者沃尔夫林曾对巴洛克风格的建筑与花园进行过深入系统的研究，他的论述是本章分析巴洛克艺术的重要参照。洛可可风格曾在 18 世纪风靡欧洲。这种风格深受东方文明的影响。清朝康乾盛世的繁荣富庶和大清帝国诗意优雅的生活，为西方人所向往；中国的绘画、陶瓷、丝绸、家具、漆器等为欧洲人所追捧，而西方尤其掀起了中国园艺热。欧洲学习中国的园林设计，中式园林蔚然成风，成为洛可可时代特色鲜明的标志设计。

延续千年的东罗马帝国（395—1453 年）最终覆灭于土耳其人的进攻。土耳其的入侵迫使大批拜占庭学者逃到西欧，他们将古典学问带到西欧，对于古典学问在西欧的复兴，大有影响。[1] 人文主义最初产生于北意大利，当时北意大利的许多城市呈现了空前繁荣，而尤以威尼斯和佛罗伦萨两个城市共和国最为富强。

在人文主义思潮影响下，人们逐渐形成这样的历史观，认为古代是光明的，中世纪归于黑暗，新时代则复兴古典而重现光明。

第一节 欧洲文艺复兴时期建筑环境艺术设计

一、佛罗伦萨大教堂

佛罗伦萨大教堂还有一个美丽的名字叫百花圣玛利亚教堂。该教堂由阿诺尔

---

[1] 参见齐思和编著：《世界中世纪史讲义》，北京：高等教育出版社，1957 年，第 192 页。

福·迪·卡姆比奥（Arnolfocli Cambio）于1296年主持动工，但工程进展缓慢，其间市政府拆除了许多房屋，把四周街道加宽到21米，以给教堂一个长长的街景。这座教堂的形制仍属巴西利卡式。东西向的一个长长的厅堂，中间以立柱隔出一个宽广深幽的中殿，直通一个八角形大厅。这个大厅就是讲经坛。八角形大厅外部附设小礼拜堂，像梅花一样团拢。大厅外南北两侧的礼拜堂，以大厅为中轴完全对称，连在一起像是一个横厅，所以可视之为十字架结构，与传统教堂没有多大区别。这座教堂的钟楼很特别，哥特式教堂的钟楼都是与教堂连在一起，在正面一左一右，形成对称。而该钟楼虽紧依却与主体建筑有间隔，就像比萨斜塔那样独立。这个钟楼与一个响亮的名字有关，卓越的大画家乔托设计了它。1334年7月9日，乔托着手这项工作。瓦萨里记载："乔托不仅制作了钟楼的模型，而且还用大理石制作了部分雕刻和浮雕的样式。"[1] 在乔托的设计中，塔顶为金字塔形，但如今看来尖顶升起的幅度很有限，只有俯视远观才能看到，近距离仰视则看不到。瓦萨里又说，根据乔托的模型，钟楼为"四边形，高一百英尺，如我们现在所见"[2]。现在的这个钟楼就是一个四方体，但高度则令人生疑。实际高度应该是瓦萨里所说的三倍以上。钟楼紧依教堂的正面。而这个正面虽然配有拱形门、环形花窗、雕像、立柱等，但总体看来，与哥特式教堂的相比，还是相当质朴素净。这座教堂的卓荦超群之处正在于它的大圆顶。它的讲经坛，即尾部的一个八角形大厅，需要用一个巨大的圆顶盖起来，由于难度很高，一时无法解决。哥特式教堂十字交叉点上的圆顶只有主厅之宽，而这个圆顶则覆盖主厅和两旁侧厅。布鲁内莱斯基接手时，大教堂工程已进行百年之久，圆顶下的墙垣已基本建成。为了建这个圆顶，当时请来了很多建筑界的精英，有些来自法国、德国、英国、西班牙等，为此耽搁了不少时间。这个圆顶规模空前之大，圆直径46米，比万神殿还多出3米，高更增加一倍多，从地面至顶部近百米。这样庞大的规模，令多少建筑师望而生畏，无从措手。起初几种方案经建筑师们反复讨论、争执不下。圆顶的架构、材质，支撑圆顶的柱拱，以及脚手架的搭建等，成为争执的焦点。

最终，意大利文艺复兴时期的著名建筑师布鲁内莱斯基设计的圆顶被采用。圆顶为内外两层，八面体，由底向上逐渐收缩变窄，厚度也渐薄；内层底部厚度七英尺半（2.29米），顶部厚两英尺半（0.76米）；外层底部厚五英尺（1.52米），顶部厚约一又三分之一英尺（0.41米）。这个外层可使内层圆顶免遭雨水侵蚀。现在看来，这个橙色的外圆也起到很好的装饰效果。之所以没做成万神殿那样滚圆的圆顶，而是缩为尖形，是因为这样可以减轻重量。八面在顶部圆形天窗处结束，这个天窗同万神殿的天窗一样，在建筑顶端呈圆形，但不同的是这个天窗上建有大理石小塔，因而实际上天窗起不到采光作用了。

[1] ［意］乔治·瓦萨里：《著名画家、雕塑家、建筑家传》，刘明毅译，北京：中国人民大学出版社，2004年，第13～14页。

[2] ［意］乔治·瓦萨里：《著名画家、雕塑家、建筑家传》，第14页。

这个巨型圆顶，外部八条白色大肋赫然在目，内部有十六条小肋。两圆之间设置扶垛，四周共有二十四个扶垛。这些拱肋和扶垛如同铁箍一样，使大圆顶稳如泰山。它规模宏伟，从地面至天窗高三百零八英尺（93.87 米），天窗上小塔高七十二英尺（21.95 米），铜球八英尺（2.44 米），十字架十六英尺（4.88 米），总高四百零四英尺（123.13 米）。[1] 此数据为瓦萨里亲笔所写。他由衷赞叹："敢说古人的建筑从未有过这样的高度，他们绝不敢冒与天挑战之险，此建筑显然在向天挑战，它高入云霄，佛罗伦萨四周的山峦黯然失色。真的，苍天似乎也酸溜溜，因为阳光日日照耀着圆顶。"[2]

此大教堂的前面即西面是圣约翰洗礼堂，为佛罗伦萨最古老的建筑。洗礼堂的东门与百花圣玛利亚大教堂，即佛罗伦萨大教堂正门相对，安设着双扇铜门。原门由文艺复兴时期的杰出雕刻家洛伦佐・吉贝尔蒂制作完成，从 1424—1452 年，投入近 30 年的时间。米开朗琪罗称赞它是"天堂之门"。现在洗礼堂的东门安设的是复制品。原铜门保存在大教堂东面的博物馆里，罩在玻璃之后，门上有 10 幅《旧约》故事的浮雕，铜材精良，金光闪烁。该洗礼堂的北门也是由吉贝尔蒂制作，完成于 1404—1424 年，其南门由另一位著名雕塑家安德烈亚・皮萨诺完成于 1330 年。

二、佛罗伦萨市议会大厦及广场设计

与佛罗伦萨大教堂遥遥相对的一个配套工程，即在同一时期建造起来的佛罗伦萨市议会大厦（图 8-1），也称"旧宫"，正式名称是"首长会议宫"（Palozzodei Priori）。它于 1299 年开建，即大教堂动工之后的第三年。建筑设计师仍是阿诺尔福。在其去世时，这座大厦已基本完工。宫前有一片开阔的广场，它原为一位权贵的住所，权贵失势后，整个家族的房产被拆除。广场在 1330 年铺上了石板，平坦洁净，1376—1382 年又造了凉廊。这儿成为人们集会演说、举行庆典、举办狂欢节和体育比赛等群体活动的重要场所。这些配套建筑和广场都经过长远的规划设计。城市建筑、街道和景观等的统筹安排，是人类造物运动中早就具有的意识，是人类文明进步的重要体现。议会大厦于 1318 年建成，用了 19 年时间。它是四方体建筑，很敦厚，主体分为三层，每层开有若干小窗。最上部的墙体像一个帽盖似的，罩住下面的墙面。这个帽

图 8-1 佛罗伦萨大教堂、乔托设计的钟塔和市议会大厦（红框中为市议会大厦）

[1] 参见 [意] 乔治・瓦萨里：《著名画家、雕塑家、建筑家传》，第 83 页。

[2] [意] 乔治・瓦萨里：《著名画家、雕塑家、建筑家传》，第 83 页。

盖也是四方形，墙上部做成类似中国古代城墙的城垛形状。它高达 45 米，相当于一座 15 层的高楼。这在当时非常气派。不仅如此，它还有一座钟塔，在屋顶上矗立而起，距地面 92 米高。塔的造型像是收缩、伸长版的主建筑，也是四方体，也有齿状墙，沿用了很多相同的元素。这座钟塔名副其实，有一口大钟安放在上部四根圆柱支撑的亭阁中，亭阁底部围以堞廊。在特别重要的时刻，就会敲响大钟，信告全城公众。这样规整敦实的四方体建筑，方正是其核心元素，完全消弭了哥特式的尖顶，重返古典碉楼形制。尖塔林立、列柱排布和方正敦实、块面规整，形成多么不同的视觉感受。人类在造型艺术领域总是不断推陈出新，不断出奇制胜，也不断复古，从而变换节奏，创造新的美感，令人赏心悦目。

三、米开朗琪罗设计的圣彼得大教堂

约从 1546 年起，米开朗琪罗被教皇保罗三世任命主持建造圣彼得大教堂。该教堂位于罗马西北角的梵蒂冈高地，梵蒂冈是罗马教廷的所在地。1549 年教皇保罗三世逝世，几年内，尤利乌斯三世、马尔切洛、保罗四世和皮乌斯四世先后继任教皇。保罗三世颁发给米开朗琪罗建造圣彼得教堂的诏书，被马尔切洛之外的几位教皇签发。工程在皮乌斯教皇在位期间迅速推进。这座教堂最初由布拉曼特设计建造，拉斐尔也主持建造了一段时间。在米开朗琪罗接手之时，他看到的设计方案是安东尼奥·达·圣加洛制定的。这套设计缺乏对光线的考虑，有数不清的凸出物、小尖塔和过细分隔的构件，近似当时的德国风格，而不是古典风格。于是米开朗琪罗去芜存菁，大加简练，内外都被改动，使之更有条理、更雄伟壮观和光辉富丽。米开朗琪罗用黏土做的建筑模型获得了广泛认可，建筑形式得以确定下来。其突出特征是将教堂的罗马式的半圆形拱顶改成了拱肋式的大穹窿，使教堂的视觉效果更加宏伟。这个大圆顶（图 8–2）与布鲁内莱斯基设计的佛罗伦萨大教堂的圆顶，规模和形制都近似。不过，它外部的拱肋增加了一倍，顶上小塔的立柱也增加了几列，整体造型像一顶皇冠，和谐优雅稳固。它成为西方建筑史上形象最完美的圆顶建筑，曾被欧美各国仿建。米开朗琪罗用了 17 年的时间建造圣彼得大教堂。他年逾七十主持该工程，直到 89 岁去世，工程依然在建，他没能看到他设计的圣彼得大教堂建成后的样子。不过令人欣慰的是，后来接任他的建筑师都忠实地执行了他的设计方案，人们看到的圣彼得大教堂正是米开朗琪罗心目中的样子。他深为信赖的学生和友人瓦萨里说，米开朗琪罗坚持不懈地指挥，把教堂建得十分坚固，

图 8–2 米开朗琪罗设计的圣彼得大教堂圆顶

图 8-3 米开朗琪罗雕刻的《哀悼基督》

生怕在他身后教堂被改建。而皮乌斯四世和皮乌斯五世两任教皇都下令不得更改米开朗琪罗生前的设计，原设计方案得以不折不扣地贯彻执行。但到了 17 世纪，这座教堂又被扩建了，原先的景观特征被改变了，引发了很大争议。

该教堂中陈列着米开朗琪罗举世闻名的代表作之一《哀悼基督》（图 8-3），这是他 24 岁时的大理石雕刻，在圣母胸前的饰带上留有他的签名。这是该教堂中最珍贵的藏品之一。

第二节　欧洲巴洛克风格的建筑与花园

欧洲巴洛克和洛可可艺术分别兴盛于 17 和 18 世纪，它们上承文艺复兴艺术，下启近现代艺术。这两种风格的艺术创作在古典的基础上有所创新，受到东方艺术风格的影响，不同艺术风格交融互鉴，开拓了新的审美维度。

一、巴洛克风格教堂、别墅

图 8-4 米开朗琪罗设计的洛伦佐图书馆楼梯（图 8-4、图 8-5、图 8-6 分别来源于［瑞士］海因里希·沃尔夫林：《文艺复兴与巴洛克》，沈莹译，上海人民出版社 2007 年版，第 27、29、103 页。）

巴洛克风格表现在建筑上便是文艺复兴时期的那种优雅与轻盈消失了，代之以豪放、巨大、厚重的形体。建筑变得更加宽大，而且材料由坚硬、易碎突然间变得柔软、易弯曲。瑞士学者沃尔夫林曾对巴洛克艺术进行过深入系统的研究。沃尔夫林说这种建筑材料有时几乎令人联想到泥土。其表现为所有坚硬、锐利的轮廓都被钝化和软化，一切有棱角的形都变得圆润起来。他说米开朗琪罗设计的洛伦佐图书馆起伏的楼梯（图 8-4）就是很好的例证。人们非常讨厌直角、排斥单调，大量采用蜷曲的圆形、螺旋形、旋涡形，结构感已经被忽略，墙面可以随意地凸起或凹陷，所有部件作为一个整体相拥而不再有相对的独立和自由，建筑形制充实而华美。沃尔夫林认为，这是不断兴起的传达运动感的潮流的一部分，并暗示了向更加无定形状态的转变。就室内的天花板而言，沃尔夫林分析，文艺复兴风格的天花板，所有元素都和谐融洽，能够感觉到空气的流淌，而巴洛克风格的天花板则厚重、拥挤，让人担心填充物会冲出边框一涌而出。沃尔夫林认为圣加洛为罗马法尔内塞宫设计的天花板是第一件巴洛克风格的天花板。[1] 他也将哥特式艺术与巴洛克艺术加以比较，认为这两种艺术都有运动特征，但哥特式艺术，是一种垂直的不断向上飘扬的运动，逐渐消失于顶部，而巴洛克建筑的动态却受到厚重檐口的阻挠，而最终达到和谐。[2] 他以米开朗琪罗设计的圣彼得大教堂为例，说该教堂外部越往高处越简单、平稳，使人感到不安的正立面也在圆顶处缓和下来。他说，让人眼花缭乱的正立面与安静祥和的内景间的悬殊对比，是巴洛克艺术宝库中最引人注目的效果之一。[3] 沃尔夫林认为罗马圣玛利亚 · 蒙蒂教堂的正立面（图 8–5）是巴洛克风格最优秀的范例之一，而维尼奥拉设计的罗马耶稣会堂（图 8–6）被沃尔夫林视为该建筑师巴洛克风格建筑的代表作。[4] 但从这两座教堂的实际外观来看，实在难与沃尔夫林费尽周折分析的巴洛克特征相联系。它们的运动感、团块感、厚重感等，似乎还没有其他风格的教堂表现得明显。因为它们本身确实是很平静和谐对称的教堂。但也有支持沃尔夫林观点的，说耶稣会堂在欧美被成千上万仿建，遂有耶稣会风格之称，它也是促成与传播巴洛克艺术的一大渠道。[5] 沃尔夫林指出，在别墅建筑中同样存在巴洛克风格。他说，从观念上讲，瓦萨恩吉奥（Vasanzio）设计的波格塞别墅（Villa Borghese）是典型的巴洛克建筑。在他看来，该别墅墙与墙之间缺少连接，整体上传达出一种重量和

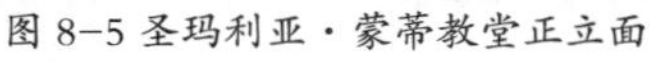

图 8–5 圣玛利亚 · 蒙蒂教堂正立面

图 8–6 维尼奥拉设计的罗马耶稣会堂正立面

[1] 参见 [瑞士] 海因里希 · 沃尔夫林：《文艺复兴与巴洛克》，沈莹译，上海：上海人民出版社，2007 年，第 56 页。

[2] 参见 [瑞士] 海因里希 · 沃尔夫林：《文艺复兴与巴洛克》，第 60 页。

[3] 参见 [瑞士] 海因里希 · 沃尔夫林：《文艺复兴与巴洛克》，第 60 页。

[4] 参见 [瑞士] 海因里希 · 沃尔夫林：《文艺复兴与巴洛克》，第 102 页。

[5] 参见 [法] 弗朗索瓦 · 布吕士：《太阳王和他的时代》，麻艳萍译，济南：山东画报出版社，2005 年，第 249 页。

团块感。[1]但缺少连接的墙，怎么可能具有团块感呢？这令人费解。与之风格相对的马达马别墅，沃尔夫林认为就是一座典型的文艺复兴花园了。[2]该别墅是在拉斐尔直接指导下设计建造的。

二、巴洛克风格花园

关于巴洛克风格花园，沃尔夫林概括出一系列特征：（1）巴洛克风格的花园建筑比文艺复兴时期的具有更多的空间和更大的主题，每件事物都尽可能宏大，不惜任何代价避免拥挤和拘谨，优雅和色彩必须给大规模的效果让路。（2）巴洛克精神不仅表现在无法抗拒的空间之中，而且表现在它对团块的严谨的封闭式处理中。（3）水，和植物一样，在巴洛克风格的花园中被大量使用，不再有潺潺的流水或清澈的泉水；水必须往四面八方无定形地漫溢；水所呈现的形式有喷泉、小瀑布和水池。（4）巴洛克风格喜欢沙沙声的声音效果，不仅是树叶发出的沙沙声，还有湍急的流水声，因此不遗余力地获得足够的水源和发出声音所需要的能量；巴洛克风格喜欢巨大的声响，几乎所有大的水流展示都与声音效果有关。[3]这样看来宏大、封闭、大片的水域和湍急的水声等，就是沃尔夫林心目中巴洛克风格花园的显著特征。路易十四建造的巴黎凡尔赛宫花园就基本具备这些特征。

法国国王路易十四委任建筑师勒沃（Le Vau）和园艺师勒诺特尔（Le Notre）建造了凡尔赛宫。[4]勒诺特尔负责凡尔赛宫的花园，另一位园艺师拉坎蒂尼（La Quintinie）负责菜园和果园。[5]凡尔赛宫花园属于巴洛克风格。

凡尔赛位于巴黎西南约20公里的一处峡谷中，原为低洼的沼泽区，后在此处建了路易十四的离宫。路易十四投入了庞大的人力和物力，在凡尔赛建成了法国乃至全欧洲最壮丽的宫殿。它带有庞大的园苑。中国清代的帝王离宫或皇家园林均不能与之相比，唯有紫禁城才堪与之相提并论。[6]凡尔赛宫展示了法国最好的工艺、技术、建筑材料和艺术品。宫内装饰完全是镶金嵌银的巴洛克式样，富丽堂皇，与外立面形成鲜明对比。[7]1682年法国政府正式迁到凡尔赛，它成为国家政治中心。凡尔赛宫花园在宫殿后部铺展开来，规划整齐，呈轴对称设计。北京的紫禁城是南北轴线，而凡尔赛宫和花园的设计则是东西轴线。但轴线不是正东西，而是略有偏斜。[8]中

[1] 参见[瑞士]海因里希·沃尔夫林：《文艺复兴与巴洛克》，第143页。

[2] 参见[瑞士]海因里希·沃尔夫林：《文艺复兴与巴洛克》，第146页。

[3] 参见[瑞士]海因里希·沃尔夫林：《文艺复兴与巴洛克》，第148～154页。

[4] 参见[法]弗朗索瓦·布吕士：《太阳王和他的时代》，第16页。

[5] 参见[法]弗朗索瓦·布吕士：《太阳王和他的时代》，第12页。

[6] 参见贾珺：《1699年的紫禁城和凡尔赛宫》，张复合主编：《建筑史论文集》第11辑，第118页。

[7] 参见贾珺：《1699年的紫禁城和凡尔赛宫》，张复合主编：《建筑史论文集》第11辑，第120页。

[8] 参见贾珺：《1699年的紫禁城和凡尔赛宫》，张复合主编：《建筑史论文集》第11辑，第116页。

图 8-7 凡尔赛宫花园中轴线景观，前景为拉多娜池

图 8-8 凡尔赛宫花园一角

轴线两边的花园对称布局，大型的草坪和水池彼此相间。主轴上建有拉多娜（图 8-7）和阿波罗喷水池。这两处都是群雕，人和动物形象惟妙惟肖，叮咚流溢的喷泉使这些雕像活泼多姿，魅力无穷。花园中有长、宽分别为 1650 米和 62 米、1070 米和 80 米呈十字交叉的大小运河。此十字形运河位于轴线末端。路易十四时期运河上设有船队，在允许参观的日子，宾客们可以乘船观光。在斯芬克斯台阶附近，建有橘园和瑞士湖。园中道路宽敞，绿树成荫，草坪树木都修剪得整整齐齐（图 8-8）；喷泉随处可见，雕塑比比皆是。但这样的景观过于雕琢、精致和开敞、通透，缺少朴野荒落、斑驳陆离的天然之趣和曲径通幽、别有洞天的神秘气息。这一时期西方有些人士已经了解中国的园林，介绍并推崇中国的造园艺术。有识之士批评欧洲园林那种直通无遮的大道，以及那种精心裁剪又布局规整的花木，赞赏中国园艺师处理艺术含而不露的方式。

清同治年间，斌椿赴欧洲考察，其间曾游历若干欧洲园林。他于当年农历六月二十五日在法国巴黎乘火轮车，西行约 60 里（30 公里）至行馆。他看到的行馆，“楼屋高大，周遭百余间。绘昔年与各国交战图，神情毕肖”[1]。然后，他在管园官导引下游览了此处园林。这处园林就应是凡尔赛宫花园。他记述：“管园官导观水法多处，均甚佳。末一处，地极宽广，池中石雕海兽、神人，喷水直上，高十余丈，如玉柱百余，排列可观。”[2] 喷水景观，当时在西方园林中已很常见。斌椿描述的石雕喷水池，应该是凡尔赛宫花园中轴线上的拉多娜池或者阿波罗池。这两处喷水池都雕刻着神人和海兽等，而且场地极为开阔。而斌椿的随从人员张德彝在这同一天的笔记中则写道：“抵一洞，有四五铜人对饮。其水法自酒瓶跃出，高丈余。又一大池，中一铜人策四马驰驱而出，四角有许多水怪自水中奔出，口吐飞波如雨。”[3] 张德彝所记大池，应是阿波罗池（图 8-9）。同时，张德彝还写及洞穴。这说明凡尔赛

[1] （清）斌椿：《乘槎笔记》，第 41 页。

[2] （清）斌椿：《乘槎笔记》，第 41 页。

[3] （清）张德彝：《航海述奇》，第 110 页。

图 8-9 凡尔赛宫花园的阿波罗池

宫花园也凿有洞窟，只不过是小型洞窟，不足以深入探幽。据他们所记，这一天是礼拜天，游客很多，约3万人，以至于官方派遣了几十名卫士，在他们所乘车两旁护卫。而在此之前的二十三日，斌椿一行游览了巴黎城中的一座花园，斌椿称之为“洼得不伦”园。他写道：“申刻，游洼得不伦大园，林木深蔚，河水回环。石洞通人行，上悬瀑布，宽丈余，如匹练。”[1]该处园林设有石洞和瀑布，和凡尔赛宫的广场式花园不同。而在三月二十四日，他们初抵巴黎，游览了巴黎城的另一处花园。斌椿记述：“又西行七八里，为官家花园，花木繁盛，鸟兽之奇异者，难更仆数。尤奇者，海中鳞介之属，均用玻璃房分类畜养。内贮藻荇、水石，皆海中产也。介虫之奇者数十种，房二三十间分养之，人由旁观，纤介洞见，洵奇构也。”[2]此处花园不仅有奇异鸟兽，且畜养着不少海洋珍稀生物。由此可见，巴黎的几处花园建制各有特色，有些是与中国园林相接近的，而并非都是凡尔赛宫花园那样开敞的形制。

斌椿一行在英国伦敦也游历了几处花园。四月初六日，斌椿“命广英等往看花园。云鸟兽奇异甚多。狮子四，极大者二，皆虬毛。虎豹犀象之属，不可胜记。巨蟒长至二三十码，每码合中国二尺五寸，皆豢养极驯”[3]。广英是斌椿的儿子。此处说的花园实则为动物园。几天后的十一日，在微阴的天气中，他们“至大花园，杜鹃花高丈许，月季亦高五六尺，花朵大倍于常，红紫芬菲。闻自中土来，培养之功甚深。（花木繁盛，皆团圞成塔形，惟觉堆砌如像生花，而乏天然丰韵耳。）”[4]。前一处花园令人印象深的是鸟兽，此处印象深的是花木。花木产自中国，但堆砌后的感觉如同是纸、塑胶材料做成的人造花。“像生花”就是人造花的意思。斌椿显然对这种堆砌法不予认同。当月二十二日，斌椿等人又游览了伦敦郊区、距伦敦50里（25公里）的一处园林。斌椿记述：“园周三十里。蒙假御厩车马，俾得遍览园景。树木之大者以千记，皆百余年物。山花秀丽，溪水回环，鹿鸣呦呦，鸟声格磔。花之娇艳者，罩以玻璃屋，有窗启闭，以障风日……五色璀璨，芬芳袭人……月季、杜鹃、芍药、鱼儿牡丹，皆大倍常。又至果屋，亦如之。桃李杏共数十间……皆以铜管贮热水其中，温和如中土暮春气候……厩中御马，大者高八尺。”[5]此处园林以温室

[1] （清）斌椿：《乘槎笔记》，第40页。
[2] （清）斌椿：《乘槎笔记》，第20页。
[3] （清）斌椿：《乘槎笔记》，第23页。
[4] （清）斌椿：《乘槎笔记》，第23页。
[5] （清）斌椿：《乘槎笔记》，第25～26页。

养花果，四季鲜花鲜果不乏，且有马厩，园中古木繁密，鹿、鸟藏身其中。这又是另一种特色的花园。斌椿等人在欧期间还曾游览了好几处生灵苑。其中，关于英国伦敦附近的一处生灵苑，他写道："虎豹狮象蛇龙之族，无不备具。异鸟怪鱼，皆目未睹而耳未闻者。园囿之大，以此为最。"[1]生灵苑就是典型的动物园了。由此可见，西方当时具有多种供人游赏的园林，也可见西方当时社会的富庶。

三、改扩建后的圣彼得大教堂

圣彼得大教堂（图 8-10）是罗马基督教的中心教堂，是欧洲天主教徒的朝圣地与梵蒂冈罗马教皇的教廷，是全世界第一大教堂。圣彼得大教堂在 4 世纪时就已经兴建了，但它的历史几乎是与基督教的发展史同步。文艺复兴后期尤利乌斯二世教皇时期，它开始重建，工程从 1506 年开始，到 1626 年才得以最后完工，时间长达 120 年。这一工程凝聚了布拉曼特、拉斐尔、米开朗琪罗、贝尔尼尼等众多卓越名家的智慧。

图 8-10 圣彼得大教堂

米开朗琪罗设计的大圆顶非常成功，成为后来教堂圆顶设计的样板。米开朗琪罗只修建到鼓室，但他留下了一个巨大的木制模型，贾科莫・德拉・波尔塔（Giacomo della Porta）依据此模型继续建造，于 1588 年竣工。

由于这座教堂的形制不是传统巴西利卡式的"拉丁十字形"，而是四臂均等的中心型建筑，因而被教会人士视为异端，并在 17 世纪初由教皇保罗五世授命加以改建，加长主厅，另建门面。曾建造了罗马圣苏珊娜教堂的建筑师马德诺（Maderno）主持施工。他是瑞士人，也叫马德纳（Maderna）。圣苏珊娜教堂是仿耶稣会堂而建，被誉为巴洛克建筑的第一颗珍珠。[2]马德诺意欲仿圣苏珊娜教堂改扩圣彼得大教堂。主厅拉长后，又加建了高大的门厅，连门厅在内的总长度达 212 米，宽 137 米，主厅内高 46 米，和米开朗琪罗设计的 133 米高的中央大圆顶相配，构建了基督教最大的教堂。[3]马德诺的改建注意与米开朗琪罗原有设计相配合，在内部结构袭用米开朗琪罗为大圆顶确立的巨柱模式。但这样改建的结果破坏了中央圆顶向四周辐射的中枢地位，而且加长之后门厅的门面阻挡了观众仰望圆顶的视线，在教堂之前会完

[1] （清）斌椿：《乘槎笔记》，第 24 页。

[2] 参见朱龙华：《意大利文化》，第 251 页。

[3] 参见朱龙华：《意大利文化》，第 251 页。

全看不到圆顶，即使从广场远眺也只能望见顶部的一部分。

对于改建后的这座建筑，现代建筑大师柯布西耶曾做过如此表述："米开朗基罗建造了一个穹顶，是那时人们所能见到的最大的穹顶；一进入教堂，你即处于巨大的穹顶之下。可是教皇们在它前面加了三个开间和一个门廊。整体的构思被破坏了。如今，必须先走完一段超过 300 英尺（约 91 米）长的通道才能到达拱顶之下；两个体量相当的体发生了冲突；建筑的优点被掩盖了（同时，原有的缺点被粗俗的装饰无法估量地放大了，圣彼得大教堂也变成了令建筑师们琢磨不透的事物）。"[1]

柯布西耶很不赞成后世对大教堂的扩建。扩建后的教堂使米开朗琪罗设计的大穹顶被遮挡，喧宾夺主。柯布西耶为此深感遗憾。米开朗琪罗这样的文艺复兴艺术巨人的作品理应得到突出、加强，而不应削弱其影响力。

圣彼得大教堂工程最后的整个装饰和门前大广场的设计建造，是由意大利巴洛克名家贝尔尼尼完成的。贝尔尼尼出身雕刻世家，10 岁左右就以出众才艺名扬罗马，被誉为神童。

沃尔夫林说，巴洛克需要足够的空间，正如贝尔尼尼柱廊向人们阐释的。[2]

贝尔尼尼设计建造的圣彼得大教堂广场柱廊使这一广场（图 8–11）由开放变为封闭状态。柱廊在两侧伸展，像人张开双臂热情迎客一样，但更像一把巨大的张口钳子，对教堂形成环抱、护卫，令人联想到森然戒备的士兵。如果没有这两侧的柱廊，将会使教堂的庄严和神圣降级，步入这个广场的人们将难免自由散漫，精神松弛。柱廊高度约达教堂门面的一半，廊内有四排白色大理石圆柱，密集如林，圆硕高耸，如参天大树，仰视才可见其顶。最内侧一圈石柱的每个柱头对着的廊檐上方都挺立着一个大理石雕刻的圣徒巨像。这样的圣像不下 100 座。所以，在走到大教堂门厅之前，无论迈步广场，还是穿行柱廊之中，都会油然而生壮阔、宏伟、神圣、庄严的朝拜之情。

图 8–11 圣彼得大教堂广场

歌德当年游历罗马，以诗人的情怀赞颂圣彼得大教堂，"雄伟壮丽，感到赏心悦目""我们登上教堂的穹顶，观赏亚平宁山上的雪亮的山顶""整座教堂似乎都是用镶嵌画拼成的"[3]。歌德不吝赞美，尽情讴歌。

教堂内正殿圣彼得墓上，贝尔尼尼于 1624—1633 年设计制作了巨型镀金青铜华

---

[1] [法] 勒·柯布西耶：《走向新建筑》，第 152 页。

[2] 参见 [瑞士] 海因里希·沃尔夫林：《文艺复兴与巴洛克》，第 100 页。

[3] [德] 歌德：《意大利游记》，赵乾龙译，石家庄：花山文艺出版社，1995 年，第 130 页。

盖，有四层楼高。它不仅体量巨大，且装饰富丽，华盖顶上四角各有一位镀金守护天使。正殿尽头、青铜华盖的后面设有贝尔尼尼于1647—1653年完成的圣彼得宝座。宝座上方是荣耀龛。龛内众多小天使环绕着光芒万丈的太阳。太阳的中心一只白鸽正展翅向信众飞来。

米开朗琪罗的《哀悼基督》和贝尔尼尼设计的《青铜华盖》《圣彼得大宝座》是圣彼得大教堂三大珍宝之一。

第三节 受“中国风”影响的欧洲洛可可风格花园

欧洲洛可可艺术受到中国风的影响，带有东方的雅韵和迷人魅力。18世纪正是中国艺术风靡欧洲之时。中国的建筑、园林、工艺、服饰和绘画等造型艺术日益影响欧洲。伴随中国风的影响，18世纪的欧洲曾掀起中国园艺热。

一、英国奇西克园

伯灵顿（Burlington）勋爵与威廉·肯特（William Ken）设计建造了奇西克园（Chiswick House）（图8-12）。该园建在伦敦。房屋由勋爵设计，而花园则由园艺师肯特设计。他们离开了巴洛克拘泥于几何形式的做法，而效法更接近洛可可的复杂的曲线的东西。园中曲折的小路和繁茂的花木（图8-13），受到了诗人亚历山大·蒲伯（Alexander Pope）的赞美。蒲伯发现奇西克宅布局如此自然，蛇形小路蜿蜒伸展，其深思熟虑的营造法是真正洛可可的。[1]诗人蒲伯很早就呼吁人们跳出精心修剪的法式庭院，去往大自然中感受真正的美。遵循自然法则规划设计园林，正是中国园林的特色。中国风味在欧洲整个18世纪都很盛行，在法国也如在英国一样流行。在洛可可时期之前，由于巴洛克式的、宏伟而又规整的花园当时在法国正大

图8-12 奇西克园帕拉迪奥式建筑

图8-13 奇西克花园一角

[1] 参见[美]萨拉·柯耐尔：《西方美术风格演变史》（第2版），欧阳英、樊小明译，杭州：中国美术学院出版社，2008年，第258页。

行其道，因此欧陆的园林设计起初并没有因中国风的影响而有多大的改变。真正掀起中国园艺热的，是位于海峡对岸的英格兰。随后，法国造园艺术也逐步中式化。据称，当时法国一时涌现出数不清的所谓“英国式中国花园”[1]。在这样的花园中，出现很多中国房屋，并且以蜿蜒曲折的小径环绕，过去园林中的那种笔直的大道，在园艺中已被慎重采用。

二、钱伯斯设计的丘园

威廉·钱伯斯（William Chambers）爵士通常被认为是在西方大力宣扬中国园林艺术的第一人。他青年时期游历过中国，并于1757年出版过一卷有关中国建筑、园林、家具和服装等方面的书籍。钱伯斯描述了中国造园家怎样用“各种石雕雕塑、胸像和浮雕”以及“碑铭、格言和匾额”来点缀的园林。[2]这样的园林“有时流露本色，有时半遮半掩，有时又用艺术加以装扮”[3]。中国园艺家也很注重创新。钱伯斯就很赞赏这种创造才能，说：“他们的组合如此富于变化，以至于没有两个一模一样的构思。他们从不互相抄袭，他们甚至也不重复自己。”[4]钱伯斯不仅盛赞中国园林艺术，而且他回到英国后，建造丘园，部分地实践了中国园林的理想。丘园始建于1759年，由威尔士亲王弗里德里克（Frederick，Prince of Wales）的遗孀奥古斯塔公主（Princess Augusta）投资兴建。“丘（Kew）”是伦敦的一个郊区名，处于西南方。她后来聘请钱伯斯对该园加以增建。钱伯斯不仅在丘园建造了许多亭台，而且设计了一座中式宝塔（图8-14）矗立于英国风景之中。该塔始建于1761年，半年时间就落成了，位于伦敦西南，建成后成为伦敦郊区著名景点和画家热衷表现的主题。钱伯斯设计时手头有权威性的中国建筑模型，但细节却是凭空想象的，“塔上弯曲的塔顶、镀金的项尖、奔腾的飞龙（每一条龙在风铃金钟的和谐声

图8-14 伦敦丘园中的中国宝塔

[1] [英]马德琳·梅因斯通、[英]罗兰·梅因斯通、[英]斯蒂芬·琼斯：《剑桥艺术史》（二），钱乘旦译，北京：中国青年出版社，1994年，第244页。

[2] 参见[英]洛夫乔伊：《浪漫主义的中国渊源》，万木春译，《新美术》2020年第7期。

[3] [英]洛夫乔伊：《浪漫主义的中国渊源》，第23页。

[4] [英]洛夫乔伊：《浪漫主义的中国渊源》，第24页。

中探出身体）和精致的廊台，都从洛可可风格那里受惠不少”[1]。这是一座十层高的八角形塔，高约 50 米，以灰砖砌筑，但红色为主色调，塔顶镀金，顶上环绕金色圆环，每层伸出八角屋檐，屋檐随着塔身渐缩，四周饰以 80 条镀金木质飞龙，檐角悬挂金色风铃。塔内有楼梯通往塔顶，共有 253 级台阶。但它细节上的确不足，简单地像个玩具塔，一看就是仿品，缺少浮雕佛像，尤其没有采用斗拱结构。以斗拱支撑梁椽这是中国古建筑最为突出的特征，也相当复杂。檐角没有上翘，檐顶也没覆盖筒瓦，更无论瓦当和滴水了。门窗也是西式风格。和中国佛塔还有一点不同，中国佛塔为奇数层，它是偶数层。这堪称中国风影响下的典型的洛可可风格建筑。

图 8-15 南京大报恩寺琉璃塔素描图

据称，该塔是仿南京大报恩寺琉璃塔而建。17 世纪荷兰人约翰·尼霍夫（Johan Nieuhof）游历南京时曾描绘过这座琉璃塔。他的塔图（图 8-15）附在了其所撰《荷兰东印度公司使节出访大清帝国记闻》中。钱伯斯的仿建很可能是依据尼霍夫的描绘。[2] 但也有分析是模仿广州的两座古塔建造的。[3] 广州有两座明代古塔——赤岗塔（图 8-16）和琶洲塔（图 8-17）。钱伯斯跟随瑞典东印度公司来华时，更有可能亲眼见过这两座古塔。钱伯斯出生于瑞典，在英国接受教育。而这三座塔的外形的确肖似。它们都为砖塔，都高约 50 米，都为八角形。赤岗塔和琶洲塔均为九层塔，塔基八角均镶有石刻西式托塔力士，刻工粗犷，为明代石雕

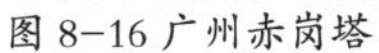

图 8-16 广州赤岗塔

图 8-17 广州琶洲塔

[1] [英] 马德琳·梅因斯通、[英] 罗兰·梅因斯通、[英] 斯蒂芬·琼斯：《剑桥艺术史》（二），第 243 页。

[2] 参见晏晨：《丘园塔与“中国风”》，《光明日报》2017 年 12 月 6 日。

[3] 参见“the free encyclopedia, Great Pagoda, Kew Gardens”，http://en.volupedia.org/wiki/Great_Pagoda, _Kew_Gardens。

佳作，是研究明代广州海外贸易和中西文化交流的重要实物资料。琶洲塔各层塔檐也非斗拱架构，而是由砖砌叠涩而出，具有现代建筑的简洁性。丘园中的中国塔塔檐之所以不采用斗拱结构，很可能受其影响所致。该塔建成后很受公众喜爱，一时成为最佳范本，在荷兰、德国和北欧均有仿建。在丘园的中国塔两侧，起初还分别坐落着摩尔式阿尔罕布拉宫和土耳其清真寺。三座异域风情建筑构成了当时伦敦最著名的东方景点。[1] 后来，中国宝塔两侧的建筑被日式园林所取代。

丘园是自然风格的园林，蕴含一种不规则的美、一种优雅的无序。这座园林成为欧洲新式园林的代表，受到评论家的赞美："钱伯斯建园，用曲线而不以直线，一弯流水，小丘耸然，灌木丛生，绿草满径，林树成行，盎然悦目，总而言之，肯特公爵入此园中，感到如在自然境界。"[2] 这体现的正是中国园林的特色。

丘园现为英国皇家植物园，拥有世界上最丰富的植物和菌类收藏，是国际重要植物研究和教学中心，其植物标本馆堪居世界第一。这所园林是现今伦敦最吸引游客的地方之一，它于 2003 年被联合国教科文组织列入世界文化遗产。

拓展思考：文艺复兴时期的意大利有哪些杰出的建筑设计师？他们的代表作品是什么？这些作品有何特色？欧洲洛可可园艺受到中国园艺的哪些影响？这一时期的代表性园林有哪些？

推荐阅读书目：[德]歌德《意大利游记》。

[1] 晏晨：《丘园塔与"中国风"》，《光明日报》2017 年 12 月 6 日。

[2] 参见晏晨：《丘园塔与"中国风"》，《光明日报》2017 年 12 月 6 日。

本章参考文献

[1] 齐思和编著：《世界中世纪史讲义》，北京：高等教育出版社，1957 年。

[2][意] 乔治 · 瓦萨里：《著名画家、雕塑家、建筑家传》，刘明毅译，北京：中国人民大学出版社，2004 年。

[3][瑞士] 海因里希 · 沃尔夫林：《文艺复兴与巴洛克》，沈莹译，上海：上海人民出版社，2007 年。

[4][法] 弗朗索瓦 · 布吕士：《太阳王和他的时代》，麻艳萍译，济南：山东画报出版社，2005 年。

[5] 贾珺：《1699 年的紫禁城和凡尔赛宫》，张复合主编：《建筑史论文集》第 11 辑，北京：清华大学出版社，1999 年。

[6](清) 斌椿：《乘槎笔记》，北京：商务印书馆、中国旅游出版社，2016 年。

[7](清) 张德彝：《航海述奇》，北京：商务印书馆、中国旅游出版社，2016 年。

[8] 朱龙华：《意大利文化》，上海：上海社会科学院出版社，2004 年。

[9][法] 勒 · 柯布西耶：《走向新建筑》，杨志德译，南京：江苏科学技术出版社，2014 年。

[10][德] 歌德：《意大利游记》，赵乾龙译，石家庄：花山文艺出版社，1995 年。

[11][美] 萨拉 · 柯耐尔：《西方美术风格演变史》（第 2 版），欧阳英、樊小明译，杭州：中国美术学院出版社，2008 年。

[12][英] 马德琳 · 梅因斯通、[英] 罗兰 · 梅因斯通、[英] 斯蒂芬 · 琼斯：《剑桥艺术史》(二)，钱乘旦译，北京：中国青年出版社，1994 年。

[13][英] 洛夫乔伊：《浪漫主义的中国渊源》，万木春译，《新美术》2020 年第 7 期。

[14] 晏晨：《丘园塔与“中国风”》，《光明日报》2017 年 12 月 6 日。

[15]“the free encyclopedia,Great Pagoda,Kew Gardens”，http://en.volupedia.org/wiki/Great_Pagoda,_Kew_Gardens.

第九章
西方近现代建筑环境艺术设计

本章导读 西方近现代时期是指18世纪中叶英国开启工业革命以来到20世纪上半叶的约200年时间。工业革命改变了城乡结构，人口不断向城市聚拢。轮船、火车、飞机、汽车的发明制造给人民生活带来极大便捷，但也破坏了乡村的宁静。铁路、公路的建设和工厂轰鸣的机器、滚滚的浓烟，对环境的影响尤其大。农耕时代的诗意乡村和日出而作、日落而息的雅逸生活逐渐消亡。这触发了墨客骚人的无尽乡愁，他们诉诸笔端，倾诉对过去美好乡野的无限怀恋。社会的巨大变革，在建筑环境领域，体现为新建材、新造型、新技术的推广。英国首届世博会场馆“水晶宫”的设计建造开启了现代建筑环境艺术设计的先河。纽约世博会上的工业产品电梯的问世，成为发展高层建筑的关键一环。至20世纪上半叶，德国包豪斯学校有力推动了现代主义设计风格的发展与传播。要辩证看待工业革命对环境的影响，领会现代建筑风格产生发展的动因和过程等。

西方工业革命促进了社会的急剧变革，人类文明发展进入一个崭新阶段，农耕文明为工业文明所取代，生活节奏加快，空间距离不断缩短，跨海越洋，朝发夕至。地球成了“地球村”。这样的发展变革使建筑环境艺术设计日益走向现代化，与快节奏的现代生活相适应。

第一节 早期世博会场馆的设计创新

一、伦敦首届世博会场馆“水晶宫”设计特色

1851年5月1日至10月15日英国在伦敦海德公园成功举办了“万国工业产品大展”。这就是首届世博会。

这届世博会集中展示了工业革命在世界上所取得的伟大成就，展现了各国工业发展的特色、实力与水平。它是在工业化进程的机器轰鸣中开幕的。这届世博会“人

类之全部创造物尽见于此，火车头、锅炉、运转的机械设备、各式配有挽具的马车、金银手工艺品、价值连城的珍珠和钻石，应有尽有……似乎唯有魔法才能将全世界的巨大财富集合于此”[1]。

这首届世博会也设有中国展区，尽管非官方参展，但这些来自东方帝国的展品受到特别重视。当时的英国对华开战，无论英国国内还是国外，均有人指责这是一种不光彩的行径。所以，维多利亚女王急于向中国示好，以抵消鸦片战争给英国造成的道德损害。[2] 英国政府满怀热望地对清廷发出了请柬，但遭到了中方的断然拒绝。无奈之下，在华的英国官员组织起中国部分商人，以丝绸、棉花、药材、茶叶、植物蜡、煤炭、雨伞、折扇等工农业产品和刺绣、漆器、翡翠、瓷器、鼻烟壶等工艺品参展。其中丝绸、瓷器、茶叶、植物蜡等产品还获得了奖项。最有影响的当数上海商人徐荣村“荣记湖丝”展品。在展览后期的评选中，评委会给出这样的评定：“在中国展区，上海荣记的丝绸样品充分显示了来自桑蚕原产国的丝绸的优异质量，因此评委会授予其奖章。”[3] 维多利亚女王亲自给徐荣村颁发了奖牌和奖状，“俾君执以为券”[4]。此后，荣记商品在中外市场上大为畅销，徐荣村也富甲一方。

这届世博会上停泊在伦敦泰晤士河上来自中国广州的“耆英号”柚木帆船船主希生，冒充清廷官员出席了开幕式，作为唯一的中国代表，希生受到女王和臣属的隆重欢迎（图 9–1）。

图 9–1 西洋画家笔下描绘的出席开幕式的维多利亚女王、阿尔伯特亲王和中国官员等。（图片来源于周秀琴、李近明编著：《文明的辉煌：走进世界博览会历史》，学林出版社 2007 年版，第 64 页。）

这届世博会的展馆被称作“水晶宫”（图 9–2），在当时是非常现代、有创意、实用而高效的建筑。1850 年世博会皇家组委会向国际征集展览馆设计方案时，共收到 245 份建筑方案，但它们无一不需要漫长时间的施工，并且建成后具有永久性。而海德公园内不允许这样一个庞然大物长期进驻，只能是搭建的临时性建筑。约瑟夫 · 帕克斯顿（Joseph Paxton），当时擅长使用玻璃建筑温室的一位园艺设计师，现代温室的开拓者，接触到组委会的一名成员，该成员碰巧谈及了这件事，帕克斯顿就说出了自己的想法。该成员鼓励帕克斯顿进行设计。最终他的方案被采纳。展馆使用现代建筑材料——钢铁、玻璃和木材，并且事先做成预制件，再到现场装配，

[1] 魏冕：《1851 年万国工业博览会研究》，华中师范大学硕士学位论文，2015 年，第 33 页。

[2] 参见陈露薇：《1851 年伦敦万国博览会与活人展》，《中国图书评论》2020 年第 7 期。

[3] 王玉慧：《晚清政府博览会管理研究》，南京艺术学院硕士学位论文，2012 年，第 7 页。

[4] 罗靖：《近代中国与世博会》，湖南师范大学博士学位论文，2009 年，第 47 页。

图 9–2 西洋画家笔下描绘的伦敦世博会水晶宫全景。（图片来源于 Jeffrey A. Auerbach, *The Great Exhibition of 1851: A Nation On Display,* Yale University,1999,p.52。）

事后方便拆卸，移动。这个模块式的展馆，563 米长，124 米宽，33 米高，共用铸铁 4500 吨，玻璃 293000 余块，木材 5600 平方米。2000 人用了 8 个月时间建成，费用为 79800 英镑。展览会结束后，这个展馆被拆卸，移建到伦敦东南西德纳姆区（Sydenham），直至 1936 年被一场大火焚毁。设计师帕克斯顿因此贡献被女王封爵，与他一同受爵的还有他的两位助手。

1866 年，清同治年间官员斌椿赴欧考察，在英国伦敦参观了迁建后的水晶宫。1866 年农历四月二十一日，斌椿一行来到位于伦敦南 25 里（12.5 公里）处的水晶宫。斌椿记述："山上地势甚高，建大厦，高二里，广三里。南北各一塔。北十一级，高四十丈。皆玻璃为之，远望一片晶莹。其中造各国屋宇人物鸟兽，皆肖其国之象。"[1] 此处"高二里"可能指山之高度。

作为首位访欧的中国朝廷正式官员，尽管斌椿只是三品顶戴，官位不高，而且他们一行不是外交使团而是观光考察团，但也受到了远超规格的隆重接待。斌椿等人在英伦期间，不仅受到英皇太子和太子妃的亲切接见，而且受到维多利亚女王的接见慰问。当斌椿到宫廷时，"太子及妃皆立"[2]，第二天入宫觐见女王时，"至内宫，君主向门立"[3]。上至女王下至官员和伦敦市民都表现出对东方古老帝国的仰慕和诚挚友好。

这座原本只是呈现世博会展品的场馆，不料自身却成了本届世博会最成功的展品，成为首届世博会的标志，人们对之交口赞誉。英国人倍感自豪，称赞此建筑为维多利亚时代的奇迹，并且在建设中，特意保护了三棵榆树，使之免遭砍伐。这三棵榆树在中庭的玻璃拱顶之下。这个透明的水晶般的建筑，用于博览会的产品展示，的确非常适宜。它的通透、良好的采光效果，以及带来的晶莹闪亮的视觉感受，具有特别优势；钢铁、玻璃、预制件拼装，使它极富有现代气息；它还易于施工建设，且能创造最大的展示空间、最佳的观赏效果，具有无可比拟的高效性和实用性。水晶宫，这个均质、灿烂的明亮空间，颠覆了人们传统的明暗对比的空间观念，开拓了崭新的视觉感受和审美体验。此后，世界各地如雨后春笋般崛起的一栋栋玻璃幕墙建筑，充分展示了玻璃作为装饰材料无与伦比的优越性。玻璃和钢铁作为现代新型建筑材料，取古代的石材和木材而代之，使建筑构造和形制发生了质的飞跃。

继首届世博会之后，1867 年巴黎世博会、1873 年维也纳世博会和 1876 年费城

[1] （清）斌椿：《乘槎笔记》，第 25 页。

[2] （清）斌椿：《乘槎笔记》，第 26 页。

[3] （清）斌椿：《乘槎笔记》，第 27 页。

世博会等，都设有中国展区。到 1901 年为止，中国共计参加了 25 届各类国际博览会。而 1876 年的费城世博会，浙海关案牍司李圭作为中国工商界代表赴会考察，是晚清官员首次正式出现在国际博览会上。[1]

李圭描述所见展会总院，“悉以精铁为梁柱，巨玻璃为墙壁，高敞洁净，表里洞明”[2]，那显然是伦敦世博会水晶宫场馆的复现。而中国馆主建筑为一木质大牌楼，上书“大清国”三字，门额有楹联，横额“物华天宝”，左右联“集十八省大观天工可夺，庆一百年盛会友谊斯敦”，乃李圭所撰。中国展品共装 720 箱，参展物品全为手工制作，无一借助机械，无一西洋款式，他国参观者“无不赞叹其美，且云今而后知华人之心思灵敏甚有过于西人者矣”[3]。中国展品中瓷器最受欢迎，早就售卖一空。而英国展品竟然也是以瓷器为最。对此，李圭写道：“初，西国无瓷器，乃至中国访求，回国潜心考究，始得奥妙。今则不让华制，且有过之无不及之势。”[4]

李圭参观了美国费城世博会后东渡大西洋来到英国伦敦，他也有幸亲临迁建后的水晶宫。他记述：“距都二十三里，其地名锡能，在山之高处。屋极高敞明洁，南北各一塔，塔中储水备不时之需。梯如旋螺，可登绝顶。其屋其塔均以铁为梁柱，玻璃为顶壁，表里通明，无片瓦寸木，因美其名为水晶宫。”[5] 引文中的地名“锡能”当是 Sydenham 的音译。李圭所记与斌椿基本相符。李圭在其《环游地球新录》一书中有几处引用了斌椿《乘槎笔记》中的记述。这说明李圭读过此书，对水晶宫早有了解。李圭对该宫进行了更周详的笔录：“池沼台榭幽雅特绝，花果繁盛，草色油然，珍禽异兽甚多，尤奇者海中鳞介之属，俱于壁间穴洞如柜，高广五六尺，凡数十处，各分其类，罩以玻璃，蓄以海水。柜上下设机管二，此吸彼放，满而不溢。沙石藻荇亦海中所产。游泳其中，游人自外观之，纤微悉见。又造各国式样屋宇，各国铜石之像及古今服饰、器用、土产，分别排列。各洲土番之像亦有之。池中设机管喷水法，极沁人心目。”他还笔及门票费用等事：“每人取资二角五分，西人礼拜六、日，则需六角。有戏台、琴台备演剧、歌诗，饭馆、酒楼、饮食皆精美。”[6] 在 19 世纪末，斌椿和李圭这些先行开眼看世界人的游记在国内刊行，必然会引起有识之士对钢铁、玻璃等新型建筑材料和建筑新造型的关注，在国内悄然兴起建筑设计的变革。

世博会为中西文明互鉴提供了更好的平台，既有助于推动中国手工技艺的提升，又能促进现代化的进程。中国在这届世博会上展出的纯属传统手工艺的展品虽受赞

---

[1] 参见乔兆红：《“一切始于世博会”：博览效应与社会发展》，上海：上海三联书店，2008 年，第 93 页。

[2] （清）李圭：《环游地球新录》，北京：朝华出版社，2017 年，第 45 页。

[3] （清）李圭：《环游地球新录》，第 50 页。

[4] （清）李圭：《环游地球新录》，第 64 页。

[5] （清）李圭：《环游地球新录》，第 245 页。

[6] （清）李圭：《环游地球新录》，第 246 页。

誉，但也说明了当时中国社会与欧美现代社会之间存在隔膜。李圭归国后著书立说，大力宣扬世博会见闻，他将在园区内所见铁路、煤气灯、自来水等一一陈诸笔端，增进了西方现代工业文明在中国的传播。

清末的中国正经历“三千年来未有之大变局”（李鸿章语）。1905 年，清廷委派端方、戴鸿慈等五大臣出洋考察。当游历意大利时，适逢米兰博览会，这是更高规格、更有影响的清廷高官参加博览会。他们归国后上奏朝廷，建议设立博物院、图书馆等，进一步促进了中国社会的变革，同时为中国现代建筑和工业产品的设计发展带来契机。

二、美国纽约世博会场馆设计特色

在伦敦首届世博会之后，1853 年纽约举办了又一届世博会。这届世博会的场馆仿建了伦敦水晶宫场馆，因而该世博会被称为纽约水晶宫世博会。19 世纪中叶，美国发展迅速，吸引了世界目光，美国也需要向世界展现自己，增进与世界各国的交流互动。本届世博会由参观过伦敦世博会的人发起倡议，随后成立了世博会董事会，选址于纽约曼哈顿区的布赖恩特公园（Bryant Park）。展览场馆最终决定沿用伦敦水晶宫的建筑方案，否定了采用能体现美国特色新型展馆的主张。该展馆（图 9-3）总体为希腊十字架形状，其中心升起一个直径 30 余米的圆顶。展馆旁边建起了一座高达 96 米的木塔，以供参观者登临观览。

图 9-3 纽约世博会水晶宫展馆（人工上色石版画）

纽约世博会水晶宫的观览木塔（the Latting Observatory）对法国埃菲尔铁塔的设计建造起到了启迪作用。该木塔是一八角形的铁箍木塔，底部是边长 23 米的正方形，向上逐渐变细，至顶部塔尖为 1.8 米 ×2.4 米。它上设三个平台，分别设置在 38 米、69 米和 91 米处，其底部设有商店。这座 96 米高的木塔在当时被称为“纽约第一摩天大楼”（New York's first sky scraper）。它一次能接纳 1500 人登临。

奥迪斯公司创始人伊利沙·奥迪斯（Elisha Otis）在水晶宫旁的观览木塔上展示公司的升降电梯。他上演了戏剧化的惊险场景，当电梯平台升高后，他令人砍断缆绳，这时电梯的安全制动装置启动，电梯稳稳停住。观众一片喝彩。1889 年，在埃菲尔铁塔装的玻璃外壳电梯就是由该公司设计的。不过真正使用电力发动的电梯在 1899 年才开始批量生产。1900 年，奥迪斯制成了世界上第一台电动扶梯。1925 年全自动电梯问世。1950 年，他又制成了安装在高层建筑外面的观光电梯。正是有了这种安全可靠的电梯，摩天大楼才得以崛起，现代城市才得以“长高”。纽约水晶宫和木塔后来也均为大火焚毁。

第二节　包豪斯对现代建筑环境艺术设计的推动

一、包豪斯设计理念

包豪斯（Bauhaus）一词，由德语“建筑”一词演变而来。早期的包豪斯是建筑学院、工艺学院和美术学院的联合。格罗皮乌斯（Walter Gropius）1919 年出任德国魏玛艺术与工艺学校校长。不久，魏玛美术学院与之合并，组建为一所专门培养设计人才的高等学院，被称为“公立包豪斯学校”。

格罗皮乌斯原籍德国，是现代设计教育先驱，他和密斯·凡·德·罗和柯布西耶是现代建筑运动的主力军。1910 年前后三人都曾在德国建筑师贝伦斯的设计事务所工作过。在社会使命的感召下，他们推动建筑革新，抛却不合时宜的古典建筑，充分发挥现代建筑材料和工业器械的作用，建设实用性建筑，解决公共空间问题。

包豪斯学校教育探讨平面和立体的结构，对材料和色彩进行研究，对视觉效果和审美心理进行实验探讨，倡导使用现代材料、适合批量生产的设计制作，奠定了现代主义设计的基础。但格罗皮乌斯并非唯功能的设计家，他认为艺术与手工艺不是对立的，设计的标准化会扼杀创造性和个性。像罗斯金和莫里斯一样，他一直致力于改善大工业的非人格化，追求艺术与技术的合作，提高设计水平。他的教育思想推动了对艺术和技术各个层面的实验探索。

二、格罗皮乌斯设计的法古斯工厂等建筑

格罗皮乌斯的代表作品是法古斯工厂（Fagus Factory）（图 9-4）和德国工业联盟展科隆馆（图 9-5）建筑。这两个建筑工程项目都是与阿道夫·迈耶（Adolf Meyer）合作设计的。法古斯工厂位于德国莱茵河畔阿尔费尔德城（Alfeld on the Leine），主建筑于 1911—1913 年建成，室内装饰和其他附属建筑完成于 1925 年。

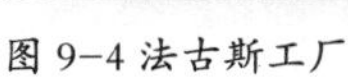
图 9-4 法古斯工厂

图 9-5 德国工业联盟展科隆馆

工程后期，包豪斯师生参与其中，并为该工厂设计了家具、宣传品等。该厂是制造鞋的模具、鞋楦的工厂。鞋楦厂的主人卡尔·班施德（Carl Benscheidt）意欲建造一所激进风格的建筑，以显示弃旧开新。而起初受雇的建筑师爱德华·沃纳（Eduard Werner）设计的大楼外观，班施德并不满意。他希望自己的工厂大楼具有永久的广告效应，于是就委托格罗皮乌斯重新设计大楼立面。在迈耶的协助下，格罗皮乌斯将之设计为玻璃幕墙结构。随后，格罗皮乌斯和迈耶又对大楼内部一些部分进行了重新规划，并完成了该厂若干较小楼房的设计。该厂建筑以平板玻璃和钢铁支架完成外立面，不仅采光好，且造型简洁，易于施工，造价低廉而具有现代装饰美感。楼房屋顶为稍微出檐的平顶，整个外观都呈直线条构成的规整几何形，没有附加的装饰。古典建筑的柱廊、拱形门窗，尖顶或穹隆顶、雕刻和彩绘等，在此均不见踪影。而玻璃这种材质的光彩和通透效果，本身就是很好的装饰。这些玻璃幕墙被巧妙地间隔，形成韵律感。一端有一段长方体的砖墙，下设一门，门在几级台阶上。门顶高高的上方嵌着一个白底黑框的圆形钟表，很醒目。整个大楼全为平直的矩形，这唯一的圆，就显得特别与众不同。这些细节不能忽视。没有这段厚实的矩形墙，这座建筑的美肯定会大受影响。艺术家的匠心正体现在这些细节变化上。没有变化就显得单调、空洞，失去节奏，失去吸引力。这座大楼很好地处理了变与不变的关系，创造了特有的韵味。正因如此，该工厂才被公认为欧洲现代主义建筑的奠基作品。2011 年，联合国教科文组织第 35 次会议决定将法古斯工厂建筑收入世界文化遗产名录。

1914 年德国科隆市在莱茵河公园举办首届德国工业联盟展。格罗皮乌斯和阿道夫·迈耶负责该展览会样板工厂（Model Factory）的设计。这是格罗皮乌斯第二个重要的建筑项目。该工厂仍采用玻璃幕墙结构，但在主建筑的两端利用椭圆形玻璃罩将楼梯封闭在内。这座大楼的楼顶加了两处博士帽状的装饰，既增加了高度，又显得十分优雅，错落有致，但整体上仍是简洁明快，并无屈曲盘绕的繁复缀饰。

三、以色列特拉维夫城的规划与建设

以色列的特拉维夫城以富有包豪斯风格的建筑而闻名于世。该城自 1933 年以后建造了约 4000 座包豪斯风格的大楼，形成了被称为“白城”（White City）的包豪斯建筑群（图 9-6）。这些建筑主要由在包豪斯学校接受过教育、逃离德国或遭驱逐的犹太建筑师设计建造。2003 年，联合国教科文组织宣布特拉维夫白城为世界文化遗产，赞誉白城是“二十世纪早期新城镇规划和建

图 9-6 特拉维夫白城

筑的杰出典范”。

特拉维夫是地中海东岸的一座重要港口城市，人口约36万。特拉维夫的本意是“泉山”。1909年新城特拉维夫开始建设。1925年人口达到3.4万，但当时城内风格建筑一片杂乱。就在这一年，由苏格兰建筑师帕特里克·盖德斯提交的城市总体规划得到批准，大批新式建筑遂于20世纪30年代早期拔地而起。这些建筑的设计者大多是在欧洲备受争议的国际风格建筑师。这种新风格的建筑，大多占地面积不大，楼高二至四层，并涂有浅色的灰泥。在1931—1937年，约有2700幢此类风格的建筑相继建成。目前该城共有约4000幢这样的建筑。小楼的外墙大多为白色或浅白色，在阳光下显得十分莹洁，故而以色列人称之为“白城”。

白城坐落在与海岸公路平行的三条砂岩山丘脊上，城内都是白色的平顶建筑。广场、人行道旁以及一些建筑物前，各种造型奇特的现代雕塑点缀其间，加上大量的树木和大片的草坪，以及附近蓝色的地中海、沿海狭长的平坦沙滩，还有四周环抱着的柑橘园等，白、绿、蓝、红组成了美丽动人的画面。

白城仅是市中心的一些普通民宅。当时的以色列人希望能住上拥有电灯、电话的楼房，要有清洁的饮用水和完备的下水道，门前要有花园。这与包豪斯建筑理念相契合。这批建筑（图9–7）虽形态各异，但建筑理念相同，楼层不高，阳台长而宽大，窗户窄小，不仅美观实用而且遮阳保暖，十分适合地中海气候。几十年后，正是这些貌不惊人的低矮建筑为特拉维夫市赢得了一项世界文化遗产的殊荣。白城是世界最年轻的文化遗产之一，它的建设完成于20世纪50年代，距今只有70余年的历史。它彰显的恰是“小家碧玉”之美。

图9–7 特拉维夫白城建筑

世界遗产委员会对“白城”作出了这样的评语：“其完美结合体现了城市对当地独特文化、传统和地理要素的需求，是20世纪前期现代建筑运动不同流派文化的杰出代表，是新兴城市建筑规划的杰出范本。”[1]

拓展思考： 欧洲工业革命对城乡环境有何影响？其有利的一面和不利的一面分别是什么？现代主义风格建筑是如何起步和发展的？

推荐阅读书目：（清）斌椿《乘槎笔记》。

[1] 晓年、曾颖：《特拉维夫白城：现代世界文化遗产的代表》，《光明日报》2007年2月18日。

本章参考文献

[1] 魏冕：《1851 年万国工业博览会研究》，华中师范大学硕士学位论文，2015 年。

[2] 陈露薇：《1851 年伦敦万国博览会与活人展》，《中国图书评论》2020 年第 7 期。

[3] 王玉慧：《晚清政府博览会管理研究》，南京艺术学院硕士学位论文，2012 年。

[4] 罗靖：《近代中国与世博会》，湖南师范大学博士学位论文，2009 年。

[5]（清）斌椿：《乘槎笔记》，北京：商务印书馆、中国旅游出版社，2016 年。

[6] 晓年、曾颖：《特拉维夫白城：现代世界文化遗产的代表》，《光明日报》2007 年 2 月 18 日。

第十章
中西现当代建筑环境艺术设计比较

本章导读 由于现当代社会科技的飞速发展，特别是交通工具和信息技术的进步，人类文明加速融合，文明成果得以广泛分享，人们的衣食住行越来越同质化，社会发生了前所未有的深刻变革。在现当代建筑环境艺术设计领域，主要是欧美现代风格的建筑影响中国，并在中华大地迅速推广普及。但中国一些建筑师在接受西方现代设计理念的同时，也一直在探索将民族特色融入现代设计理念，使中国古典与西方现代相结合，创造出“亦古亦新”“似古实新”的建筑环境风貌。前文所述吕彦直设计的南京中山陵和贝聿铭设计的北京香山饭店、苏州博物馆新馆就是这方面的典范作品。而现阶段在乡村振兴背景下各地开发建设的民宿，依托当地风景名胜，其建筑设计方面倾向于追求民族特色，保持传统文化的魅力。本章引介现代建筑环境艺术运动的先驱、现当代建筑设计名家，评析中国建筑环境设计变革的主要推动者，探讨在现代建筑环境设计潮流下，中国古建筑的保护与发展问题等。

第一节 现当代建筑环境设计名家及其设计理念

19 世纪中叶以后，随着工业化生产的推进，欧洲设计师们在建筑与日用品设计领域主张简化造型，倡导使用新材料、新技术，创造符合工业时代生产方式的简洁形式，重新审视形式与功能的辩证关系。功能主义设计理念成为主流。1892 年，美国建筑师、芝加哥学派的代表人物路易斯·亨利·沙利文（Louis H.Sullivan）发表了《建筑中的装饰》一文。他提出，建筑可以不要装饰，仅仅通过体量与比例本身就能达到一种非凡的效果。奥地利建筑师阿道夫·卢斯（Adolf Loos）深受沙利文功能主义美学思想影响。他于 1908 年发表《装饰与罪恶》一文，主张建筑以实用为主，要从造型中发现美，不能依赖装饰。20 世纪中期以后，功能主义设计理念受到挑战，并逐渐失去了公众的支持。在日益繁荣的社会生活中，人们追求风格的多样性，渴求情感上的满足，标新立异的个性化设计开始受到追捧。

一、勒·柯布西耶

勒·柯布西耶（Le Corbusier）原籍瑞士，后定居巴黎，他倡导功能主义，对现代机械文明由衷礼赞。他著有《走向新建筑》一书。在书中，他对飞机、轮船和汽车等现代工业文明的主要成果赞赏有加，主张现代建筑就要做成像在海洋上航行的巨轮那样实用、稳固的物件，没有多余的东西。

柯布西耶还将城市看作几何学与功能主义的产物。在《都市计划》一书中，他提出“城市是一种工具”。他通过设计表明，笔直的大路才是为人所开设的，直角是实现我们目标的必要方式。他规划的城市中心、交通网络都是几何学的产物。

柯布西耶设计的马赛联合公寓大楼（图 10–1）是一个几乎可以满足居住者所有功能需求的理想住宅。大楼长 165 米，高 56 米，宽 24 米，共有 18 层，有 23 种不同的居住单元，共 337 户。[1] 这座巨大的公寓住宅试图缓解当时大部分现代城市中随处可见的拥挤和混乱状况。大楼底层架空，用来停车和通风，此乃柯布西耶一贯的设计模式。架空部分的巨大支柱特意采用粗糙混凝土立面，追求朴野韵味。除了住宅内套房形式的复式住宅外，大楼的中间有一条商业街，在第七、八层设有水果店、饮料店、蔬菜店、洗衣店等各式商店，主要供居民购置日常用品，屋顶设计了公共服务设施，包括健身房、屋顶花园、儿童游戏场、一个长 200 米的跑道，还有一座两层的幼儿园和托儿所等。柯布西耶将屋顶花园想象成在大海中航行的轮船甲板，户外生活就像一次海上之旅，可以欣赏天际线的美丽。柯布西耶欣赏现代机械文明，盛赞飞机、轮船和汽车等交通工具。他说：“一个认真的建筑师，以建筑师（也就是有机体的创造者）的眼光来看待轮船，会从轮船身上体会到从一种长久的、可鄙的奴役中解脱，重获自由。”“轮船是认识根据新精神组织的世界的第一步。”[2] 他主张建筑应像飞机和轮船那样精确和实用。他设计的马赛公寓布局合理，富有创造性，与周围景色融为一体，相得益彰。采用标准化的建筑组件和预制水泥板材，降低了建筑的造价，让工人们获得了可以负担得起的住

图 10–1 马赛公寓俯瞰

---

[1] 昕风堂：《柯布西耶の马赛公寓》，2009 年 3 月 14 日，http://www.360doc.com/content/09/0314/16/114153_2807156.shtml。

[2] [法] 勒·柯布西耶：《走向新建筑》，第 83 页。

所，也让他们的生活变得更加科学化和理性化。

二、路德维希·密斯·凡·德·罗

密斯（Ludwig Mies van der Rohe）曾任包豪斯第三任校长，是新建筑运动的代表人物。他最重要的设计观点是“少即是多”（less is more），进一步把现代建筑的设计原则推向更为简洁的发展方向。他的代表作品包括为1929年巴塞罗那世博会设计的德国展览馆和1946—1951年在美国设计的范斯沃斯住宅等。德国展览馆建在一个开阔的大理石平台上，被称为第一座充分运用钢材和混凝土的现代结构建筑。该建筑没有封闭的墙体，只有玻璃外墙和大理石隔墙，内部是一个自由的可以根据需要加以限定的空间。

20世纪30年代末，密斯移居美国。从此之后，他将常规的玻璃和钢铁材料提升到一种新高度。在设计实践中，他早期作品中开放的空间逐渐被封闭的空间所取代，同时将透明的玻璃幕墙更换成了不透明的玻璃，以提供封闭而隐私的空间。1958年，他设计了西格拉姆大厦，大厦总高158米，是他这一时期的代表作。这座建筑采用标准的结构部件，布局稳定、对称，看上去就像是一个巨大的长方体盒子，直上直下，整齐划一。底层（图10-2）架空、开敞，除了底层之外，外观全为玻璃幕墙，均匀界分为棋盘格状，像一颗巨型宝石，光彩熠熠。它坐落在纽约曼哈顿公园大道，前面有一个宽敞的广场，广场两侧各有一个造型相同的水池。西格拉姆大厦因前面的广场而显得更为壮阔，广场同时隔离了都市的喧嚣，呈现出一种超然的宁静氛围。

图10-2 西格拉姆大厦底层

三、罗伯特·文丘里

美国建筑家和建筑理论家文丘里（Robert Venturi），最早明确提出了反现代主义的设计思想。1966年，他出版了《建筑的复杂性与矛盾性》一书。此书堪称反对国际主义风格和现代主义设计的宣言。在书中，他首先肯定了现代主义建筑对人类文明进程的伟大贡献，随后指出现代主义建筑已经完成了它在特定时期的历史使命，国际主义丑陋、平庸、千篇一律的风格已经限制了设计师才能的发挥，并且导致了欣赏趣味的单调乏味。

文丘里设计的栗子山庄别墅（1962—1964年）（图10-3）就是一座造型别具一格、富有个性的建筑。它在满足建筑功能的同时，变换了节奏，给人以新异的视觉冲击和美的享受。该别墅放弃了平屋顶，采用坡形屋顶。屋顶上再叠加部件，以增加趣味性。门窗开设别致，突破对称格局，追求新异效果。它简洁的立面，规整几何形的造型，显示的仍是现代主义风格，但它对功能主义千篇一律“集装箱式”造型的突破，又体现出对现代主义设计的背离。

图 10-3 栗子山庄别墅

四、弗兰克·盖里

盖里（Frank Gehry）是定居在洛杉矶的加拿大裔美国著名建筑师。他在美国加州设计的迪斯尼音乐厅，不再拘泥于稳定的形式，整个建筑变得更加轻盈飘逸，形式上也更自由。盖里竭力避开现代主义包豪斯式的带状窗户和矩形造型，他的建筑呈现出弯曲倾斜和不对称的外观。他标志性的扭曲和碎片化的金属结构几乎成了先锋设计和前沿科技的同义词。盖里的建筑像是流质的材料那样，千变万化，没有规则的造型，与现代主义风格背道而驰。

盖里的设计理念体现的是解构主义美学思想。他的代表作品“洛杉矶迪斯尼音乐厅”（2003 年）壮阔恢宏，像是升起的一面面巨帆，似乎在随风摆动；他的“内华达州脑健康诊所”（2010 年）楼房外观和色彩都模仿人的大脑，一堆白色的褶皱；他 2006 年为西班牙设计的一家旅馆（Hotel Marqués de Riscal in Elciego, Spain），就像被风卷起的一层纸片那样翻动无定形。“跳舞的房子”是他与弗拉多·米卢尼克合作设计，于 1996 年建成，这一大胆的设计获得了“《时代》杂志 1996 年度最佳设计”的称号，在 2005 年被捷克国家银行印在了金币上。其设计灵感是从米卢尼克（Milunic）的手稿而来——一对男女搭肩牵手在繁忙的街道上漫步。[1] 这组大楼确实像一对相偎依的情侣，充满浪漫情调。“当代实验艺术中心”（LUMA Arles）（图 10-4）更加碎片化、无定形。它于 2013 年开建，2020 年春天对外开放。这座建筑位于法国南方小城阿尔，凡·高曾在此作画，凡·高将阿尔视

图 10-4 当代实验艺术中心

[1] 青年建筑 / 古奇文创：《解构主义建筑大师弗兰克·盖里 10 个作品合集来了！》，2019 年 6 月 20 日，https://www.sohu.com/a/322047667_734359。

作他心目中向往的日本。这座建筑（图 10–5）就像凡・高在阿尔创作的《星空》那般梦幻、旋抖。美国建筑评论家弗兰克・米勒（Frank Miller）将盖里的设计描述为“不锈钢龙卷风”[1]。建筑在盖里手中已经变得无所不能，像变魔术一样，花样无穷。

图 10–5 弗兰克・盖里所绘“当代实验艺术中心”草图

无论是现代主义还是后现代主义设计风格都对中国设计界影响巨大。事实上，现代主义和后现代主义风格一经形成就具有国际性。这些设计理念渗透到各国的设计实践中，通过世界各地区的设计作品展示出来。它们与不同国家、不同地区的传统风格相融合而产生各种各样的变异，从而使造型语言千姿百态，纷繁富丽。但无论怎样变异，都是同中有异，大同小异，是千人千面，不是千人一面，但前提都是“人面”。

中国的现当代城乡建筑环境艺术设计充实，丰富了现代主义和后现代主义设计风格，为世界设计的“大花篮”呈现了中国花束。这个瑰丽的“大花篮”百花齐放，多姿多彩。

第二节　中国建筑环境艺术设计现代化的推进

一、建筑材料和建筑结构的发展

建筑材料是建筑发展的物质基础，钢铁、水泥在建筑中的运用引起了建筑业的革命。型钢、钢筋、混凝土用作建筑物的承重材料突破了土、木、砖、石等传统结构用材的局限，提供了大跨、高层、悬挑、轻型、耐火、耐震等新结构方式。机制砖瓦、水泥烧制和混凝土搅拌技术、玻璃和陶瓷制作、建筑五金、木材加工等建材工业的发展是建筑迈向现代化的重要基础。1910 年前后，中国主要城市几乎都设有机器砖瓦厂；1920 年以后，上海一带的玻璃厂已达 100 余家。但总的来看，我国近代建材业基础十分薄弱。[2]

我国近代建筑主体结构大致经历了三个发展阶段：第一个阶段，砖石木混合结构；第二个阶段，砖石钢筋混凝土结构；第三个阶段，钢和钢筋混凝土框架结构。1908 年建造的六层楼的上海电话公司是我国第一座钢筋混凝土框架结构。1923 年建

---

[1] 青年建筑 / 古奇文创：《解构主义建筑大师弗兰克・盖里 10 个作品合集来了！》，2019 年 6 月 20 日，https://www.sohu.com/a/322047667_734359。

[2] 参见潘谷西主编：《中国建筑史》（第 5 版），第 348～349 页。

造的汇丰银行和1925年建的江海关，楼高八九层，采用的是钢框架。1934年建的上海百老汇大厦高21层，同年建的上海国际饭店高24层，都是采用钢框架结构。结构科学的发展是近代建筑技术发展的重大成就。[1]

近代建筑技术在材料品种、结构计算、施工技术、设备水平等方面有了很大突破和发展。在建设施工的打桩、搭建脚手架、砌砖、打磨等方面锻炼了一大批中国工匠，通过师徒传授，建筑产业人才队伍不断壮大。

二、西方建筑设计风格在中国的早期传播与影响

现代建筑既坚固、实用、廉价，又不失美观，优势很突出，所以在全世界迅速普及开来。孙中山先生在《建国方略》中提出："居室为文明一因子，人类由是所得之快乐，较之衣食更多……改建一切居室，以合乎近世安适方便之势，乃势所必至。"[2]

近代中国早期出现的西方建筑，大多数是由外侨和传教士自行设计。西方传教士在华设计的建筑最早可以追溯到明代。利玛窦在京师建造第一座天主教堂时便模仿中国传统书院的建筑形制以避免文化冲突。当时西式建筑受到过敌视，比如，1847年，广东省佛山的泥水匠曾制定规约，禁止当地工匠承建西式建筑。[3]济南将军庙教堂始建于1650年，是一座典型的西式天主教堂。据称，教堂初建时，当地百姓即在教堂四角各建一座关帝庙，以示抗议。它最终在雍正年间被拆除。1864年重建时，教堂结合济南民居的特点，坐北朝南，以小青瓦覆顶，正门对面还修建了照壁，成为一座中西合璧建筑。济南洪家楼教堂（图10–6）就是一座典型的双塔哥特式建筑。它于1902年兴建，历时三年，于1905年竣工，由奥地利修士庞会襄设计。其平面为拉丁十字形，坐东面西，西面正门左右建有一对高大的尖塔，高耸入云，雕饰玲珑；教堂后部还有一对较小的尖塔，周身还遍布众多的小尖塔。主教堂外建有以碉堡似的钟楼为中心的二层环廊与之相配。教堂内部布满了天主教题材的壁画与雕刻，设有可容纳800人的大厅。济南孙村著名石匠卢立成被聘为总施工、

图10–6 济南洪家楼教堂

[1] 参见潘谷西主编：《中国建筑史》（第5版），第350页。

[2] 转引自薛娟：《中国近现代设计艺术史论》，第28页。

[3] 参见薛娟：《中国近现代设计艺术史论》，第163页。

总监管，他带着本村100多名石匠，总管着工程1000多人的施工，按照图纸对采购建材和各项施工进行调度。洪家楼教堂建成后成为华北地区规模最大的天主教堂；整座建筑气势如虹、精雕细刻、美轮美奂，充分体现了中国工匠的智慧和才干。在这座典型西式风格的建筑中，依然可以在一些细部看到中国传统文化元素。教堂主厅的屋顶覆盖着中式建筑的筒瓦、板瓦，檐角还缀有瓦当和滴水，石刻中雕有中国龙的形象。最为惊人的是，教堂正面主门上方两侧有两个门辅首似的圆雕龙头，它们紧贴着高大的壁柱，虽不显眼，但也不难发现。

西方的神庙和教堂通常都是以西面为正面。古希腊罗马时期神庙是最重要的建筑，就像中国古人的做法一样，“君子将营宫室，宗庙为先，厩库为次，居室为后”（《礼记·曲礼下》）。神庙的数量也如同中国各地的佛寺一样多。维特鲁威在《建筑十书》中写到，在哈利卡纳苏斯（Halicarnassus），山上城堡中央有一座马尔斯神庙，在右边山顶上有一座供奉维纳斯与墨丘利的神庙；[1]他还在书中提到了位于弗拉米纽斯竞技场（Flaminius）中的卡斯托尔（Castor）神庙，两片神林之间的复仇之神神庙（Veiovis），神林中的狄安娜（Diana）神庙，以及阿提卡苏尼乌姆（Sunium）的密涅瓦（Pallas Minerva）神庙等[2]。以弗所的第一座神庙阿尔忒弥斯神庙（Artemision of Ephesus），据老普林尼《博物志》记载，历时120年完成（约公元前560—前440？年）。[3]该神庙位于幼发拉底河，建于公元前4世纪，堪称世界奇观。[4]南怀仁所记“宇内七大宏工”，此是其中之一。希腊化时期兴建了数量众多的神庙，新开辟的城镇需要神庙，许多定居点和协会也需要一座神庙。这一时期，所有伟大神庙中最著名的要数亚历山大里亚的塞拉皮翁神庙。在哈德良时期，雅典的宙斯·奥林皮戊斯神庙（Zeus Olympius）建造完成，但米利都附近的迪狄马的阿波罗神庙永远都没有完工。据称最漂亮的神庙是马格内西亚的阿耳特弥斯·洛科斐尼神庙（Artermis Leucophryene），于公元前129年完工。[5]希腊雅典卫城最重要的神庙是奉祀雅典娜女神的帕特农神庙，建成于公元前438年，该城中与它同时完工的还有奈基神庙和厄瑞克特翁神庙，但帕特农神庙高踞各神庙之首，最为巍峨壮观。[6]

由上可见，当时神庙的数量之多，规模之巨。维特鲁威在谈及神庙的朝向时说，“在毫无阻碍并有足够选择余地的情况下，神庙以及内殿中供奉的神像都应朝向西方”[7]。但他同时指出，如果神庙建在河边，就应面向河岸，如果建在公路附近，

---

[1] 参见[古罗马]维特鲁威：《建筑十书》，第96页。

[2] 参见[古罗马]维特鲁威：《建筑十书》，第125页。

[3] 转引自[古罗马]维特鲁威：《建筑十书》，第390页。

[4] 参见[英]威廉·塔恩：《希腊化文明》，第327页。

[5] 参见[英]威廉·塔恩：《希腊化文明》，第327页。

[6] 参见[美]房龙：《人类的艺术》，第39页。

[7] [古罗马]维特鲁威：《建筑十书》，第123页。

就应使它能被过路人注意到。[1]这就是说，神庙不是非面向西方不可，必要时需朝向河流或者公路。在基督教兴起之后，一部分神庙被改建成了教堂。亚历山大里亚的塞拉皮翁神庙及其塑像在 391 年被主教提奥菲勒斯（Theophilus）毁灭，标志着基督教的最终胜利。[2]宙斯和阿波罗、塞拉皮翁以及星辰神灵都被从他们的位置上推翻，在某种意义上只有伊西斯还存在，但是她的许多塑像之后都被当作圣母玛利亚的肖像供奉。[3]无论是改建还是新建的教堂，正门仍是以朝向西方为主。中国自古以来的建筑都是坐北朝南，这样不仅能充分接受阳光，还可避开冬季的北方寒流，是非常适宜的安排。但站在济南洪家楼教堂大门前，在朝向上却令人没有一丝半点不合理的感觉，反而觉得它本该如此，就应该朝向西方。

传教士设计教堂，由于不是专业的设计师，必然遭遇困境。对此，一位英国传教士写道："1850 年 4 月 1 日，为筹建新教堂（指郑家桥今福建南路福音教堂）事，已劳烦数月，因本地工匠不谙西式建筑，需亲自规划。我侪来华，非为营造之事也，因情势不得不然，遂凭记忆之力，草绘图样，鸠工仿造。"[4]

但这种境况不久就被改善了，开始有专业建筑师来华进行建筑设计。1863 年上海法租界公董局大楼和 1866 年上海圣三一堂的设计者便是来华的英国建筑师。此后陆续有一些西方建筑师来华开业。进入 20 世纪后，在上海、天津、汉口等地，来华的外国建筑师明显增多，他们开办设计事务所，在一些主要城市留下了他们的设计之作。1903 年前后，美国基督教会在我国开办了 13 所教会大学，其中东吴大学洋式校舍的主体建筑是以红砖砌筑的欧式风格，有罗马式立柱和券廊结构。[5]1906 年建的北京饭店采用钢筋水泥砖石材料，呈现简洁美观的现代风格。建于 1910 年的上海大华饭店，为砖木石混合结构的西洋建筑，属新古典主义风格。其首层舞厅中央建有大理石喷水池和半圆形音乐台，穹隆屋顶，周边设计为爱奥尼亚式柱廊等。据统计，1928 年上海的外籍建筑设计机构有近 50 家。其中最具影响的是公和洋行和邬达克洋行。公和洋行是 20 世纪二三十年代上海最大、最重要的建筑设计机构，它的作品成了当时上海、香港和南京等城市新兴高楼大厦演进的首要动力。邬达克洋行在上海承接的设计涉及银行、旅馆、医院、教堂、影剧院等。1930 年以后，它先后设计了具有强烈时代感的上海大光明影院，具有美国摩天大楼规模的上海国际饭店和极具现代感的吴同文住宅。邬达克洋行成为现代上海最耀眼的新派建筑设计公司。[6]

在西式建筑影响下，富人开始建造别墅，民居向里弄或大杂院发展，一改传统的不可僭越的等级观念。像天津这样的城市，当时不乏"维多利亚街"这样的称呼

[1] 参见 [古罗马] 维特鲁威：《建筑十书》，第 123 页。

[2] 参见 [英] 威廉·塔恩：《希腊化文明》，第 373 页。

[3] 参见 [英] 威廉·塔恩：《希腊化文明》，第 375 页。

[4] 转引自薛娟：《中国近现代设计艺术史论》，第 164 页。

[5] 参见薛娟：《中国近现代设计艺术史论》，第 165 页。

[6] 参见潘谷西主编：《中国建筑史》（第 5 版），第 365 页。

以及英法古典风格的租界建筑。[1] 而俄国控制下的哈尔滨，其建筑样式呈现俄罗斯风情，哈尔滨被装扮成了20世纪初的“东方莫斯科”。

这一时期的中外建筑设计师都有致力于探索如何将中西建筑风格结合起来的做法。美国建筑师墨菲分别于1925年和1927年设计了燕京大学和金陵女子文理学院的校舍。这些建筑都是在钢筋混凝土结构的几何造型上冠以一个清代官式的大屋顶形式，并用斗拱和梁枋等作生硬的装饰。1926年传教士设计的北京辅仁大学，入口门楼是将中国传统的重檐歇山大屋顶架在西式的拱门和立柱之上。[2]

梁思成、吕彦直、杨廷宝、董大酉等设计师将国外所学与“国粹”结合，先后尝试了许多“宫殿式”“混合式”的建筑形式，改变了过去中西建筑结合生硬的面貌，为民族风格的延续和新变提供了可资借鉴的榜样。[3]1932年梁思成和林徽因设计的北京仁立地毯公司，在铺面和内部装饰上都揉入了中国古典造型纹样，它们既与主体建筑显得和谐又特别高雅。1937年杨廷宝设计的北京交通银行，在运用花岗石贴面、水刷石墙面等现代材料和技术的同时，将传统琉璃瓦屋檐和斗拱、垂花门罩以及藻井等古典式样略加简化，然后巧妙结合在一起，成为中西融合建筑的范例。

三、中国现代建筑环境艺术设计师的成长

从20世纪20年代初开始，陆续有在国外学习建筑环境艺术设计的设计师回国，他们开办设计事务所。这些设计事务所不仅承接了大批的设计任务，而且培养了大量的建筑设计人才，及时应对了国内新兴建筑环境设计的需求。

1921年在美国康奈尔大学建筑系学习的吕彦直学成回国，与过养默、黄锡霖合办上海“东南建筑公司”。同年，吕彦直个人创办了“彦记建筑事务所”。1922年毕业于东京高等工业学校建筑科的刘敦桢、王克生、朱士圭、柳士英共同创办了上海“华海公司建筑部”。1925年由美国伊利诺伊大学毕业，在哥伦比亚大学研究院进修的庄俊开办了“庄俊建筑事务所”等。从此，中国人自己开办的建筑设计公司在上海、北京、天津、南京、武汉、汉口等地不断涌现。中国建筑师的出现和成长，在中国现代建筑史上具有划时代的意义。他们的成长过程，就是学习和引进国外现代建筑设计和建筑科学技术的过程。

四、新时期中外建筑师在中国的重要设计作品

1. 北京长城饭店

北京长城饭店（图10–7）由美国贝克特设计公司设计，于20世纪80年代在北

[1] 参见薛娟：《中国近现代设计艺术史论》，第71页。

[2] 参见薛娟：《中国近现代设计艺术史论》，第28页。

[3] 参见薛娟：《中国近现代设计艺术史论》，第29页。

图 10-7 北京长城饭店

京建成。该饭店由中国国际旅行社北京分社和美国伊沈建筑发展有限公司合资建造和经营，并按照最高国际标准的大型旅游饭店设计。由它开始了大片镜面玻璃幕墙映照古都北京的做法。开放的北京接受了这第一个造访者，并对用有城垛或女儿墙的裙房以隐喻长城的设计表示赞赏。

这座十分现代的豪华饭店后部有一个非常雅逸的院落、一片幽僻的园林。紧挨着大楼的小广场上印着巨大的阴阳鱼太极图，再往后不远处有座名曰“镜园”的古建筑。走过这古色古香的小殿堂，就如入自然之境，佳木葱茏，溪水潺湲，怪石崚嶒，呈现一派荒野之趣。现代与古典，豪华与朴野，在方寸之间竟能配合在一起。宾客顷刻之间由五星级的客房步入这片闹中取静的小天地，游目骋怀，怡情悦性，当顿生林泉隐逸之念。

2. 上海金茂大厦

图 10-8 上海金茂大厦

上海金茂大厦（图 10-8）由美国 SOM 事务所设计，在 20 世纪 90 年代末建成。它借鉴了中国塔式建筑的元素，彰显了中国文化的内涵，意在突出民族风情。该大厦以高层的方式容纳多种功能的同时，运用密檐塔的形制，分节拔起，向上渐收，最终收成尖顶，显示了古雅的韵律节奏。它突破了现代建筑简洁的立面，做成波浪起伏般的外观。这种起伏既像竹节，又是对中国传统屋檐的化用。整体造型像是一座塔式建筑，可谓寓古于新，化古为新，是现代建筑融入古典元素的又一经典作品。

3. 威海甲午海战纪念馆

图 10-9 威海甲午海战纪念馆

中国建筑专家、天津大学教授彭一刚设计了这座滨海的纪念馆（图 10-9）。该设计结合地形，做成一座靠岸的巨轮造型，也像是一座炮台，也如同浮在海面的几艘互相撞击的战舰，再配以海战英雄的雕塑，令人如临硝烟弥漫的战场。纪念馆就在海战的海域附近，面向浩瀚的大海，气势威武雄壮，生动再现了那场英雄们浴血奋战的悲壮海战。它坐落在威海刘公岛上，是一处以建筑、雕塑和绘画等综合艺术展示甲午海战悲壮历史的大型纪念馆。整个海战纪念馆气势宏大，如同当年悬浮于海上的旗舰定远号。18 米高的主体建筑上塑造了一尊 15 米高的北洋海军将领像，堪称国内人物雕塑之最。将军身躯挺拔，目光坚毅，手持望远镜凝视远方，斗篷在海风中猎猎飘扬，预示着一场战争风暴即将来临。

海战纪念馆由九大展厅组成，再现了北洋水师的悲壮历史。这组建筑构思奇特，独步一时，被建筑界誉为史诗般的杰作，被称为“永不沉没的战舰”。

4. 绍兴震元堂

中国工程院院士、同济大学教授戴复东设计了这座药堂（图 10–10）。戴复东挖掘“震元”二字的文化内涵，采用“震”的周易卦象，“元”则归结为本源、元始，以“圆”象征之，将震元堂药店门厅设计成圆柱形，其顶部安设一球体。门厅后的大楼外观，整体装饰造型为乾卦卦象，六个阳爻自上而下排列。“乾”和“元”同义，乾卦有“元亨利贞”的寓意。乾卦之上，则是三爻组成的震卦符号。设计匠心独具。圆和椭圆一再延续，给人圆润融和之感。店内地面设置六十四卦图，墙面以汉画像石风格的创意浮雕表现中药制作史和震元堂历史，也体现了传统医学中“医、药、易”一体的精神。[1] 环境氛围的适宜，是缘于设计者研究了建筑所处十字路口的环境，妥善地以圆形的建筑造型适应了周围对它的视觉要求而获得的。建筑从外到内，从墙体到屋顶到灯具等，都经过了精心规划，从而创造了这座蕴含古意的新建筑。

图 10–10 绍兴震元堂

戴复东提出建筑设计要宏观、中观、微观全面重视，相互匹配，并且要首重微观，他秉持这种全面环境设计观的设计思想。他提倡“现代骨、传统魂、自然衣”的精神，曾说“我有两只手，一手紧握世界先进事物，使之不落后；一手紧握自己土地上生长正确的有生命力的东西，使之能有根，创造条件使二者结合，往前走一步，去设计出有科技内涵、有文化深度、宜人、动人的美好建筑环境”[2]。绍兴震元堂正体现了戴复东古典与现代并重的设计理念。

---

[1] 参见潘谷西主编：《中国建筑史》（第 5 版），第 453 页。

[2] 文酒：《比翼双飞的建筑大师：戴复东　吴庐生》，文章来源于微信公众号“建筑匠新”。

第三节　乡村民宿建筑环境保留传统样貌彰显民族特色

随着经济全球化发展，城乡面貌差异不断缩小，现阶段中国城市日益扩大，乡村日益收缩，乡村空心率不断增大。城市高楼林立，且不断增多不断长高，城市建筑越来越同质化。楼房周围的广场、绿地也大同小异。和城市相比，乡村建筑虽也有同质化倾向，但一些乡村还保留着传统特色建筑，这在偏远地区和少数民族地区更为常见。当前国家大力实施乡村振兴，提出要“望得见山，看得见水，记得住乡愁”，建设“一村一品”的诗意乡村。乡村文旅产业正蓬勃兴起，结合区域环境开发的民宿建筑，非常注重发掘古典建筑内涵，具有民族韵味和特殊魅力。这些民宿的设计建造依托当地优美环境风光，往往是古典样式与现代结构相结合，传统与新型建材并用，呈现古今融合的特色。

一、浙江乌岩春居

2014 年，浙江省台州市黄岩区宁溪镇乌岩头村被列入浙江省历史文化村落保护利用重点培育村。随着对古村建筑的保护和利用，以及对建筑文化和村落历史人文的挖掘和延续，昔日的“空心村”重新焕发生机，并收获了众多不同类别的荣誉——中国传统村落、国家森林乡村、浙江省 3A 级景区村庄等，诞生了浙江省“乡村振兴十大模式”中的“能人带动模式”，还被列为全国美丽乡村“千万工程”七个典型案例之一。[1]

乌岩头村环境幽美，是夏季避暑胜地。清冽的溪水中可供踏水捉鱼，狭小的石道可以追寻蝴蝶，踏上黄仙古道，走过永济桥，就看到了古宅民居。

近年来，乌岩头村的 110 多间老房进行了保护性改造，保留老宅外观，优化空间格局，形成“乌岩灰瓦、青山绿水、石桥道地”的风格。

乌岩春居是老屋改造高端民宿的一个样板，房子内部重新装修，更适合现代生活，院子改造成茶廊。漫步古村，曾经荒废的打米厂现今成了村民文化生活的礼堂，服务游客和咨询的中心；曾经倒塌的老房子被清理，建起了阁楼和小广场——乌凤阁广场，成为村民和游客休憩、非遗表演的场所。穿过古色古香的石墙和民宿，便来到乌岩头民俗博物馆。博物馆的前身是晚清时期陈熙瑛三兄弟的旧宅院。

在社会发展日新月异的今天，乌岩头村独守一份宁静与古朴，保留着自身的古装与底蕴，没有趋同于汹涌而来的新潮。

---

[1]　参见王佳丽、蒋枫：《在乌岩头，体验不一样的乡村》，《台州日报》2021 年 8 月 20 日。

二、北京屾林密境

从天安门向北 120 多公里就来到密云区冯家峪镇西白莲峪村，一座名为“屾林密境”的精品民宿沿山麓展开，掩映于连绵群山的秀色之中。占地 1200 平方米的民宿置身山水之间，周边树木蓊郁，青山如屏，翠色满眼，冯家峪长城静静守候在不远处。

西白莲峪村旅游资源丰富，有以长城为脉络的城墙、烽火台、关口等长城文化遗产，具备发展乡村旅游产业的基础条件。这批民宿采用小院、矮房、坡形屋顶的民宅形式，白墙红瓦，在翠色映衬下，分外清丽、雅洁。

这个三面环山的小山村，因打造民宿、发展文旅产业而成就了乡村振兴的“密云样板”。

三、山东黄河尾闾佟家村

佟家村位于山东省东营市利津县北宋镇，濒临黄河，在黄河滩区。黄河滚滚东流，站在村台上举目可见。历史上黄河泛滥，佟家村和滩区其他村落数次被淹没，村民不断抬高地基，最终形成了高出地面六七米的村台。此地“十步一塘，百步一湾”，村民们长期过着“日行河底夜宿台”的生活。在艰苦的自然条件下，村民们自发地组织在一起，一家建房筑台，全村人都来帮忙。农闲时节，特别是晚上的时间，大家推土打夯，喊着号子，热火朝天。当地流传着这样的说法：“三年攒钱，三年筑台，三年建房。”此语道出了滩区建房的艰辛。近年来，国家实施黄河滩区脱贫迁建的伟大工程。沿黄村庄大部分都迁出了滩区，但也保留了部分村庄。对这些未迁出的村庄，由国家投资，全村建造统一的村台。经国家扶持建成的村台，标准大幅提升，不仅坚固而且美观，道路整齐宽阔，交通十分方便。再也不用担心会出现昔日洪涝毁房的灾害。佟家村也建了新村台，近 200 户人家大部分都搬上了新村台，但与其他村不同的是，佟家村还保留下了旧村台。能这样完好保留着的古旧村台和台上的民房(图 10-11)，已不多见。这一片旧村台，是当地百姓与黄河抗争的绝好见证。新旧村台的对比，也是新时期党中央实施乡村振兴政策的鲜明实例。

图 10-11 佟家古村民居

佟家村的旧村台是一家一户的独立房台，高高低低，错落有致。滩区黄河淤积的沃土滋养着林木，古村落像森林一样清静、幽邃，可谓“山静似太古，日长如小年”。由于房台交错，村中道路蜿蜒，曲径通幽，树木高低错落，掩映多姿（图10–12）。绕行台底，仰视房台，有在山涧中行走的感觉。几处池塘（图10–13）和不远处的黄河，波光荡漾，滋润着村落，增加了古村的秀媚和灵气。

图 10–12 佟家古村环境

图 10–13 佟家村北水塘

近年来，当地政府在该村投资数百万元打造民宿。建筑采用青砖灰瓦木架房梁，清幽古雅，与古村落幽谧的环境相协调。炎夏时节，此村优势更加突出，树林荫翳，泥土路面，泥土房台，房屋高高在上，凉风习习，是避暑胜地。夜宿村中，听着“黄河流水鸣溅溅”，在古老的星空下，人会返璞归真，如入原始太古之境。

四、厦门市里的“避暑山庄”

“绿树村边合，青山郭外斜。”沿着蜿蜒迤逦的山路，坐落在福建省厦门市同安区状元尖山脚下的军营村就掩映在一片绿意盎然的梯田茶园中。在炎炎夏日，村里的气温比城里要低 10 摄氏度左右。“离凡尘很远，离蓝天很近”，高山赋予军营村迷人的自然风光，许多游客来到军营村时，都会因眼前美景而发出这样的赞叹。[1]

军营村平均海拔近千米，素有“高山村”之称。近年来，随着城市周边游兴起，风景优美、远离尘嚣、气候凉爽的军营村成为厦门人过周末、避酷暑的好去处。

山青青，水潺潺。盛夏时节，走进军营村，清风徐来，是一种沁人心脾的凉爽，三角梅、针叶牡丹等花草星罗棋布地点缀在村中平阔干净的道路旁。一条小溪如玉带穿村而过，溪水清澈见底，溪中游鱼成群。村民在路旁晾晒着新采的茶叶，空气中氤氲着茶叶和泥土的芬芳。

军营村不远处有个高山湖，湖水美不胜收，最深处有 10 米，平均 6 米深，湖水清澈见底，湖底有钙、镁、铜等矿物质，在阳光的折射下，形成了彩色的湖水，被称为“七彩湖”。

如今，军营村现代风格的新建筑正不断更新古旧建筑，需要着力探讨如何保持

[1] 参见曾天泰、照宁：《厦门市里的“避暑山庄”》，《人民政协报》2021 年 8 月 20 日。

古貌、彰显特色的问题。

国家乡村振兴战略推动的传统村落保护和民宿开发，在一定程度上促进了中国古典建筑的复兴。在城乡建筑环境不断全球化、同质化的今天，部分区域仍保有个性和特色，令人凭古追昔，寄慨遥深。注重功能的现代主义和追求新异的后现代主义风格盛行，日益改变着中国城乡环境，但与此同时，中国一些特色乡村依托特殊的地理环境优势，坚守传统文化，保持建筑环境的民族风格，蕴蓄古老的乡愁、古雅的乡音和古朴的乡韵。

拓展思考：中国现当代建筑中，现代主义与古典风格相结合的代表性作品有哪些？这些作品有何特色？中国现当代有哪些建筑设计名家？他们是怎样成长起来的？

推荐阅读书目：［英］约翰·罗斯金《威尼斯之石》、［法］柯布西耶《走向新建筑》。

本章参考文献

[1] 昕风堂：《柯布西耶の马赛公寓》，2009 年 3 月 14 日，http://www.360doc.com/content/09/0314/16/114153_2807156.shtml。

[2][法] 勒 · 柯布西耶：《走向新建筑》，杨至德译，南京：江苏科学技术出版社，2014 年。

[3] 青年建筑 / 古奇文创：《解构主义建筑大师弗兰克 · 盖里 10 个作品合集来了！》，2019 年 6 月 20 日，https://www.sohu.com/a/322047667_734359。

[4] 潘谷西主编：《中国建筑史》（第 5 版），北京：中国建筑工业出版社，2004 年。

[5] 薛娟：《中国近现代设计艺术史论》，北京：中国水利水电出版社，2009 年。

[6][古罗马] 维特鲁威：《建筑十书》，陈平译，北京：北京大学出版社，2017 年。

[7][英] 威廉 · 塔恩：《希腊化文明》，陈恒、倪华强、李月译，上海：上海三联书店，2014 年。

[8][美] 房龙：《人类的艺术》，周亚群译，北京：中国友谊出版公司，2013 年。

[9] 王佳丽、蒋枫：《在乌岩头，体验不一样的乡村》，《台州日报》2021 年 8 月 20 日。

[10] 曾天泰、照宁：《厦门市里的“避暑山庄”》，《人民政协报》2021 年 8 月 20 日。